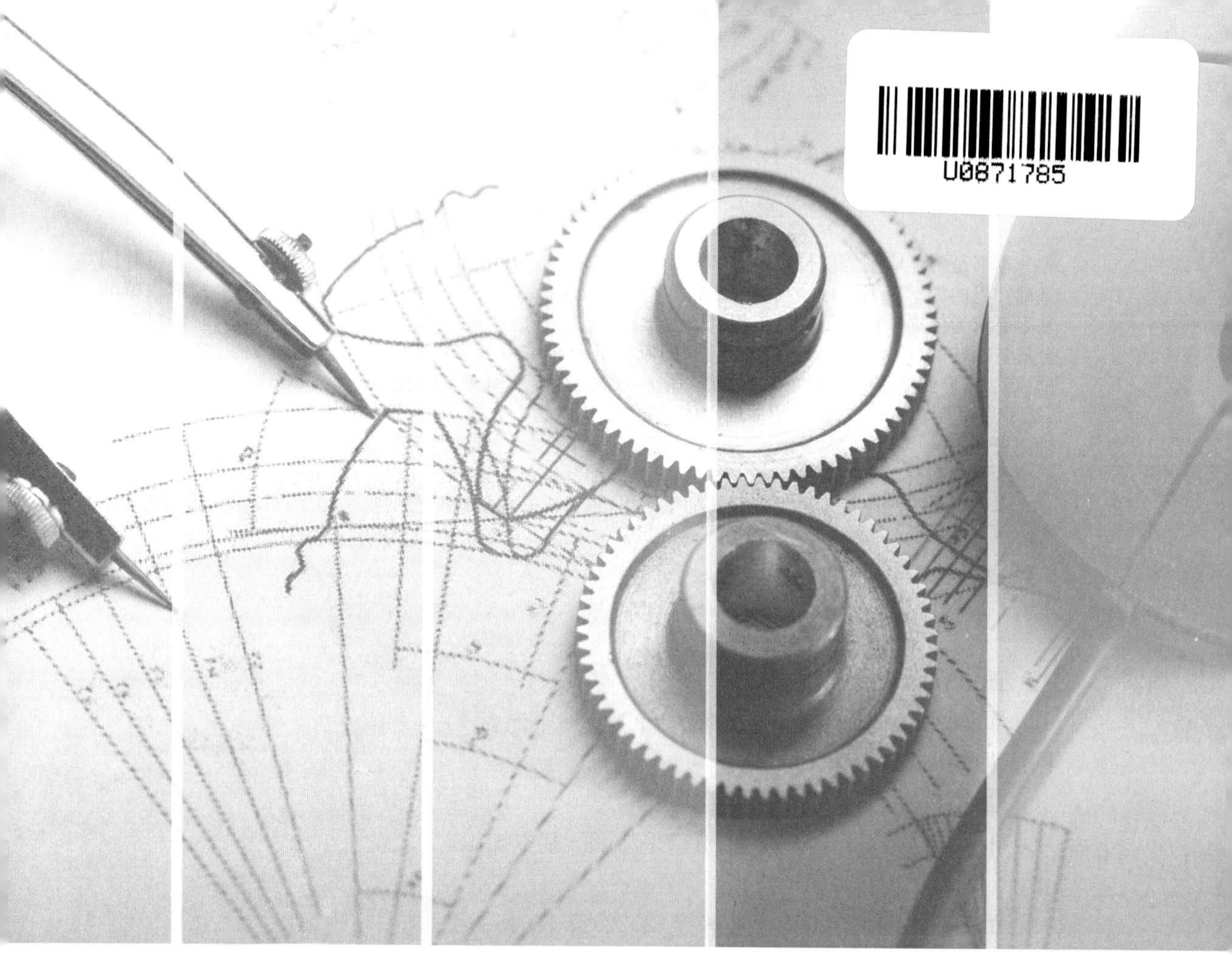

工程图学基础

GONGCHENGTUXUE JICHU

（第2版）

陆学斌　编著

同济大学出版社·上海

内 容 提 要

本书是为适应高等院校应用型和创新型人才培养模式的需求而编写的，是工程类专业学习制图基础知识的教学用书。在编写过程中，教材内容的选择和组织以工程应用类专业近几年教学改革的基本要求为依据。相较传统的工程制图教学体系，本书在内容的组织上作了较多的调整和修改，并符合最新颁布的《技术制图》与《机械制图》国家标准及相关专业制图的规定。本书共 9 章：第 1 章为概论；第 2 章介绍制图的基本知识与技能；第 3 章介绍基本几何元素的投影；第 4 章介绍曲线与曲面；第 5 章介绍平面立体；第 6 章介绍曲面立体；第 7 章介绍基本立体相贯；第 8 章介绍组合体；第 9 章介绍轴测投影图。

本书中配有较多的图例。另编写了《工程图学基础习题集(第 2 版)》与本书配合使用。

本书可供高等院校工科类专业的师生使用，也可供其他层次院校的师生和工程技术人员参考。

图书在版编目(CIP)数据

工程图学基础 / 陆学斌编著. —2 版. —上海：同济大学出版社，2022. 8

ISBN 978 - 7 - 5765 - 0340 - 1

Ⅰ. ①工… Ⅱ. ①陆… Ⅲ. ①工程制图—基本知识 Ⅳ. ①TB23

中国版本图书馆 CIP 数据核字(2022)第 150458 号

工程图学基础(第 2 版)

陆学斌　编著

责任编辑　张崇豪　　责任校对　徐春莲　　封面设计　陈益平

出版发行　同济大学出版社　www.tongjipress.com.cn
(地址：上海市四平路 1239 号　邮编：200092　电话：021 - 65985622)

经　　销　全国各地新华书店

印　　刷　常熟市大宏印刷有限公司

开　　本　787mm×1092mm　1/16

印　　张　10.75

字　　数　268 000

版　　次　2022 年 8 月第 2 版

印　　次　2022 年 8 月第 1 次印刷

书　　号　ISBN 978 - 7 - 5765 - 0340 - 1

定　　价　38.00 元

第2版前言

本书自2015年8月出版以来，经国内多所高校7年的使用，得到了较高评价，受到了广大读者的欢迎。

本书第2版根据教育部相关教学指导委员会最新修订的《工程图学课程教学基本要求》，以及最新颁布的《技术制图》与《机械制图》国家标准，以专业应用型人才培养为导向，广泛参考同类教材，结合第1版多年教学实践，在最新科研成果的基础上编写而成。另外，再版还修正了之前的多处错误。

本书以图学基本理论学习为主线，注重培养学生空间想象能力和图示表达能力，系统结构合理，内容由浅入深、图文并茂，便于学习。

本书主要有以下特点：

(1) 以高等院校专业应用型人才培养目标达成为根本任务，精选画法几何的基本内容，使教材既有实用性，又有一定的深度。

(2) 采用国家标准化管理委员会颁布的《技术制图》和《机械制图》有关最新标准，便于学生树立国家标准意识，有利于培养学生查阅国家标准的能力。

(3) 内容涵盖了工科类专业所需的画法几何学、制图基础及正投影理论等图学基本知识，按照由浅入深、由简入繁、循序渐进的原则进行编写，图文清晰、配图合理。

全书共9章，内容包括：概论、制图的基本知识与技能、基本几何元素的投影、曲线与曲面、平面立体、曲面立体、基本立体相贯、组合体和轴测投影图。为满足学习要求，建议与陆学斌编著的《工程图学基础习题集(第2版)》配套使用，实现讲练结合，达到课后巩固的目的。

本书可满足高等院校工科类专业的教学使用，同时，也可供相关工程技术人员参考。

本书编写过程中得到了章阳生、任宗义两位教授的大力支持与帮助，在此谨表达最诚挚的谢意！

本书在编写过程中参考了较多相关的同类著作，特向有关作者致谢！

由于编者水平有限，时间仓促，书中难免有疏漏之处，恳请同行及读者批评指正，以便今后继续改进。

编　者

2022年8月

第2版前言

第1版前言

本书根据教育部关于“画法几何及机械制图”课程教学基本要求和近年来颁布的国家标准，结合普通高等院校应用型工科类专业近年来对“工程图学”课程体系、课程内容的教学改革要求编写而成。

在编写过程中，全书按照“打好基础，精选内容，加强实践，培养能力，更新意识，利于教学”的思路，注重培养学生的工程素质、知识应用能力及创新意识。在内容的选择和组织上，一方面严格遵循本学科的系统性、科学性和实践性；另一方面结合学院自身的培养理念和特点对每一章节的内容作了精心的设计。全书力求概念清楚，深入浅出，通俗易懂，便于阅读；注意阐明基本理论知识，突出应用思路和重点，注重理论联系实际。

全书共9章。另编写了《工程图学基础习题集》，配合本书使用。

本书适用于高等院校工科类专业。不同专业有些章、节可根据需要有针对性地选用。

本书由陆学斌担任主编，并完成了全书概论及各章节的编写工作。

在本书编写过程中得到了章阳生、任宗义两位教授的大力支持与帮助，在此谨表达最诚挚的谢意！

本书在编写过程中参考了较多相关的同类著作，特向有关作者致谢。

由于编者水平有限，时间仓促，书中难免有疏漏之处，恳请读者批评指正，以便今后继续改进。

编　者

2015年4月

第1版前言

[illegible]

Contents

目　录

第1章 概论

1.1 工程图学概述

1.1.1 工程图样简介

语言、文字与图样是人类表达和交流思想最主要的工具。在传递信息的过程中,图样的直观性、便捷性及其传递的信息量是其他二者无法比拟的。因此,图样在分析、研究自然界和工程界的客观规律时都得到了广泛的应用,成为解决和交流科学技术问题的一种重要工具。在工程技术中,为了正确地表示出机器、设备及建筑物的形状、大小、性能和规格等内容,通常将物体按一定的投影方法和技术规定表达在图纸之上,这称之为工程图样。

工程图样是工程与产品信息的载体,是工程上的“技术语言”。在不同的工程领域,其工程图样也各不相同。在机械工程中,最常用的图样是零件工作图、部件装配图和机器总装配图。如图 1-1 所示为平口虎钳钳座的三维计算机模型,图 1-2 所示为平口虎钳钳座的零件工作图。在土木建筑工程中,最常用的图样是建筑施工图、结构施工图、设备施工图等。如图 1-3 所示为建筑物的立面图,图 1-4 所示的是建筑物的平面图。

图 1-1 平口虎钳钳座的三维计算机模型

1.1.2 工程图学概述

1. 工程图学的性质

工程图学是一门理论严谨、实践性强的技术基础学科,它与工程实际有着密切的联系,也是普通高等院校本科理工科专业重要的技术基础课程。

2. 工程图学基础相关

本书主要涉及画法几何和制图基础两个部分的内容。

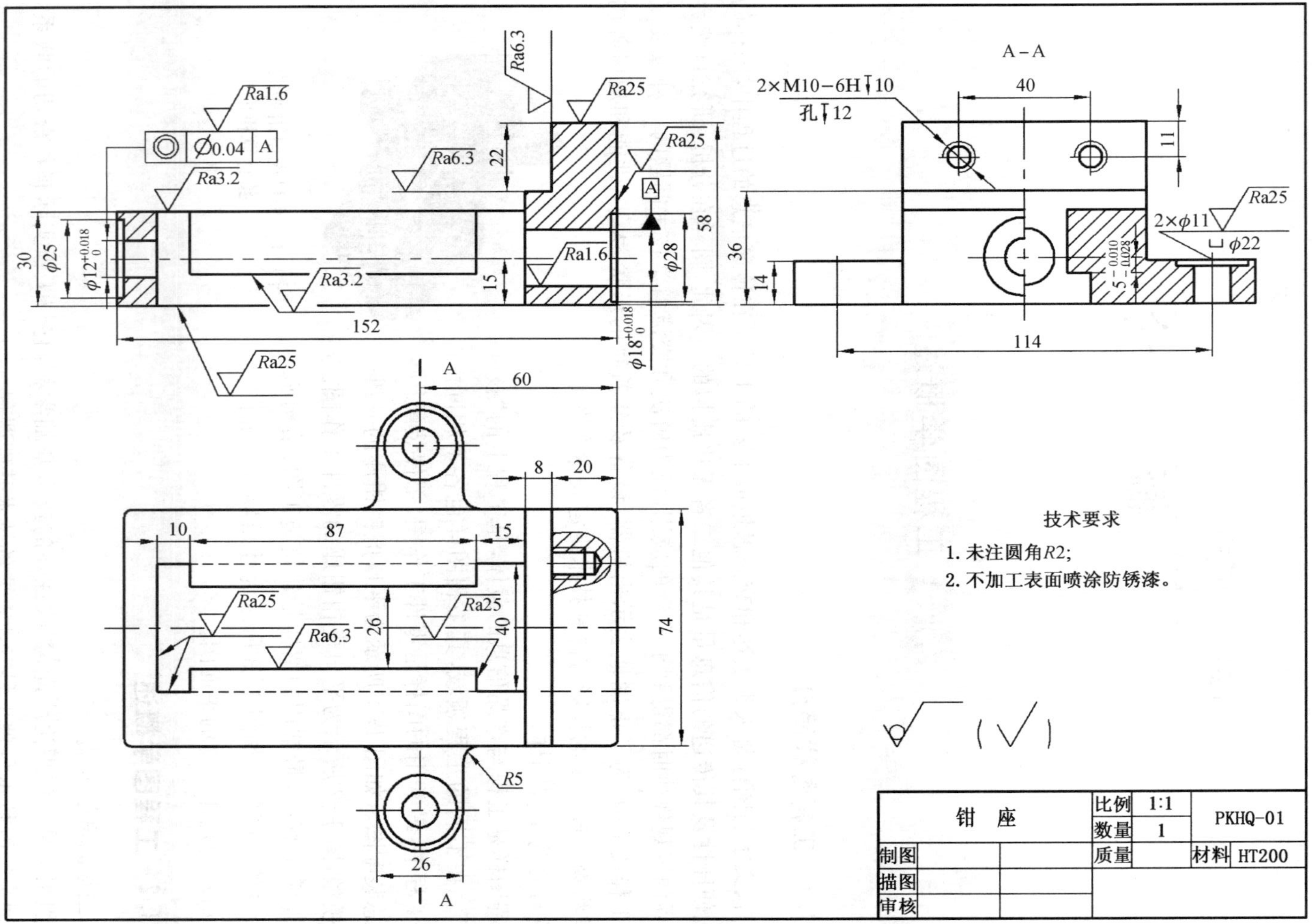

图 1-2　平口虎钳钳座的零件工作图

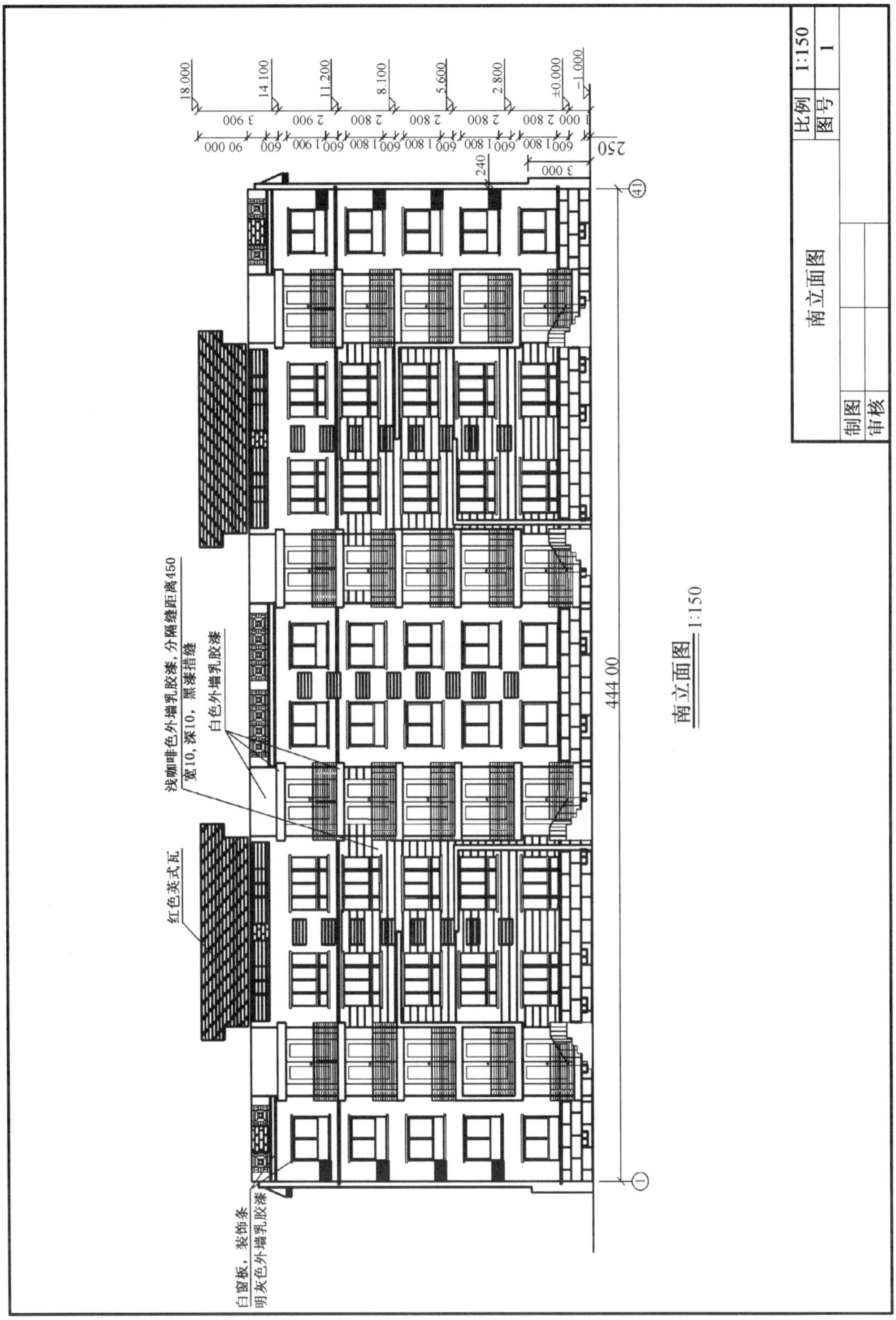
红色英式瓦
浅咖啡色外墙乳胶漆，分隔缝距离450
宽10，深10，黑漆措缝
白色外墙乳胶漆
白窗板，装饰条
明灰色外墙乳胶漆
南立面图 1:150
比例 1:150
图号 1
南立面图
制图
审核

图1-3 建筑物立面图

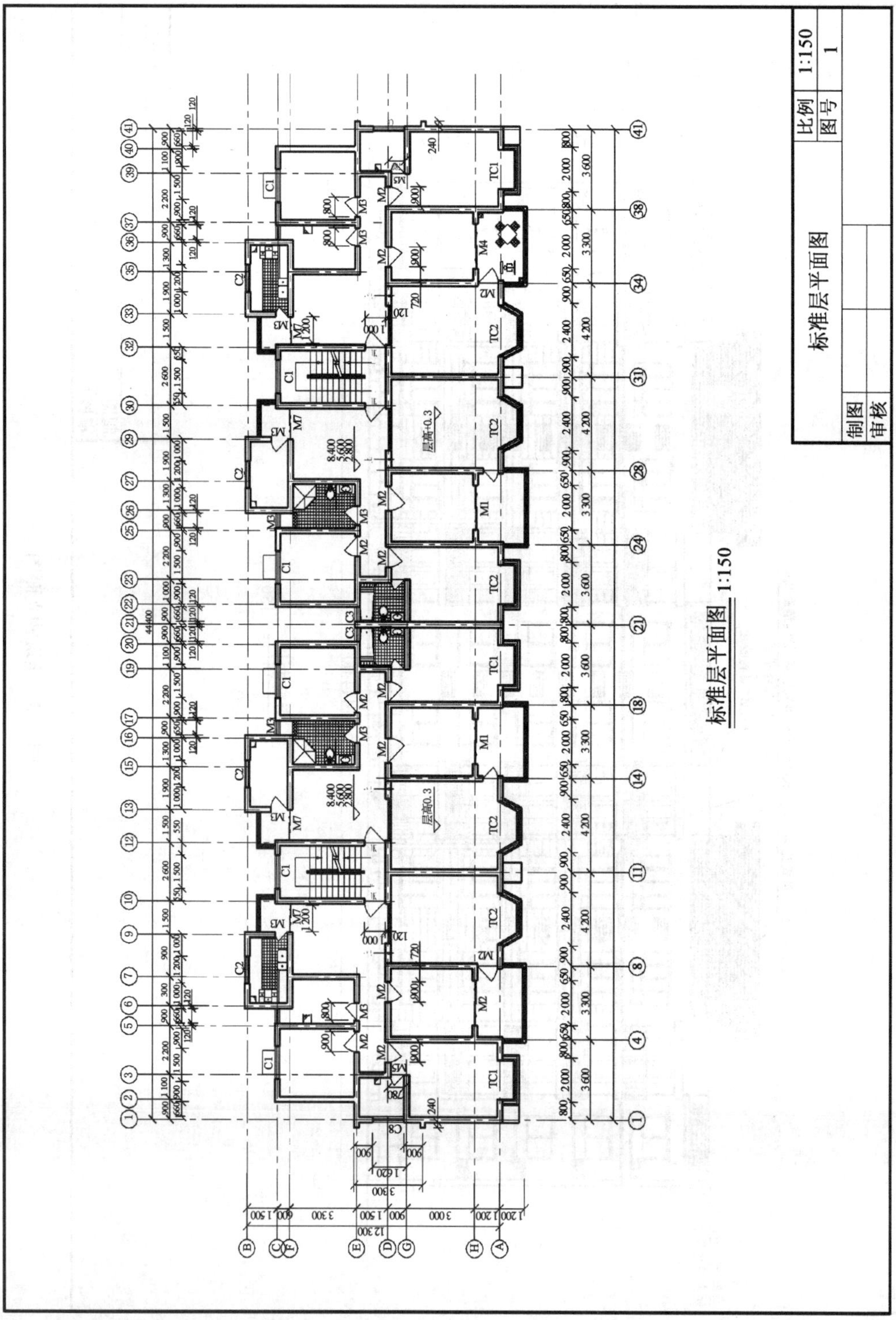

图 1-4　建筑物平面图

画法几何是本学科的基础理论部分。一方面研究通过图示法表达空间几何元素(点、线、面)和物体的原理与方法,另一方面研究利用图解法解决空间几何问题(定位、度量、轨迹等)的原理与方法。相关内容集中在本书概论(1.2:投影法及工程上常用的投影图)、第3章基本几何元素的投影、第4章曲线与曲面、第5章平面立体、第6章曲面立体、第7章基本立体相贯和第9章轴测投影图,本书相关章节主要侧重于介绍图示法的相关内容。

制图基础是本学科的基础规范部分。主要以贯彻执行国家行业技术标准规范、培养基本绘图技能和引导图样分析、表达及阅读思维为主。相关内容集中在本书第2章制图的基本知识与技能和第8章组合体。

3. 工程图学的发展

图样在工程上的应用由来已久,比较典型的代表如我国南北朝时期宋炳编著的《画山水序》中论述了投影原理图(图1-5),宋代李诫编著的《营造法式》中的建筑工程图样(图1-6),宋代苏颂编著的《新仪象法要》中的机械工程图样(图1-7),欧洲古罗马建筑师维特鲁威维亚创作的《建筑十书》和达·芬奇的工程画(图1-8)。1978年法国著名科学家加斯帕·蒙日正式发表了《画法几何学》(其中插图图1-9),它的核心思想是用二维图形来表达三维空间形体,它使得工程图形的表达和绘制得以规范化。《画法几何学》为现代工程制图的快速发展奠定了基础。

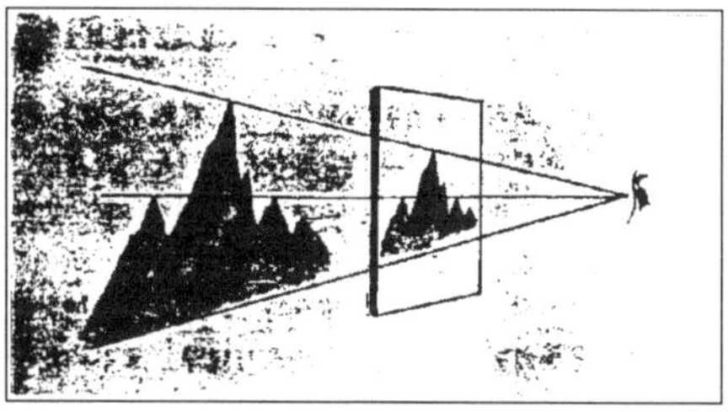

图1-5 《画山水序》中的投影原理图

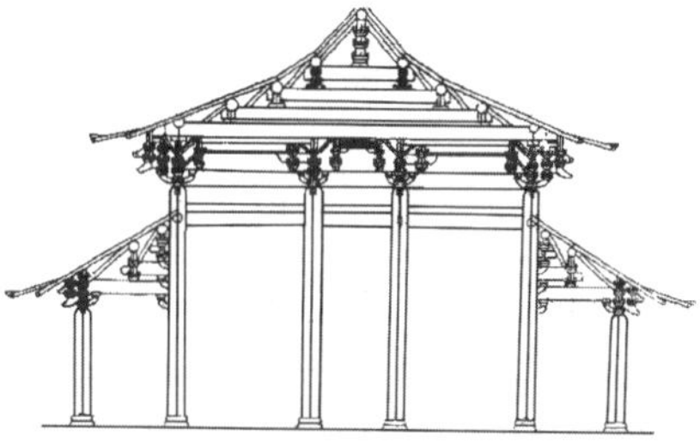

图1-6 《营造法式》中的建筑图

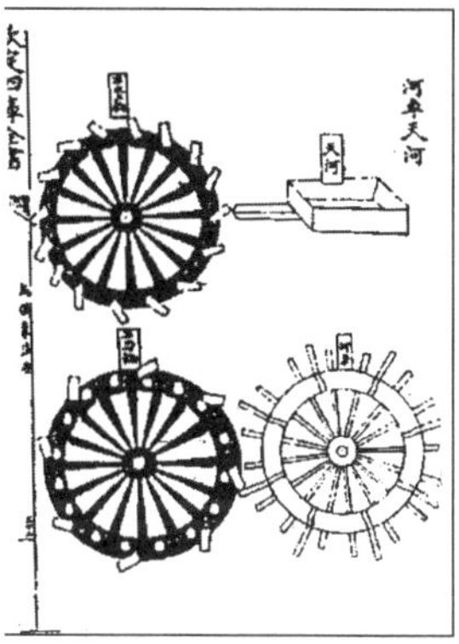

图1-7 《新仪象法要》中的机械图

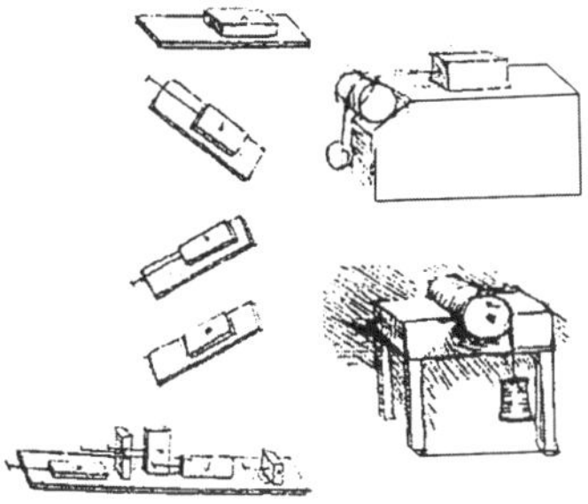

图1-8 达·芬奇的工程画

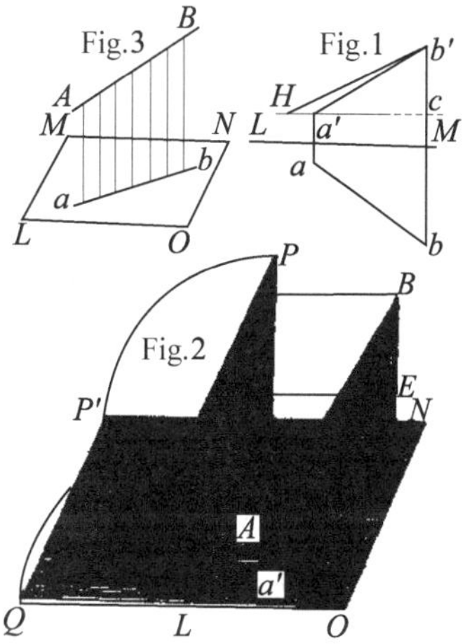

图1-9 《画法几何学》中的插图

建国之初,我国的工程制图体系主要借鉴苏联的标准。自1956年《机械制图》国家标准颁布以后,经过多次实践、修订和发展,我国的图学研究与应用在理论图学、应用图学、计算机图学、制图标准化、制图技术、图学教育与史论等各个方面都有了相应的发展,并形成了相对完善的工程制图体系。

1.1.3 工程图学的学习要求

1. 学习目标

工程图学是高等工科院校中一门既有理论又有实践的重要技术基础课。其主要目标是:

(1) 掌握投影法(主要是正投影法)的基本理论和作图方法,培养图示空间几何形体及图解空间几何问题的能力。

(2) 以三维空间形体的表达与分析为平台,培养空间逻辑思维、形象思维及构型设计能力,培养将工程技术问题抽象为几何问题的初步能力。

(3) 掌握阅读和绘制工程图样的基本方法和技能。

(4) 掌握科学的思维方法,培养自学、分析和解决问题的能力,增强工程和创新意识。

(5) 培养认真负责的学习态度、严谨细致的工作作风。

随着后续相关专业的学习以及通过实践经验的积累,才能逐步地具有绘制合理的、符合生产实践的工程图样的能力。

2. 学习方法

(1) 深入理解基本概念与原理,掌握合理的思考、分析与作图方法,注意培养自学能力。在学习本课程的理论基础部分时,要把基本概念和基本原理理解透彻,做到融会贯通。应用理论进行空间问题图示与图解时,要认真分析,明确思路,提出解决问题的方法和步骤。有多种思路和方法时,应作对比并考虑最终方案的优化。

(2) 勤于练习和实践,多作积累。为了培养对空间形体的分析与图示表达能力,必须对物体进行几何分析和形体分析以及掌握它们在各种相对位置时的图示特点。经常进行从空间物体(几何元素)到投影,从投影到空间物体的想象、分析是学习本门课程的最好方法。另外绘图、读图能力的培养以及制图国家标准和有关技术标准的熟悉也是在实践中逐步掌握和积累起来的。

(3) 结合相关工科专业基础知识和工程图学学科的应用特点,加强对基本专业素质(如工作作风和专业知识结构体系)和专业技能(如徒手绘图和计算机建模及制图能力)的培养。

学习过程中要有实际目的,要学会和善于通过工程图样表达和交流设计思想,从而使自己在形体以及工程常识方面的积累得到进一步的释放和展现。

(4) 坚持实事求是的科学态度,严肃认真、耐心细致的工作作风。要有遵守国家标准规定的工程规范意识,要有积极的创新意识。

1.2 投影法及工程上常用的投影图

1.2.1 投影的形成与投影法

物体在光线照射下，就会在地面或墙壁上产生影子。人们根据这种自然现象加以抽象研究，总结出其中的规律，提出投影的方法。如图1-10所示，设平面 P 为投影面，光源 S 为投影中心，投射线均由投影中心射出，通过不在平面 P 上的空间点 A 的投射线延长与投影面相交于一点 a，点 a 称作空间点 A 在投影面 P 上的投影。同样，点 b 是空间点 B 在投影面 P 上的投影。像上述这种投射线通过物体向投影面投射并在投影面上产生图像的方法，称为投影法。投影法是画法几何及工程制图的基础，工程上就是靠这种假设的投影法，确定空间的几何形体在平面上（图纸上）的图像，进而由平面上的图像确定空间几何形体的位置和大小。

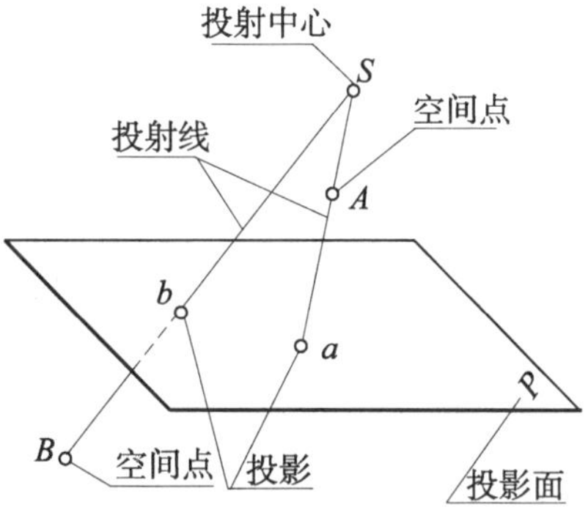

图1-10 投影法

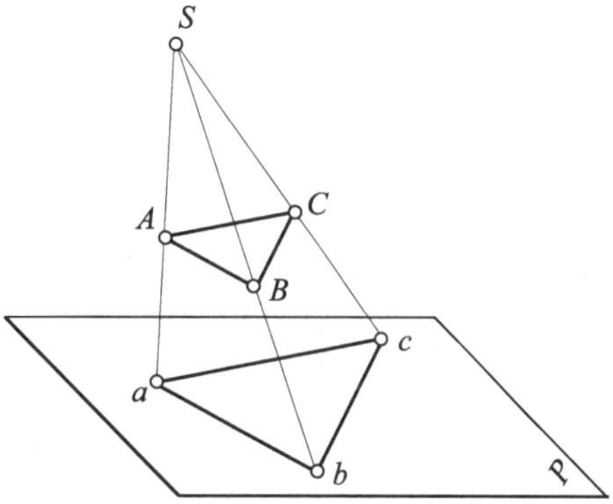

图1-11 中心投影法

1.2.2 投影法的分类

投影法一般分为中心投影法和平行投影法两类。

1. 中心投影法

投射线均通过投影中心的投影方法，称为中心投影法。如图1-11所示。其投影的大小随物体与投影中心间距离的变化而变化，所以其投影不能反映物体的实形。

2. 平行投影法

投射线相互平行的投影法称为平行投影法。其中，投射线倾斜于投影面叫平行斜投影法，如图1-12(a)所示。投影线垂直于投影面叫平行正投影法简称正投影法，如图1-12(b)所示。正投影法能在投影面上反映物体某些面的真实形状及大小，且与物体到投影面的距离无关，因而作图方便，故在工程中得到广泛的应用。工程图样就是用正投影法绘制的。

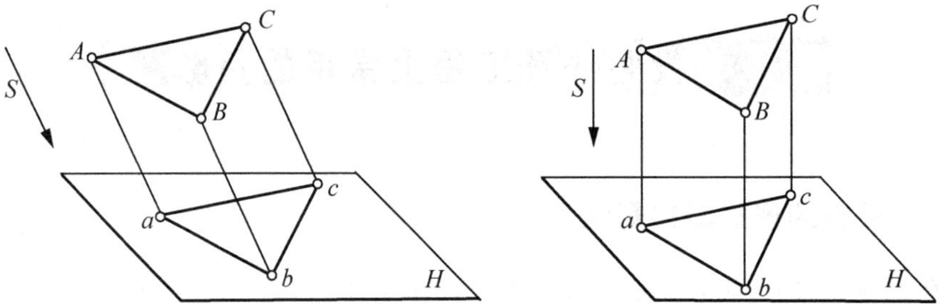

(a) 斜投影法　　(b) 正投影法

图 1-12　平行投影法

1.2.3　工程上常用的投影图

1. 多面正投影图

多面正投影图是采用相互垂直的两个或两个以上投影面，在每个投影面上分别用正投影获得几何形体的投影。由这些投影便能完全确定该几何形体的空间位置和形状。如图1-13 所示。

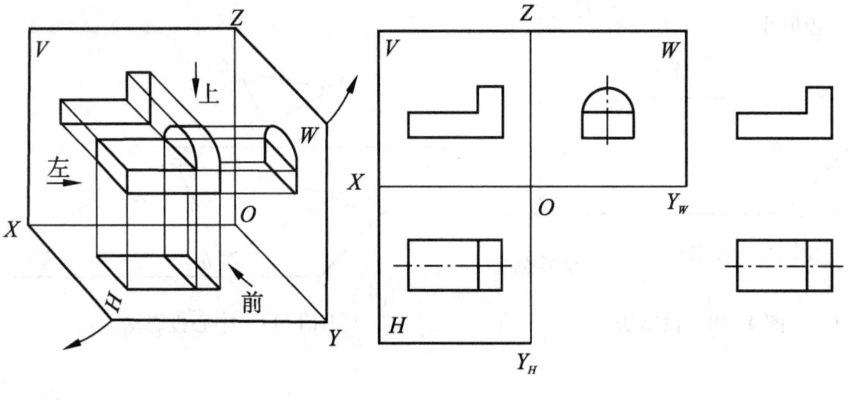

图 1-13　多面正投影图

正投影法投影时常将几何形体的主要平面放成与相应的投影面相互平行。这样画出的投影图能反映出这些平面图形的实形。因此，从图上可以直接量得空间几何形体的实际尺寸。也就是说正投影图有很好的度量性，而且正投影图作图也较简便。虽然正投影图的立体感不足，即直观性较差，但由于前述突出的优点，在机械制造行业和其他工程部门中被广泛采用。

2. 轴测投影图

轴测投影图是单面投影。先设定空间几何形体所在的直角坐标系，采用平行投影法（正投影或斜投影），将三根坐标轴连同空间几何形体一起投影到投影面上。利用坐标轴的投影与空间坐标轴之间的对应关系来确定图像与原形之间的一一对应关系。

图 1-14 所示是几何形体的轴测投影。由于采用平行投影法，所以空间平行的直线投影

后仍平行。轴测投影法投影时，将坐标轴对投影面放成一定的角度，使得投影图上同时反映出几何形体长、宽、高三个方向上的形状，以增强立体感。轴测投影图比正投影图作图较烦琐且度量性较差。但由于它的直观性较好，故有时亦用作产品的样图和书籍中的插图。

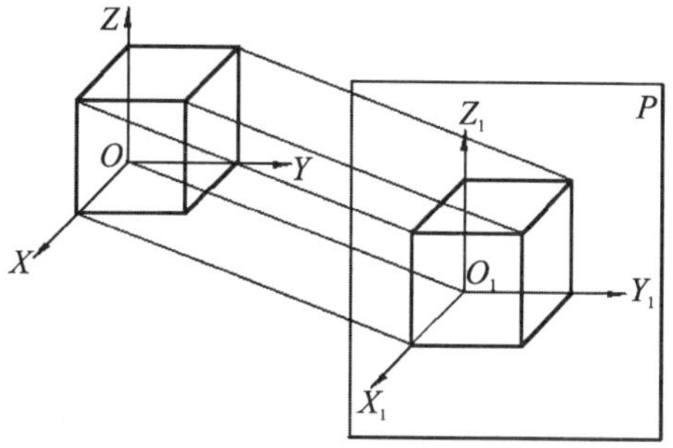

图 1-14　轴测投影图

3. 标高投影图

标高投影法是用正投影获得空间几何要素的投影之后，再用数字标出空间几何要素对投影面的距离，以在投影图上确定空间几何要素的几何关系。如图 1-15 所示是曲面的标高投影。标高投影法常用来表示不规则曲面，如船舶、飞行器、汽车曲面及地形等。

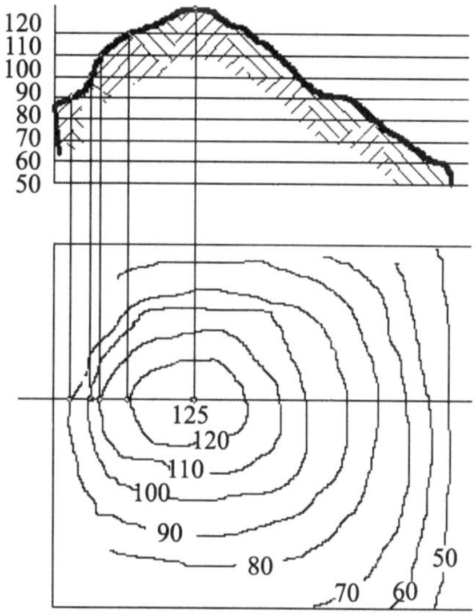

图 1-15　标高投影图

4. 透视投影图

透视投影图采用的是中心投影法。它与照相成影的原理相似，图像接近于视觉映象。所以透视投影图富有逼真感，直观性强，但作图复杂、度量性差。按照特定规则画出的透视投影图，完全可以确定空间几何要素的几何关系。

由于采用中心投影法，所以空间平行的直线，有的投影后就不平行了。透视投影图广泛用于工艺美术及宣传广告图样，在工程上只用于建筑工程及大型设备的辅助图样，如图 1-16 所示。

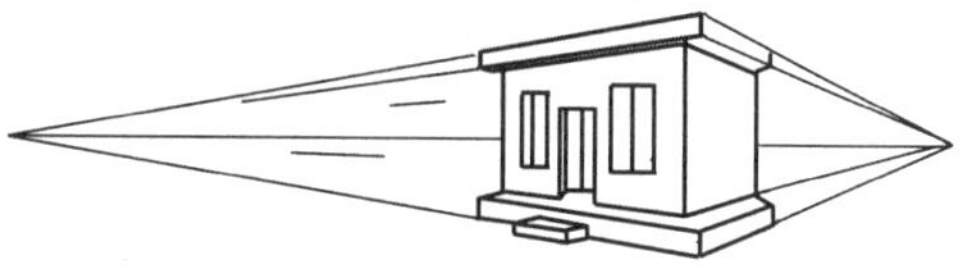
图 1-16　透视投影图

第2章 制图的基本知识与技能

工程图样是工程界的技术语言,是设计、生产、施工管理部门的技术文件,为了便于识读与技术交流,绘制工程图样必须遵守统一的规定,这个统一的规定就是国家标准。国家有关部门制定出《技术制图》(GB/T 14689—2008、GB/T 14690～14691—1993、GB/T 16675.2—2012)、《机械制图》(GB/T 4457.4—2002、GB/T 4458.4—2003)、《房屋建筑制图统一标准》(GB/T 50001－2017)、《总图制图标准》(GB/T 50103—2010)、《建筑制图标准》(GB/T 50104—2010)、《建筑结构制图标准》(GB/T 50105—2010)、《道路工程制图标准》(GB 50162－1992)、《水电水利工程基础制图标准》(DL/T 5347—2006)、《水电水利工程水工建筑制图标准》(DL/T 5348—2006)、《水力发电工程 CAD 制图技术规定》等。这些制图的国家标准(简称"国标")是所有工程技术人员在设计、施工、管理中必须严格执行的条例,任何一个学习和从事工程制图的人都应该严格遵守国标中的每一项规定。

本章从绘图的技能方面着手,具体介绍工程制图国家标准、制图工具及绘图仪器的使用,几何作图及平面形尺寸分析、绘图方法等。

2.1 国家标准的基本规定

为了便于进行生产和技术交流,国家标准(简称"国标",代号为"GB")对图样中的各项内容均作了统一的规定。本节先简要介绍现行标准中的基本内容,其余有关内容将在后文的各章中分别予以介绍。

2.1.1 图纸幅面和格式

绘制技术图样时,应优先采用表 2-1 所规定的基本幅面尺寸,其格式如图 2-1、图 2-2 所示。在图纸上必须用细实线画出表示图幅大小的纸边界线;用粗实线画出图框,其格式分为不留装订边和留有装订边两种,但同一产品的图样只能采用一种格式。

必要时,也允许选用所规定的加长幅面。这时幅面的尺寸是由基本幅面的短边成整数倍增加后得出。在图框的右下角必须画出标题栏,标题栏中的文字方向一般为看图的方向。国家标准规定的生产上用的标题栏内容较多、较复杂,在制图作业中可以简化,建议采用如

图 2-3 所示的简化标题栏。

表 2-1　　图纸幅面

幅面代号	A0	A1	A2	A3	A4
$B\times L$	841×1 189	594×841	420×594	297×420	210×297
e	20		10		
a	25				
c	10			5	

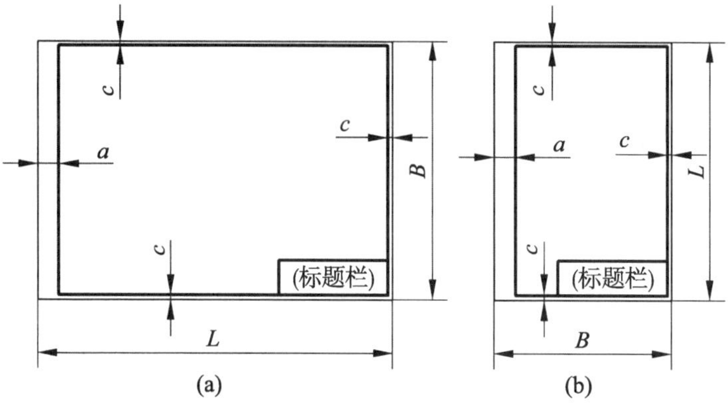

图 2-1　留装订边的图纸幅面和图框格式

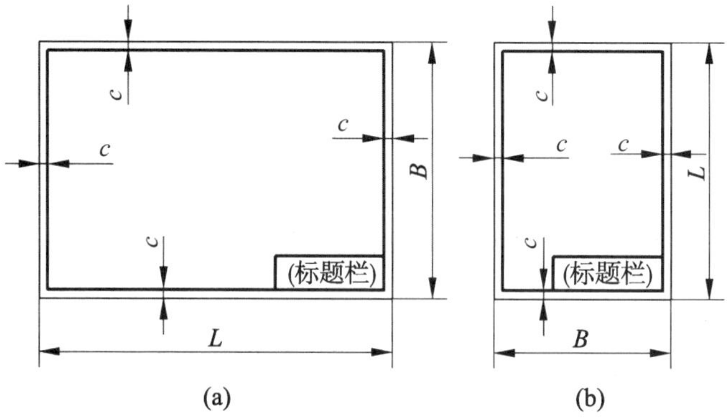

图 2-2　不留装订边的图纸幅面和图框格式

2.1.2　比例

比例为图形的大小与机件实际的大小之比。为了便于看图，画图时应尽可能采用 1∶1 的比例。当机件过大或过小时，可将它缩小或放大画出，如图 2-4(a)，(b)，(c)所示，比例分别为 1∶1，1∶2，2∶1。但标注尺寸时，仍按机件的实际尺寸标注，与绘图的比例无关。

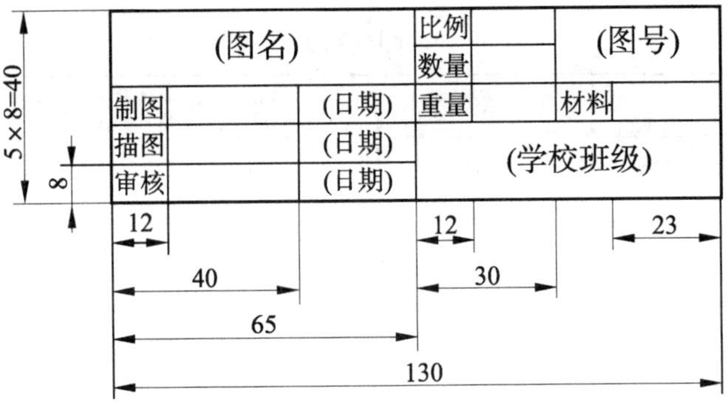

图 2-3　简化标题栏

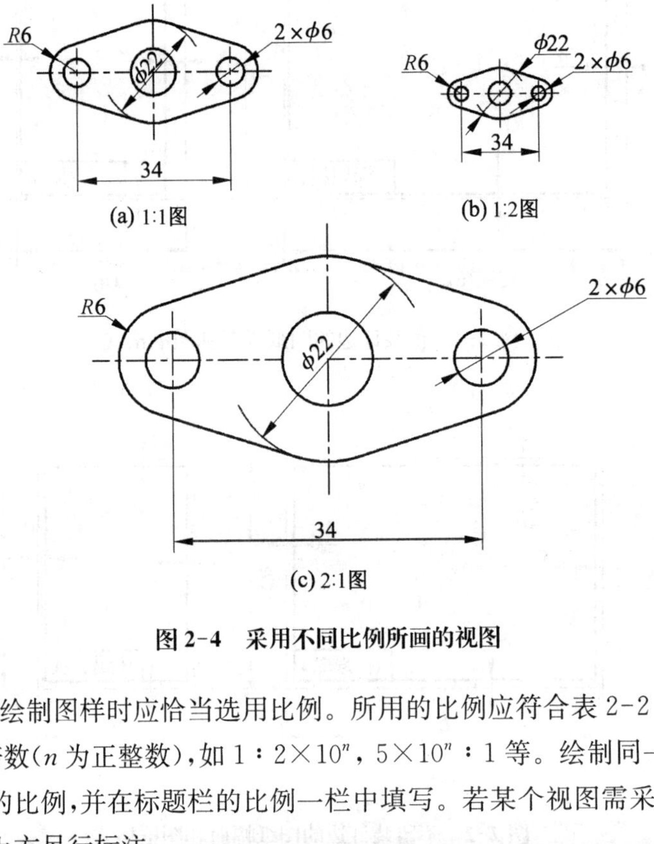

图 2-4　采用不同比例所画的视图

因此,在实际绘制图样时应恰当选用比例。所用的比例应符合表 2-2 中的规定,或采用表中比值的 10^n 倍数(n 为正整数),如 $1:2\times10^n$,$5\times10^n:1$ 等。绘制同一机件的各个视图一般应采用相同的比例,并在标题栏的比例一栏中填写。若某个视图需采用不同的比例时,则应在该视图的上方另行标注。

表 2-2　　　　　　　　　　　　比　例

种　　类	应选取的比例	允许选取的比例
与实物相同	1∶1	—
缩小的比例	1∶2, 1∶5, 1∶10	1∶1.5, 1∶2.5, 1∶3, 1∶4, 1∶6
放大的比例	5∶1, 2∶1	4∶1, 2.5∶1

2.1.3 字体

图样中书写的汉字、数字、字母都必须做到：字体工整、笔画清楚、间隔均匀、排列整齐。字体高度（用 h 表示，单位为 mm）的公称尺寸系列为 1.8，2.5，3.5，5，7，10，14，20。字体高度代表字体的号数。

汉字应写成长仿宋体字，并应采用国家正式公布推行的简化字。汉字的高度 h 不应小于 3.5，其字宽一般为 $h/\sqrt{2}$。如图 2-5 所示为长仿宋体汉字示例。

字体工整　笔划清楚　排列整齐　间隔均匀

横平竖直　结构均匀　注意起落　填满方格

机械制图技术材料电子与信息工程流体石油化工环境

国际经贸管理土木工程计算科学文法外国语轻纺综合

图 2-5　长仿宋体汉字示例

字母和数字分 A 型和 B 型。A 型字体的笔画宽度（d）为字高（h）的 1/14，B 型字体的笔画宽度（d）为字高（h）的 1/10。在同一图样上，只允许选用一种型式的字体。字母和数字可写成斜体和直体。斜体字的字头向右倾斜，与水平线成 75°。如图 2-6 所示为 B 型斜体字母、数字等的应用示例。

A B C D E F G H I J K L M N O P Q R S T U V W X Y Z

a b c d e f g h i j k l m n o p q r s t u v w x y z

1 2 3 4 5 6 7 8 9 0

Ⅰ Ⅱ Ⅲ Ⅳ Ⅴ Ⅵ Ⅶ Ⅷ Ⅸ Ⅹ

R3　1×45°　M24-6H　ϕ50H7　ϕ50h7

ϕ30±0.012　$\phi30^{-0.007}_{-0.020}$　Q235-A　HT250

图 2-6　B 型斜体字母、数字等的应用示例

2.1.4 图线

1. 图线的型式及应用

（1）机械工程领域

表 2-3 为国家标准《机械制图》规定的各种图线的名称、型式、宽度及其一般应用，供绘图时选用。图线的宽度分为粗、细两种，粗线的宽度 d 应按图的大小和复杂程度，在 0.5～2 mm 选择，细线的宽度约为 $d/2$。图线宽度的推荐系列为：0.18 mm，0.25 mm，0.35 mm，0.5 mm，0.7 mm，1 mm，1.4 mm，2 mm。制图中一般常用的粗实线宽度 d 为 0.7 mm 和 1 mm。

表 2-3　　机械工程领域图线的型式及应用

图线名称	图线型式	宽　度	主要用途及线素长度
粗实线		d	表示可见轮廓线，可见相贯线
细实线		$d/2$	表示可见尺寸线、尺寸界线、剖面线、引出线、重合断面的轮廓、引出线、螺纹的牙底线、齿轮的齿根等
虚线	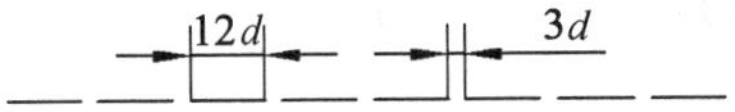	$d/2$	表示不可见轮廓线、不可见相贯线
波流线		$d/2$	表示断裂处的边界线，视图和剖视的分界线等
双折线	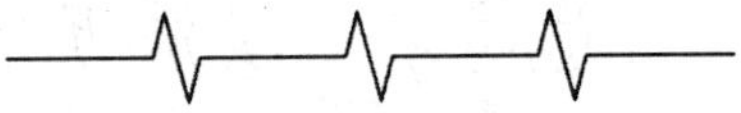	$d/2$	表示断裂处的边界线等
细点画线	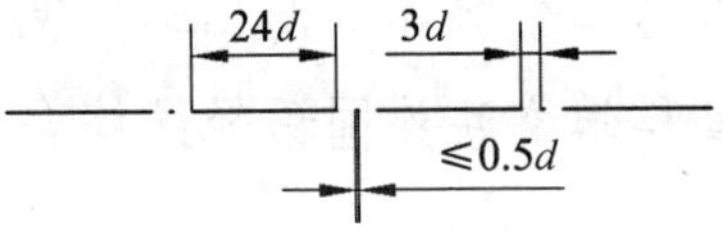	$d/2$	表示轴线、对称中心线、轨迹线、齿轮的分度圆及分度线等
粗点画线	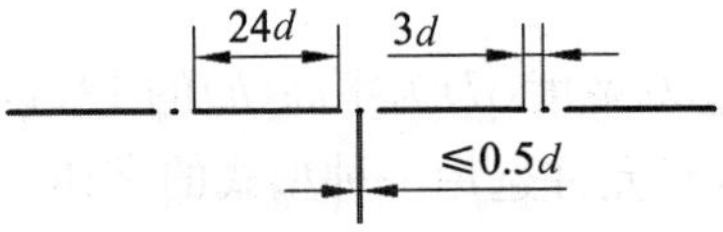	d	表示限定范围表示线
双点画线	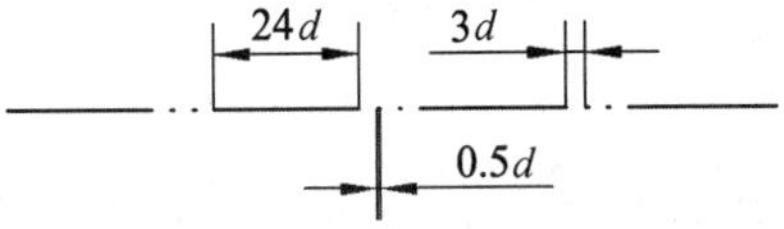	$d/2$	表示相邻辅助零件的轮廓线、可动零件极限位置的轮廓线、重心线、成型前轮廓线、轨迹线、中断线等

图线的一般应用举例，如图 2-7 所示。

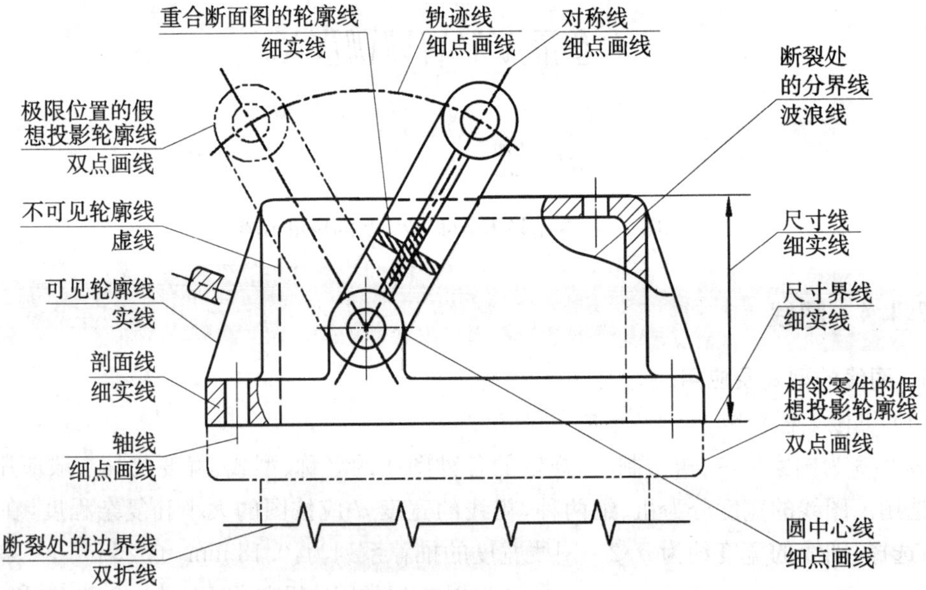

图 2-7　机械工程领域图线及其应用

（2）土木建筑工程领域

在土木建筑工程中常用的线型有粗实线、中实线、细实线、虚线、点画线、双点画线、折断线和波浪线等。常用线型和用途见表 2-4。

表 2-4　　土木建筑工程领域图线的型式及应用

名称		线型	线宽	一般用途
实线	粗		b	主要可见轮廓线
	中		$0.5b$	可见轮廓线
	细		$0.25b$	可见轮廓线、图例线
虚线	粗		b	见各有关专业制图标准
	中		$0.5b$	不可见轮廓线
	细		$0.25b$	不可见轮廓线、图例线
单点长画线	粗		b	见各有关专业制图标准
	中		$0.5b$	见各有关专业制图标准
	细		$0.25b$	中心线、对称线、定位轴线
双点长画线	粗		b	见各有关专业制图标准
	中		$0.5b$	见各有关专业制图标准
	细		$0.25b$	假想轮廓线、成型前原始轮廓线
折断线			$0.25b$	不需画全的断开界线
波浪线			$0.25b$	不需画全的断开界线 构造层次的断开界线

国标规定，图线宽度（b）有粗线、中粗线和细线之分，它们的比例关系是 1∶0.5∶0.25。绘图时要根据图样的繁简程度和比例大小，先确定粗线线宽 b，当粗线的宽度 b 确定以后，则和 b 相关联的中线、细线也随之确定。一般情况下，同一张图纸内相同比例的各图样应选用相同线宽组合；在同一图样中，同类图线的宽度也应一致。图线的线宽见表 2-5。图纸的图框线和标题栏线，可采用表 2-6 所示的线宽。

表 2-5　　土木建筑工程领域常用的线宽组　　单位：mm

线宽比	线宽组					
b	2.0	1.4	1.0	0.7	0.5	0.35
$0.5b$	1.0	0.7	0.5	0.35	0.25	0.18
$0.25b$	0.5	0.35	0.25	0.18	—	—

表 2-6　　土木建筑工程领域图框线、标题栏线的宽度　　单位:mm

幅面代号	图框线	标题栏外框线	标题栏分格线、会签栏线
A0, A1	1.4	0.7	0.35
A2, A3, A4	1.0	0.7	0.35

2. 图线的画法

(1) 同一图样中,同类图线的宽度应基本一致。虚线、点画线及双点画线的线段长度和间隔应各自大致相等,其长度可根据图形的大小决定。国家标准对虚线、点画线的线段长短和间隔并未作规定,但为了学习方便,建议按表 2-3 中所标注的线段长度及间隔进行作图。点画线中的点实际是极短的短画(约 1 mm),短画和线段的距离也为 1 mm 左右。

(2) 绘制圆的对称中心线时,圆心应为线段的交点。点画线的首末两端应是线段而不是短画,且应超出图形外 2～5 mm。在较小的图形上绘制点画线或双点画线有困难时,可用细实线代替。如图 2-8 所示。

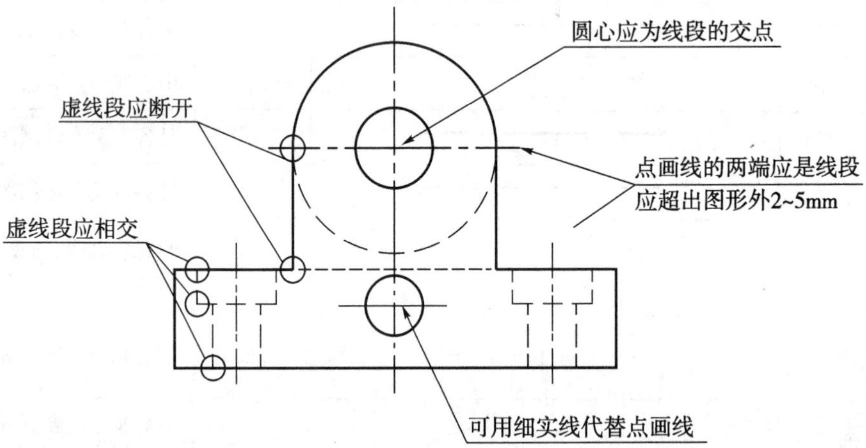

图 2-8　点画线与虚线的画法

(3) 虚线的画法如图 2-8 所示。当虚线与虚线、或虚线与粗实线相交时,应该是线段相交。当虚线是粗实线的延长线时,在连接处应断开。

2.1.5　尺寸注法

图样上必须标注尺寸以表达形体的各部分大小,如图 2-9(a),2-9(b)所示。国家标准规定了标注尺寸的一系列规则和方法,绘图时必须遵守。

1. 基本规则

(1) 形体的真实大小应以图样上所注的尺寸数值为依据,与图形的大小及绘图的准确度无关。

(2) 图样中(包括技术要求和其他说明)的尺寸,以毫米为单位时,不需标注计量单位的代号或名称,如采用其他单位时,则必须注明相应的计量单位的代号或名称。

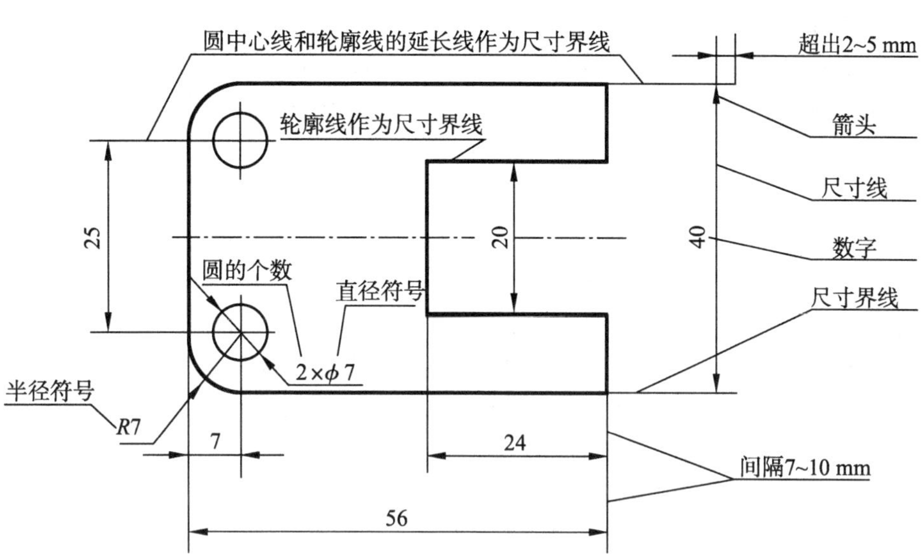

图 2-9(a) 机械工程图样上的各种尺寸注法

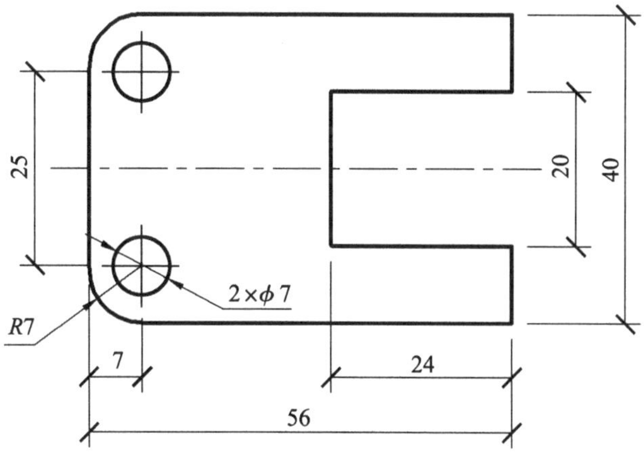

图 2-9(b) 土木建筑工程图样上的各种尺寸注法

(3) 图样中所标注的尺寸,为该图样所示机件的最后完工尺寸,否则应另加说明。

(4) 机件的每一尺寸,一般只标注一次,并应标注在反映该结构最清晰的图形上。

(5) 标注尺寸时,应尽可能使用符号和缩写词。常见的符号和缩写词见表 2-7。

表 2-7 图样上常见的符号和缩写词

名词	直径	半径	球直径	球半径	厚度	正方形	45°倒角	深度	沉孔或锪平	埋头孔	均布
符号或缩写词	ϕ	*R*	*S*ϕ	*SR*	*t*	□	*C*	↧	⊔	∨	*EQS*

2. 尺寸的组成及标注方法

一个完整的尺寸,应包括尺寸线、尺寸界线、尺寸数字和尺寸线终端(箭头或斜线)。图2-9(a) 所示为机械工程图样的各种尺寸的注法,图 2-9(b)所示为土木建筑工程图样的各种尺寸注法。

3. 尺寸线和尺寸界线

尺寸线和尺寸界线均用细实线绘制。标注线性尺寸时,尺寸线必须与所标注的线段平行。尺寸界线应由图形的轮廓线、轴线或对称中心线处引出,也可利用轮廓线、轴线或对称中心线作尺寸界线,如图 2-9(a),图 2-9(b)所示。

(1) 尺寸线不能用其他图线代替,一般也不得与其他图线重合或画在其延长线上。

(2) 同一图样中,尺寸线与轮廓线以及尺寸线与尺寸线之间的距离应大致相等如图 2-9(a)所示,一般以不小于 7 mm 为宜。

(3) 尺寸线一般应与尺寸界线垂直,必要时才允许倾斜,如图 2-10 所示。

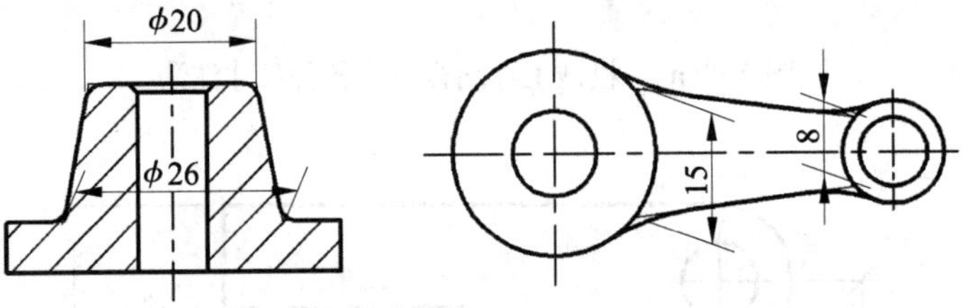

图 2-10 圆弧光滑过渡处的尺寸注法

(4) 在圆弧光滑过渡处标注尺寸时,必须用细实线将轮廓线延长,从它们的交点处引出尺寸界线,如图 2-10 所示。

4. 尺寸线终端

尺寸线的终端可以是箭头或斜线(细实线)两种形式。机械图上的尺寸线终端一般画成箭头,以表明尺寸的起止,其尖端应与尺寸界线相接触。如图 2-11(a)所示为箭头放大图,以表示箭头的形式及画法。图中尺寸 d 为粗实线的宽度。土建图上的尺寸线终端一般画成45°角斜线,如图 2-11(b)所示,图中尺寸 h 为尺寸数字的高度,这时尺寸线与尺寸界线必须相互垂直。但在同一张图样中只能采用一种尺寸终端形式。

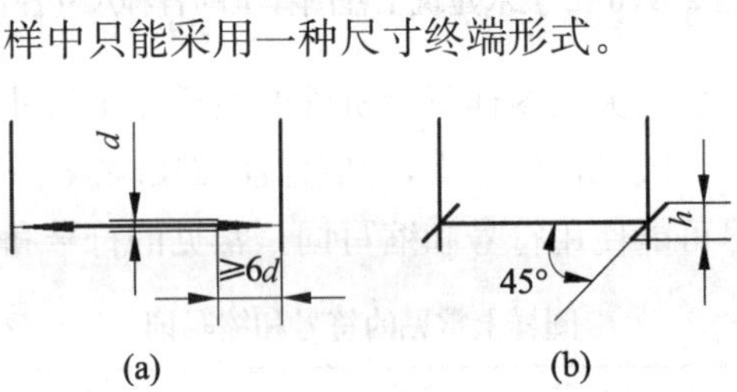

图 2-11 尺寸线终端两种形式的放大图

箭头应尽量画在两尺寸界线的内侧。对于较小的尺寸,在没有足够的位置画箭头或注写数字时,也可将箭头或数字放在尺寸界线的外侧,如图 2-12(a)所示。采用箭头时,当遇到连续几个较小的尺寸时,允许用圆点或斜线代替箭头,如图 2-12(b),图 2-12(c)所示。

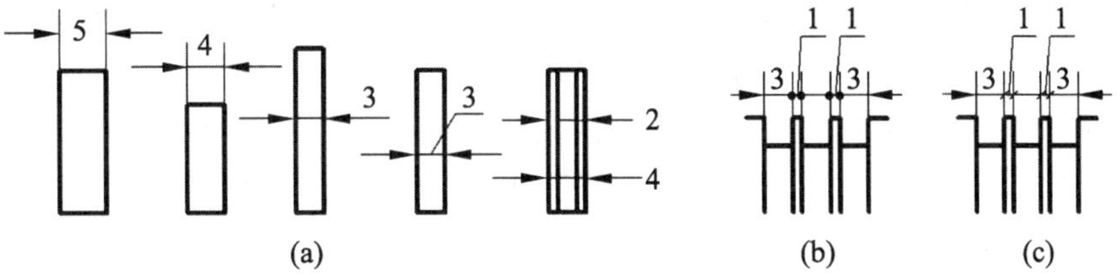

图 2-12　小尺寸的注法及箭头的替代

5. 尺寸数字

尺寸数字表示机件的尺寸大小。

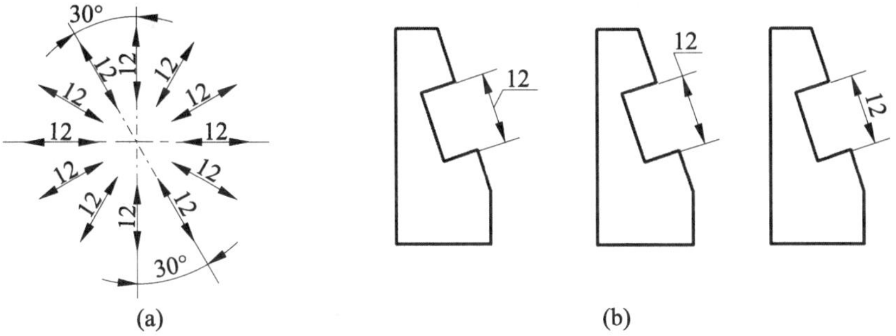

图 2-13　尺寸数字方向注法

(1) 线性尺寸的数字一般应注写在尺寸线的上方，也允许注写在尺寸线的中断处。对于垂直方向的尺寸，其数字可水平地注写在尺寸线的中断处。但在同一图样上其标注形式应一致。

(2) 线性尺寸数字的方向，一般应按图 2-13(a)所示的方向注写，并尽可能避免在图示30°范围内标注尺寸，如图 2-9 所示中的各个尺寸数字。当无法避免时，可按图 2-13(b)所示的形式标注。

(3) 尺寸数字不可被任何图线所通过，当无法避免时，必须将该图线断开。如图 2-10 所示的ϕ26 处将点画线断开。

6. 圆的直径和圆弧半径的注法

(1) 标注圆的直径时，尺寸线应通过圆心，尺寸线的两个终端应画成箭头，如图 2-14(a)所示，在尺寸数字前应加注符号“ϕ”。当图形中的圆弧线大于该圆全部弧线的一半时，尺寸线应略超过圆心，此时仅在尺寸线的一端画出箭头，如图 2-14(b)所示。

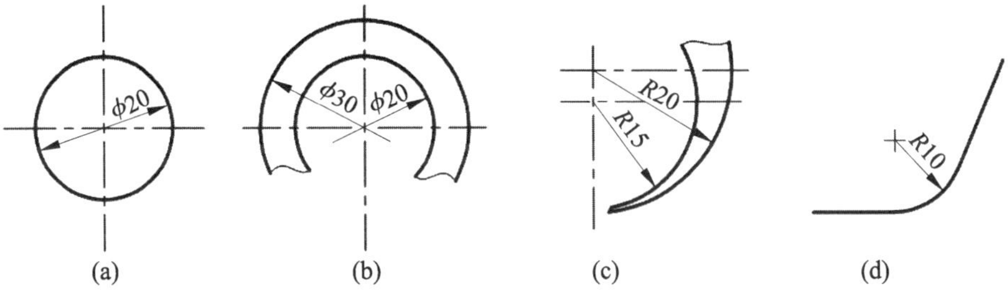

图 2-14　圆和圆弧的尺寸注法

(2) 标注圆弧的半径时,尺寸线的一端一般应画到圆心,以明确表明其圆心的位置,另一端画成箭头,如图 2-14(c),(d)所示。在尺寸数字前应加注符号“*R*”。

(3) 当圆弧的半径过大,或在图纸范围内无法标出其圆心位置时,可将尺寸线画成折线形式(只折一次),如图 2-15(a)所示。若不需要标出其圆心位置时,但要指向圆心,可按图 2-15(b) 所示的形式标注。

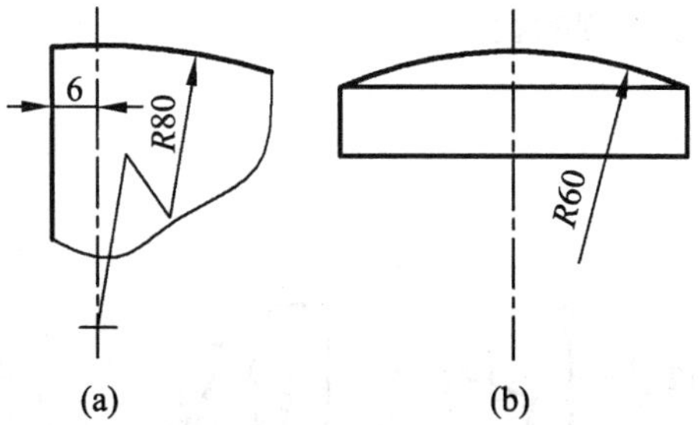

图 2-15　大圆弧半径的注法

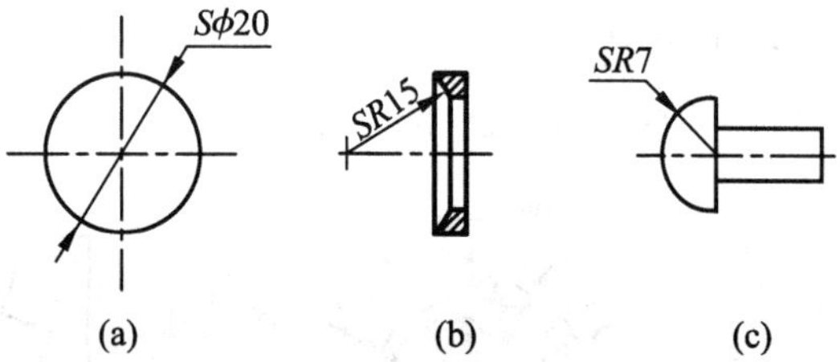

图 2-16　球面直径与半径的注法

(4) 标注球面的直径或半径时,应在符号“ϕ”或“*R*”前再加注符号“*S*”,如图 2-16(a),(b),(c)所示。

(5) 在图形中当圆或圆弧较小时,在没有足够的位置画箭头或注写数字时,可按图 2-17 所示的形式标注尺寸。标注小圆弧半径的尺寸线,不论其是否画到圆心,但其方向必须指向圆心。

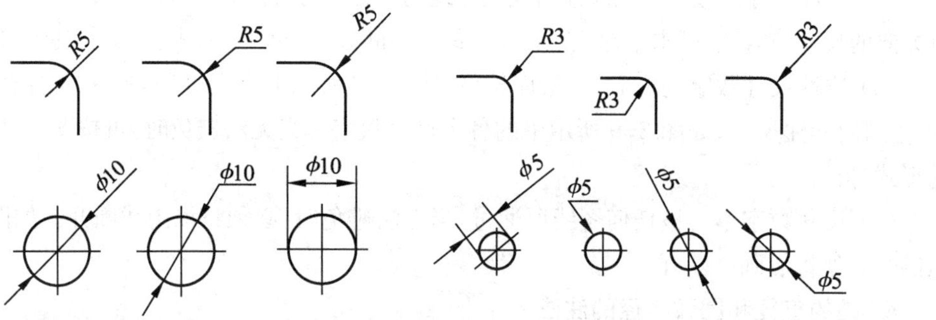

图 2-17　小直径与半径的注法

7. 角度的注法

(1) 标注角度时,尺寸线应画成圆弧,其圆心是该角的顶点,尺寸界线应沿径向引出,如图 2-18 所示。

(2) 角度的数字应一律写成水平方向,一般注写在尺寸线的中断处,必要时也可以注写在尺寸线的上方或外面,也可引出标注,如图2-19 所示。

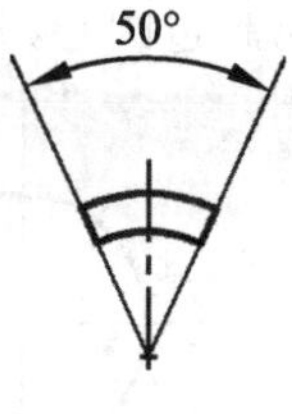

图 2-18　角度的注法

8. 板状零件厚度的注法

当仅用一个视图表示的板状零件,且厚度全部相同时,其厚度标注可在尺寸数字前加注符号“*t*”,如图 2-20 所示。

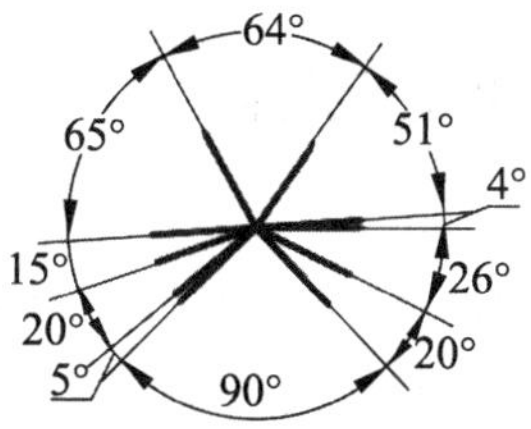

图 2-19　角度数字的注法

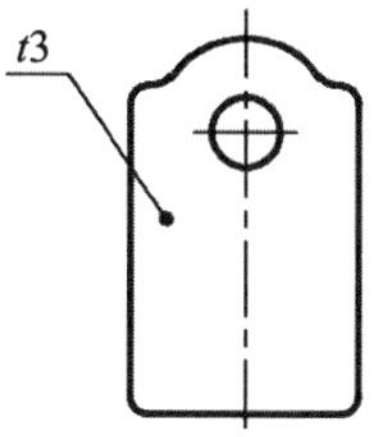

图 2-20　板状零件厚度的注法

9. 坡度的标注

标注坡度时，应画指向下坡方向的箭头并注写坡度数字，如图 2-21 所示。

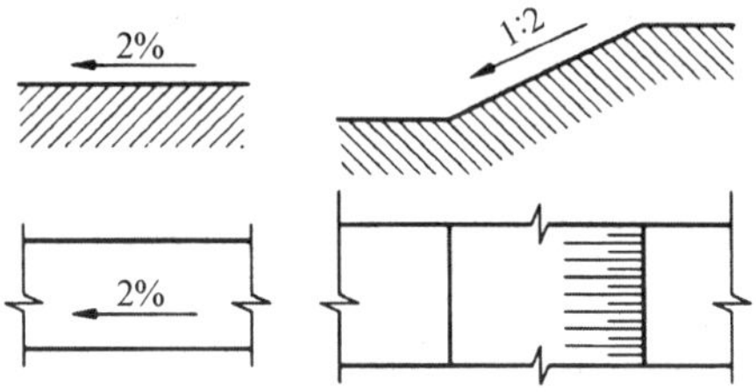

图 2-21　坡度的注法

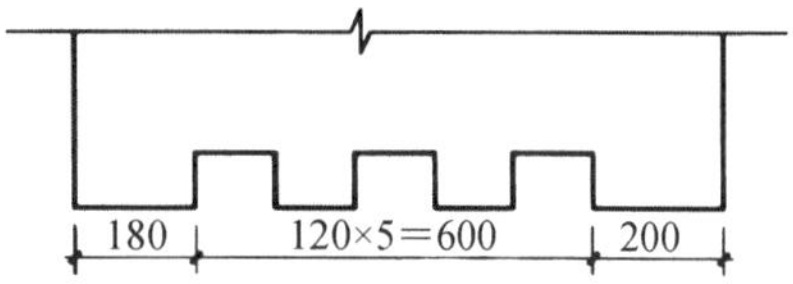

图 2-22　等长尺寸简化注法

10. 等长尺寸的简化注法

连续排列的等长尺寸，可用“个数×等长尺寸＝总长”的形式标注，如图 2-22 所示。

11. 正方形结构的注法

剖面为正方形时，可在正方形边长尺寸数字前加注符号“□”或用“$B\times B$”注出(B 为正方形的对边距离)，如图 2-23 所示。

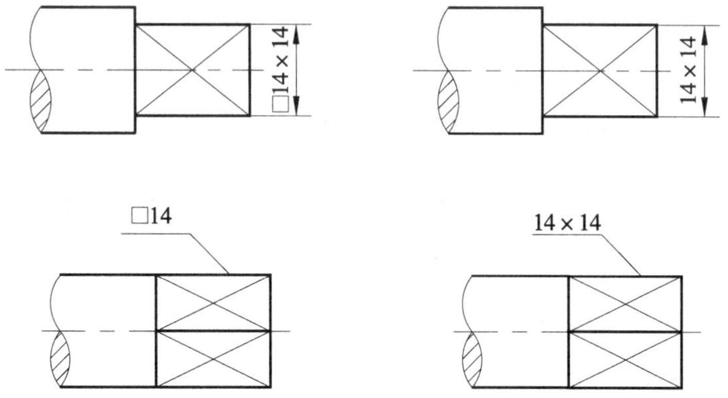

图 2-23　正方形结构的注法

标注尺寸时，必须符合上述的各项规定。

2.2 绘图工具与绘图方法

为了提高绘图速度,保证图面质量,必须正确合理地使用绘图工具,经常进行绘图实践,不断总结经验,才能逐步提高绘图的基本技能。下面对常用的绘图工具及其用法作简单介绍。

2.2.1 普通绘图工具及用品

绘图时常用的普通绘图工具主要有:图板、丁字尺、三角板、绘图仪器(主要是圆规、分规等)、比例尺、曲线板、量角器等。此外,还需要有铅笔、橡皮、胶带纸、削笔刀、擦图片和写字模板等绘图用品。现将几种常用的绘图工具、用品及其使用方法分别介绍如下。

1. 图板

图板是用来固定图纸的,一般用胶合板制作,四周镶硬质木条。图板的规格尺寸有3种:0号(900 mm×1 200 mm)、1号(600 mm×900 mm)、2号(450 mm×600 mm)。绘图时必须用胶带纸将图纸固定在图板上,图板的工作表面必须平坦,如图2-24所示。图板左右的导边必须平直,以保证与丁字尺尺头的内侧边准确接触。

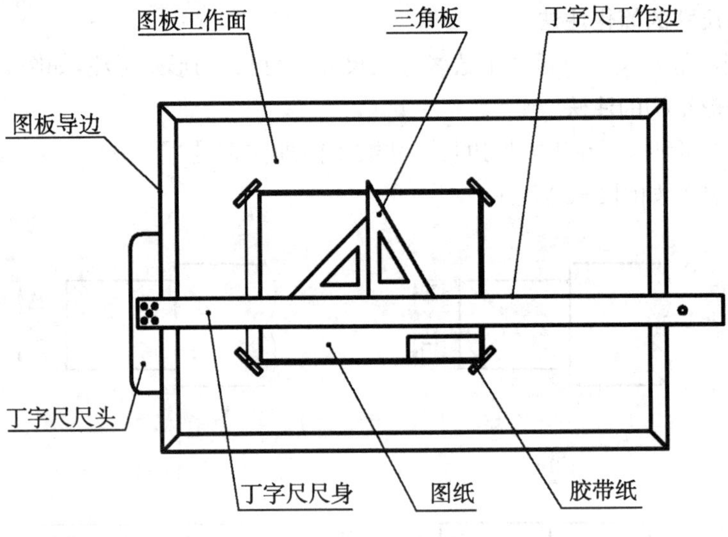

图2-24 图板、丁字尺、三角板与图纸

2. 丁字尺

丁字尺是用来画图纸上水平线的。丁字尺由尺头和尺身组成,如图2-24所示,尺头与尺身的结合必须牢固。丁字尺尺头的内侧边及尺身的工作边必须保持平直。使用时尺头的内侧边应紧靠在图板的左侧导边上,以保证尺身的工作边始终处在正确的水平位置。切忌在尺身下边画线。

3. 三角板

绘图时要准备一副三角板,(由一块45°角和一块30°×60°角的三角板组成),绘图用三角板选用斜边长为30 cm左右的较为合适。三角板与丁字尺配合使用,可画出垂直线和15°角整数倍的倾斜线。

画垂直线时,将三角板的一直角边紧靠在丁字尺尺身的工作边上,铅笔沿三角板的垂直边自下而上画线,如图2-25所示。

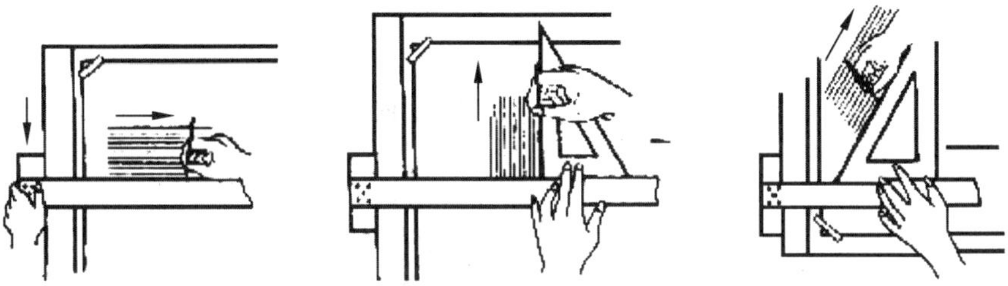

(a) 画水平线　(b) 画垂直线　(c) 画斜线

图2-25　画水平线、垂直线及倾斜线

用30°, 60°角的三角板与丁字尺配合使用,可画出与水平线成30°, 60°的倾斜线,如图2-26所示。

两块三角板配合,还可以画任意已知直线的平行线或垂直线。如图2-27所示。

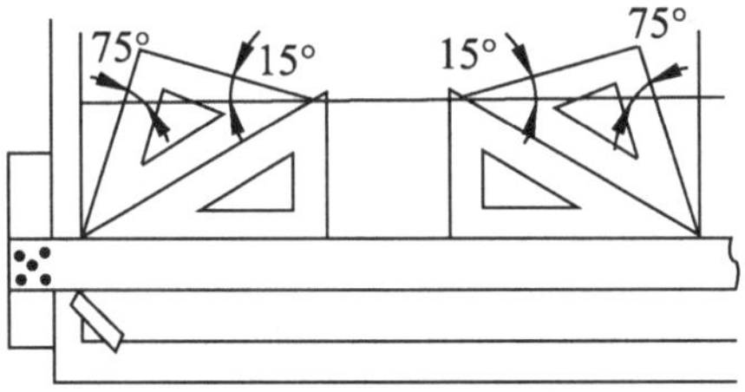

图2-26　画15°和75°倾斜线

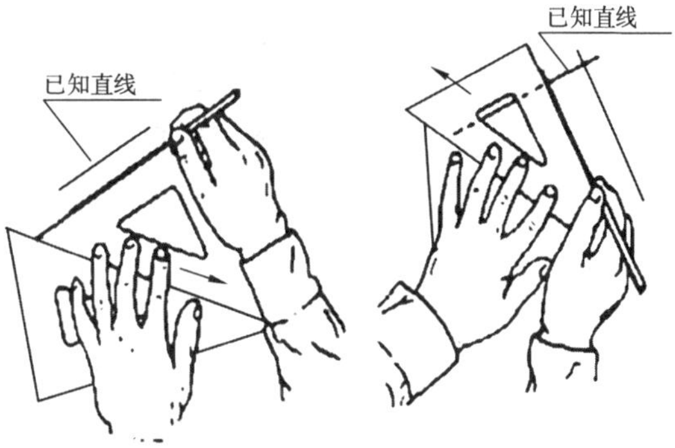

图2-27　画已知直线的平行线和垂直线

4. 分规

分规是用来量取线段和分割线段的工具。分规两腿端部带有钢针,为了准确地度量尺寸,分规的两针尖应平齐,当两腿合拢时,两针尖应合成一点,如图2-28(a)所示。手握分规的姿势如图2-28(b)所示。其用法如图2-28(c)所示。

5. 圆规

圆规是画圆及圆弧的工具。圆规固定腿上的钢针具有两种不同形状的尖端:带台阶的尖端是画圆或圆弧时定心用的;带锥形的尖端可作分规使用。活动腿上有肘形关节,可随时装换铅插脚、鸭嘴插脚及作分规用的锥形钢针插脚,如图2-29所示。

铅芯插脚内通过调换软或硬两种铅芯,以适应绘制粗、细两种不同图线的要求,铅芯露

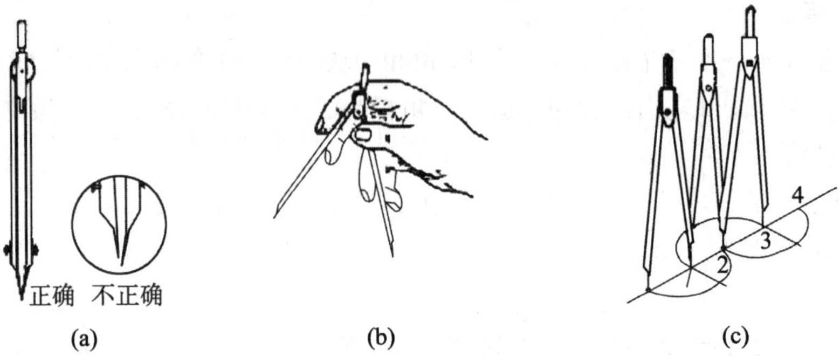

图 2-28　分规及其使用

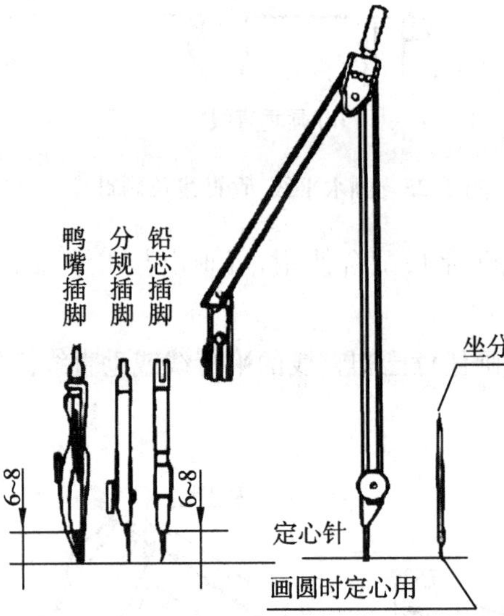

图 2-29　圆规及其附件

出长度 6～8 mm,并且要经常磨削。圆规的两腿合拢时,针尖应比铅芯的尖端稍长,以便将针尖全部扎入纸内,如图 2-30(a)所示。画圆或圆弧时,应按顺时针方向转动圆规,并稍向前倾斜,此时,要保证针尖和笔尖均垂直纸面,如图 2-30(b)所示。画大直径的圆,须使用接长杆,如图 2-30(c)所示。使用圆规时,尽可能使钢针和铅芯垂直于纸面,特别在画大圆时更应如此。将铅芯插脚换上针尖插脚,也可作分规用。

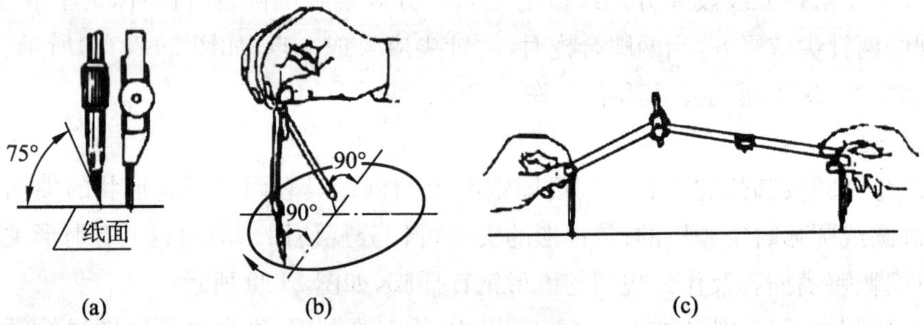

图 2-30　圆规的用法

6. 比例尺

常见的比例尺形状为三棱柱体，故又名三棱尺。在尺的三个棱面上分别刻有 6 种不同比例的刻度尺寸，供度量时选用。图 2-31(a)为常见的三棱比例尺，图 2-31(b)为比例直尺。

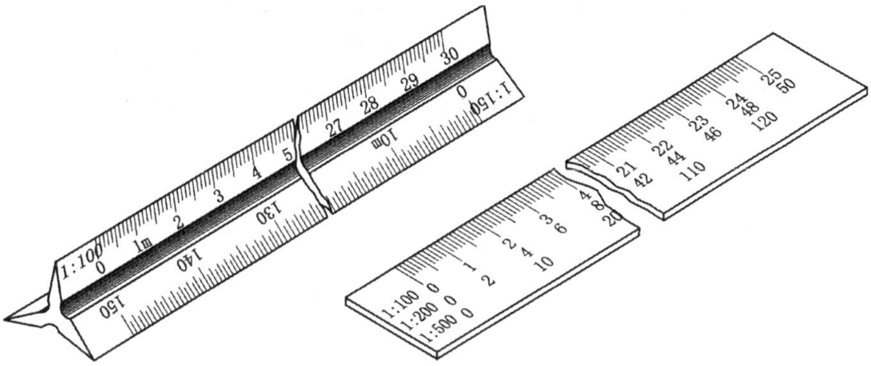

(a) 三棱比例尺　　(b) 比例直尺

图 2-31　比例尺

7. 曲线板

曲线板是用来画非圆曲线的工具，其轮廓线由多段不同曲率半径的曲线组成。如图 2-32 所示。作图时，先徒手用铅笔轻轻地把曲线上一系列的点顺次地连接起来，然后选择曲线板上曲率合适的部分与徒手连接的曲线贴合，并将曲线描深。每次连接应至少通过曲线上 3 个点，并注意每画一段线应和前一段的末端有一段相吻合，以保证曲线连接圆滑。

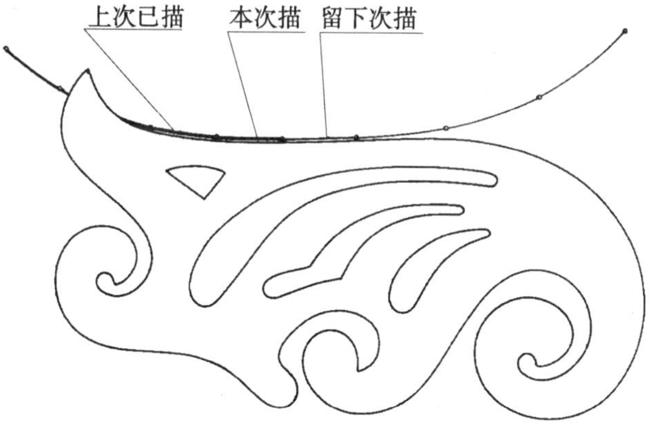

图 2-32　曲线板的用法

8. 铅笔

铅笔一般采用的木质绘图铅笔，其末端印有铅笔硬度的标记。绘图时应同时准备 2H，H，HB，B，2B 铅芯的铅笔数支。绘制各种细线及画底稿可用稍硬的铅笔，如 H 或 2H；加深时，则用较软的铅笔，如 B 或 2B；写字时，则选用软硬适中的 HB 铅笔较合适。加深圆及圆弧时，圆规的铅芯应比画直线时的要软一些。画底稿及绘制各种细线的铅芯宜在砂纸上磨尖；绘制粗实线的铅芯，其端部应磨得稍粗些，使所画的图线的粗细能达到符合要求的宽度

d。铅芯长度最好为 6～8 mm。装在圆规铅笔插腿中的铅芯的磨法，也应这样。铅笔应从无字的一端开始使用，以保留铅芯软硬的标志，如图 2-33，图 2-34 所示。

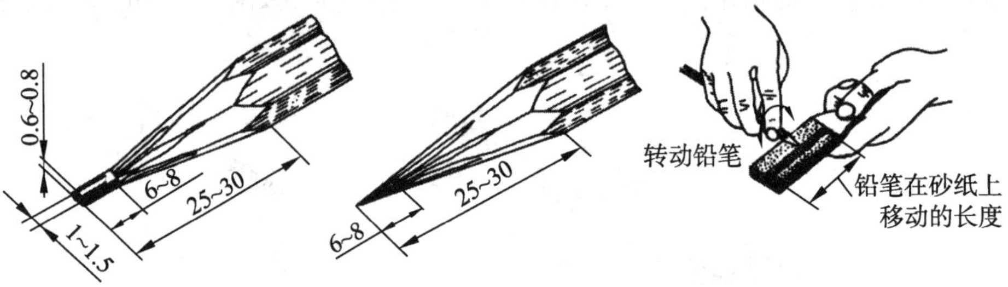

(a) 磨成矩形　(b) 磨成锥形　(c) 铅笔的磨法

图 2-33　修磨铅笔的方法

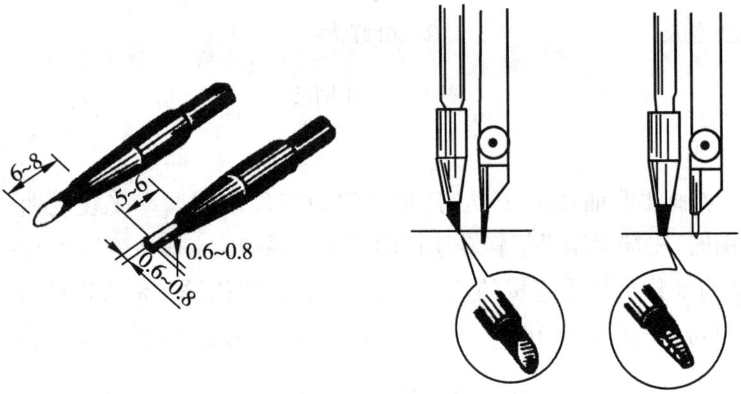

(a) 铲形　(b) 矩形　(a) 普通尖：打草稿用　(b) 支承尖：描深用

圆规的铅芯削法　圆规的针脚

图 2-34　圆规上铅芯的削磨法

9. 其他绘图工具

(1) 砂纸用于修磨铅芯头如图 2-33(c)和图 2-35 所示。

(2) 擦图片用于修改图线时遮盖不需擦掉的图线，如图 2-36 所示。

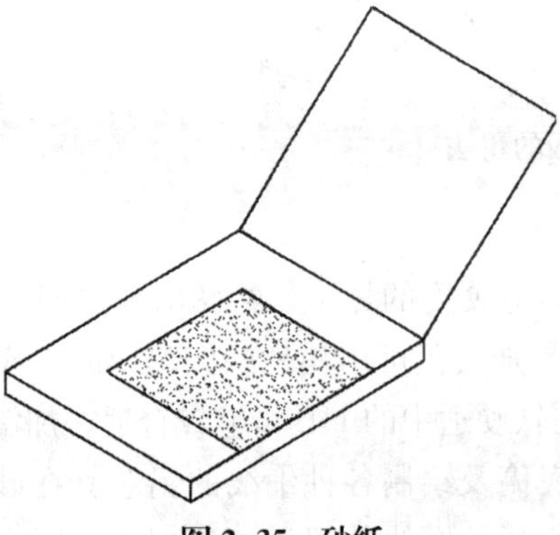

图 2-35　砂纸

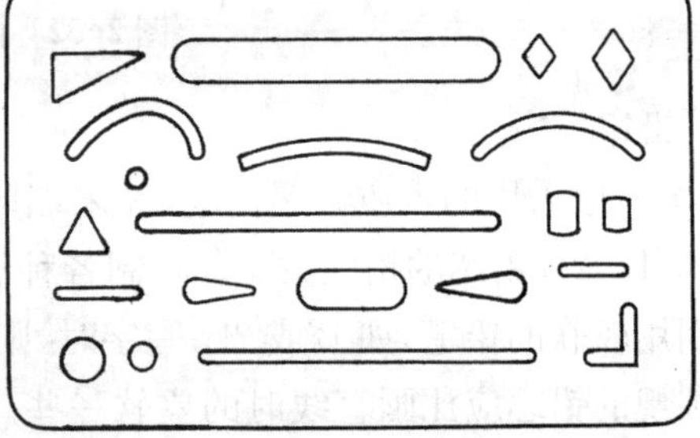

图 2-36　擦图片

(3) 橡皮应选用白色软橡皮。

(4) 刀片用于削铅笔和修改图纸上的墨线。

(5) 胶带纸用于固定图纸。

2.2.2 绘图机

绘图机代替了丁字尺和三角板,利用绘图机上的水平尺和垂直尺的刻度,可以直接在图上进行度量。这样,大大提高了绘图速度。常用的绘图机有:

1. 钢带式绘图机

如图 2-37(a)所示为钢带式绘图机,它可以绘制 A1 幅面范围内的各种图纸。固定在机头上的一对互相垂直的纵横直尺,在移动时可始终保持平行,机头还可以作 360°的转动。

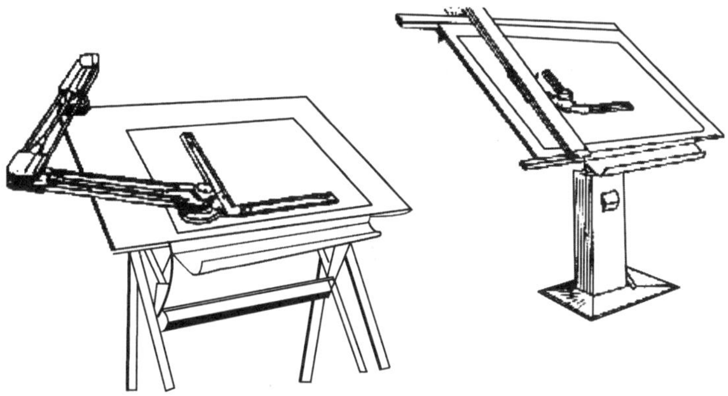

(a) 钢带式　　(b) 导轨式

图 2-37　绘图机

2. 导轨式绘图机

如图 2-37(b)所示为导轨式绘图机,它可以绘制大幅面的图纸,机头结构与钢带式相似。机头可沿横梁上的导轨上下平移,而横梁又可沿顶端的纵向导轨作左右平移。图板台面可以倾斜,并能升降。导轨式绘图机刚性较好,因此所绘图样的精确度较高。

3. 自动绘图机

由电子计算机控制的自动绘图机是新一代的先进绘图机,它的问世时间虽不长,但发展极为迅速,应用也愈来愈广泛。

2.2.3 绘图的一般方法与步骤

为了提高画图速度和保证图面质量,除必须熟练掌握有关的制图标准、几何作图方法及正确使用绘图工具外,还应遵循一定的绘图程序。下面介绍在图纸上准确绘图的步骤:

1. 准备工作

绘图前应准备好必要的绘图工具和用品,整理好工作地点,熟悉和了解所画的图形,将图纸固定在图板的适当位置,使丁字尺和三角板移动比较方便。

2. 图形布局

图形在图纸上的布局应匀称、美观,并考虑到标题栏及标注尺寸的地位。

3. 画底稿

用较硬的 H 或 2H 铅笔准确地、很轻地画出底稿。画底稿应从中心线或主要轮廓线开始作图。

4. 检查描深

底稿画好后应仔细校核,改正所发现的错误并擦去多余的线条。应该做到线型符合规定,粗细分明,连接光滑。描深时一般应首先描深所有的圆及圆弧,对同心圆弧应先描小圆弧,再由小到大顺次描其他圆弧。当有几个圆弧连接时,应从第一个开始依次描深,才能保证相切处连接光滑。然后从图的左上方开始,顺次向下描深所有的水平粗实线,再顺次向右描深所有垂直的粗实线,最后描深倾斜的粗实线。

其次,按描粗实线的顺序,描深所有的虚线、点画线、细实线和尺寸界线等。

5. 标注尺寸、写注解文字、填写标题栏。

在描图纸上描图的顺序与上述类似。

2.3 几何作图

在绘制图样过程中,常会遇到等分线段和圆周、作正多边形、画斜度和锥度、圆弧连接以及绘制非圆曲线等的几何作图问题。下面介绍一些常见的几何作图方法。

2.3.1 等分线段

如图 2-38 所示为将已知直线段 AB 分为五等分的一般作图法。过直线段上任一个端点(图中为 A)作一直线 AC,用分规以适当长度为单位在 AC 上量得 1, 2, 3, 4, 5 各等分点,如图 2-38(a)所示,然后连接 $5B$,并过各等分点作 $5B$ 的平行线与 AB 相交,即得 AB 上的各等分点 $1'$, $2'$, $3'$, $4'$,如图 2-38(b)所示。

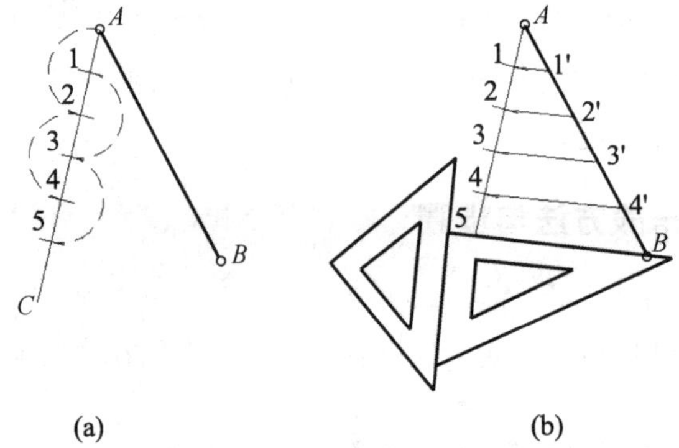

图 2-38 等分线段

2.3.2 等分圆周及作正多边形

1. 圆的六等分及作正六边形

图样中常遇到的正多边形即为正六边形，在实际制图时，人们习惯于使用 30°×60°三角板与丁字尺配合，根据已知条件直接作出正六边形，具体作法如下：

(1) 因为圆的内接正六边形的边长等于其半径，所以六等分圆周及作正六边形的方法是以水平中心线与圆的交点 1、2 为圆心，以圆的半径为半径画圆弧，交圆上的点即把圆周六等分，依次连接各分点，即得正六边形。如图 2-39(a)，(b)所示。

(2) 也可利用丁字尺和 30°×60°三角板配合作图，如图 2-39(c)所示。

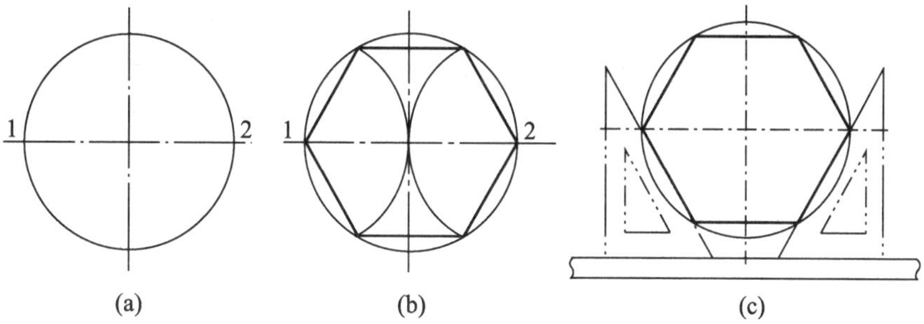

图 2-39 圆的内接正六边形画法

2. 圆的五等分及作正五边形

根据圆的内接正五边形边长与半径的几何关系，可得圆的五等分及正五边形的作图方法，如图 2-40(a)，(b)所示。作出半径 *ob* 的中点 *g*，以 *g* 为圆心，*gc* 为半径(点 *c* 为铅垂中心线与圆的交点)画圆弧，交水平中心线于 *h* 点，*ch* 即为圆内接正五边形的边长。以 *cb* 为大小在圆周上截取各等分点 1，2，3，4，5，即把圆五等分，依次连接各分点，即得正五边形。

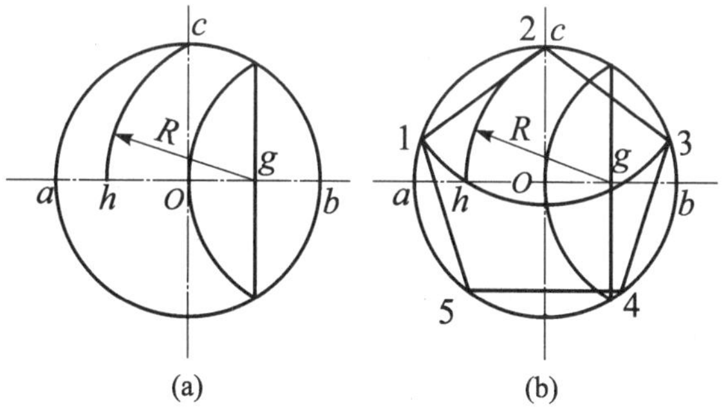

图 2-40 圆的内接正五边形画法

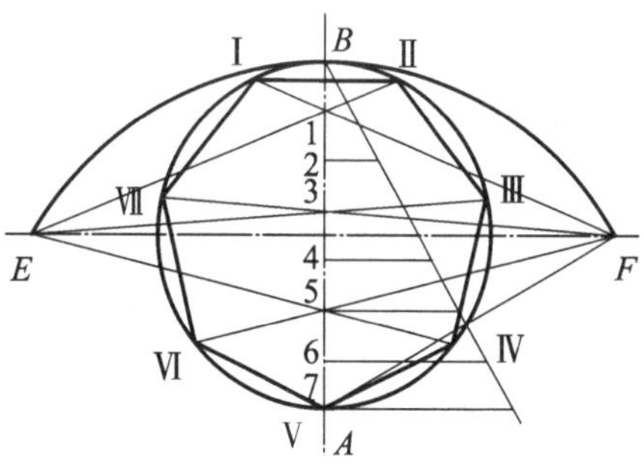

图 2-41 圆的内接正七边形画法

3. 圆的 *n* 等分及作正 *n* 边形

以七等分圆及作正七边形为例说明其作图方法。如图 2-41 所示。

(1) 将已知圆的直径 *AB* 分为七等分。

(2) 以 *A* 为圆心，*AB* 为半径画圆弧，分别交水平中心线于 *E*，*F* 两点，过 *E*，*F* 点分别连接 *E*1，*E*3，*E*5 和 *F*1，*F*3，*F*5 并延长交圆周于Ⅰ，Ⅱ，Ⅲ，Ⅳ，Ⅴ，Ⅵ，Ⅶ点，即把圆七等分。

(3) 依次连接各点,即得圆的内接正七边形。

特别说明,分别过 E, F 两点与 2, 4, 6 点相连,亦可将圆周七等分。

2.3.3 斜度和锥度

1. 斜度

斜度是指一直线对另一直线,或一平面对另一平面的倾斜程度,其大小用该两直线或平面间夹角的正切来表示,如图 2-42(a)所示,即:

$$斜度 = H/L = \tan\alpha$$

工程上一般将斜度值化为 1∶n 的形式来表示。如图 2-42(b)所示物体的左部具有斜度为 1∶5 的斜面。作图时,先按其他有关尺寸作出它的非倾斜部分的轮廓,如图 2-42(c)所示,再过 A 点作水平线,任取一个单位长度 AB,自 A 点开始截取相同的 5 等分。过 C 点作 AC 的垂线,并取 $CD=AB$,连 AD 即完成该斜面的投影,最后完成全部作图。如图 2-42(d)所示。

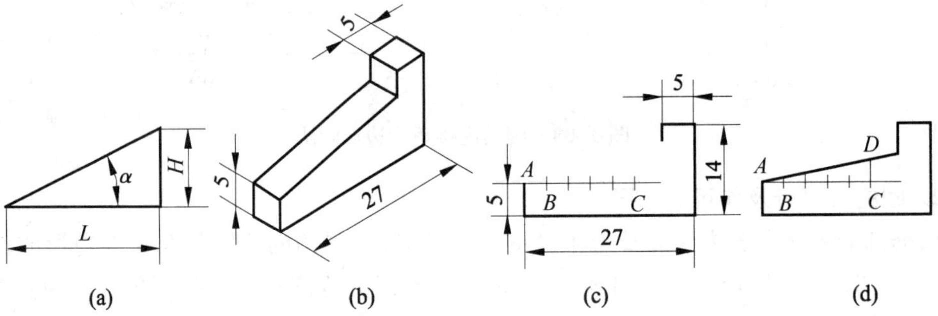

图 2-42　斜度的画法

斜度用斜度符号进行标注,斜度的符号如图 2-43(a)所示,图中尺寸 h 为数字的高度,符号的线宽为 h/10。标注斜度的方法如图 2-43(b),(c),(d)所示,应注意斜度符号的方向应与所画斜度的方向一致。

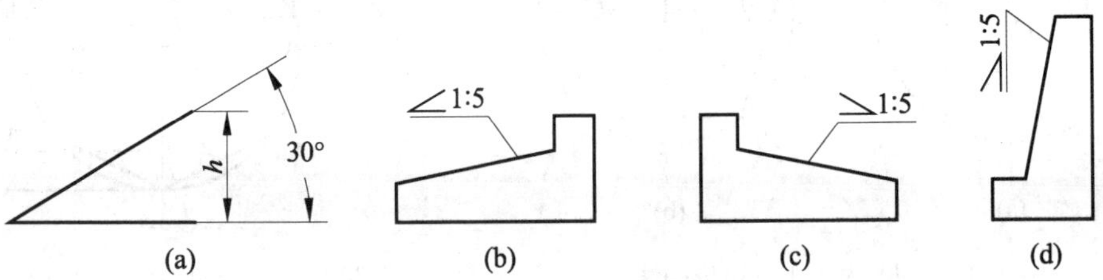

图 2-43　斜度的符号及标注法

2. 锥度

正圆锥体的底圆直径 D 与其高度 L 之比,称为锥度。对于圆锥台的锥度为其两底圆直径之差($D-d$)与其高度 l 之比,如图 2-44(a)所示,即:

$$锥度 = D/L = (D-d)/l = 2\tan\alpha$$

其中，α 为锥顶角的 1/2。

工程上一般将锥度值化为 1∶n 的形式来表示。如图 2-44(b)所示圆锥台具有 1∶3 的锥度。作图时，先根据圆锥台的尺寸 25 和ϕ 18 作出 AO 和 FG 线，过 A 点任取一个单位长度 AB，自 A 点开始在 AO 上截取相同的 3 等分。过点 C 作 AC 的垂线，并取 $DE=AB$，连接 AD 和 AE 并过 F 点和 G 点分别作 AD 和 AE 的平行线，即完成该圆锥台的投影。如图 2-44(c)，(d)所示。

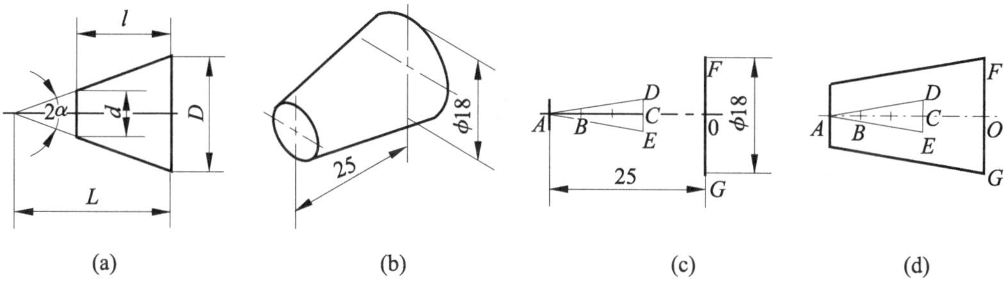

图 2-44　锥度的画法

锥度用锥度符号进行标注，斜度的符号如图 2-45(a)所示，图中尺寸 h 为数字的高度，符号的线宽为 $h/10$。标注锥度的方法如图 2-45(b)，(c)，(d)所示。锥度可直接标注在圆锥轴线的上面，也可从圆锥的外形轮廓线处引出进行标在。应注意锥度符号的方向应与所画锥度的方向一致。

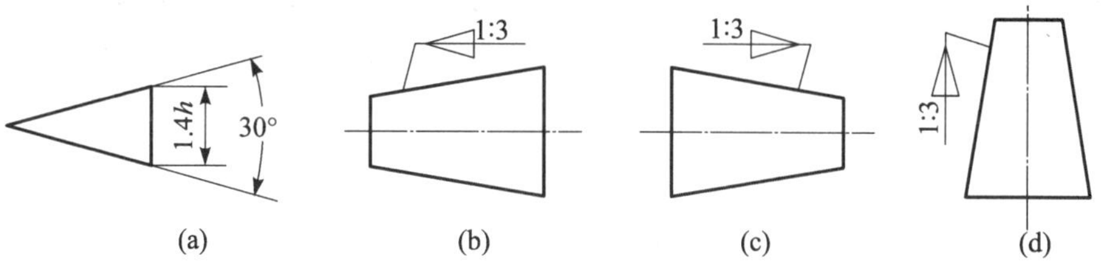

图 2-45　锥度的符号及标注法

2.3.4　圆弧连接

绘制机器零件轮廓时，常遇到用已知半径的圆弧光滑地过渡到另一线段(直线或圆弧)的情况，称之为圆弧连接。其实质就是使圆弧与直线或圆弧与圆弧相切，如图 2-46 所示。图形上按已给尺寸可以直接作出的线段称为已知线段，起连接作用的圆弧称为连接弧，连接弧与已知线段衔接的点(切点)称为连接点。作图时，必须找出连接弧的圆心和连接点，这样才能保证连接的光滑。

1. 圆弧连接的作图原理

(1) 如图 2-46(a)所示半径为 R 的圆弧与已知直线 AB 相切，若将该圆弧沿直线 AB 在同一平面内作平移运动，其圆心 O 的运动轨迹是一条与已知直线 AB 平行的直线 l，距离为

R。如选定以 O 为圆心的圆弧作为连接圆弧，则过 O 点作 AB 的垂线，其垂足 T 即为切点，而 T 点即为直线与圆弧的分界点。

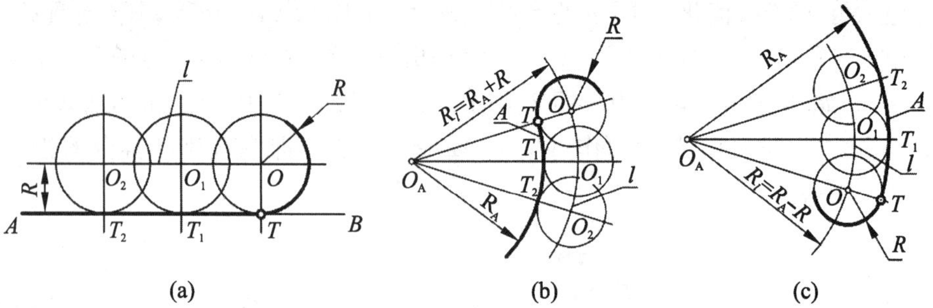

图 2-46　圆弧连接的作图原理

(2) 半径为 R 的圆弧与已知圆弧 A(圆心为 OA，半径为 RA)相切，若将该圆弧沿圆弧 A 在同一平面内作平移运动，如图 2-46(b)，(c)，其圆心 O 的运动轨迹为已知圆弧 A 的同心圆弧 l，其半径 R_1 则要根据相切的情况而定。

① 当两圆外切时，$R_1 = R_A + R$，如图 2-46(b)所示，切点 T 为连心线 O_AO 与圆弧 A 的交点。

② 当两圆内切时，$R_1 = R_A - R$，如图 2-46(c)所示，切点 T 为连心线 O_AO 的延长线与圆弧 A 的交点。

2. 圆弧连接的作图实例

(1) 用已知半径为 R 的圆弧连接两已知直线。ab 和 bc 为两已知直线，首先要求出连接弧的圆心，为此，作距直线 ab 和 bc 为 R 的平行线，其交点 O 即为连接弧的圆心。自 O 分别向两直线作垂线，垂足 g，f 即为连接点。以 O 为圆心，R 为半径即可作出连接弧。如图 2-47 所示。

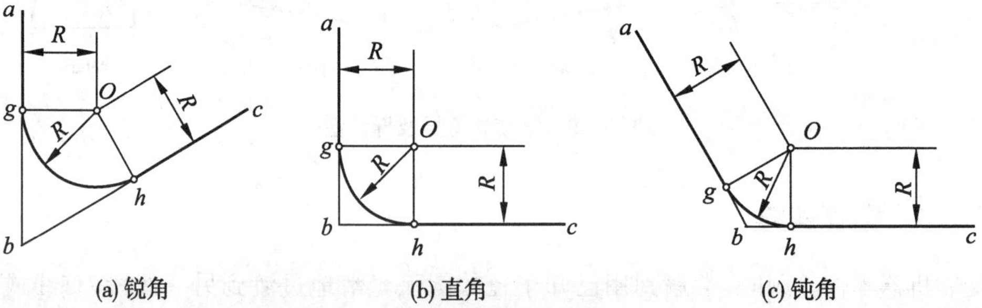

图 2-47　用圆弧连接两已知直线

(2) 用已知半径为 R 的圆弧连接两已知圆弧。这时有三种情况：连接圆弧与两已知圆弧皆外切；连接圆弧与两已知圆弧皆内切；连接圆弧与一已知圆弧外切，与另一已知圆弧内切，即为混合连接。现以混合连接为例说明其作图方法，如图 2-48(c)所示。

两已知圆弧的圆心分别为 O_1，O_2，半径分别为 R_1，R_2。分别以 O_1 和 O_2 为圆心，R_1+R 和 $R-R_1$ 为半径画弧，其交点 O 即为连接圆弧的圆心；连心线 OO_1 和 OO_2 与两已知圆弧的交

点 m 和 n 即为连接点。再以 O 为圆心,以 R 为半径画弧即把两已知圆弧连接起来。

外切和内切连接的画法,如图 2-48(a),(b)所示。

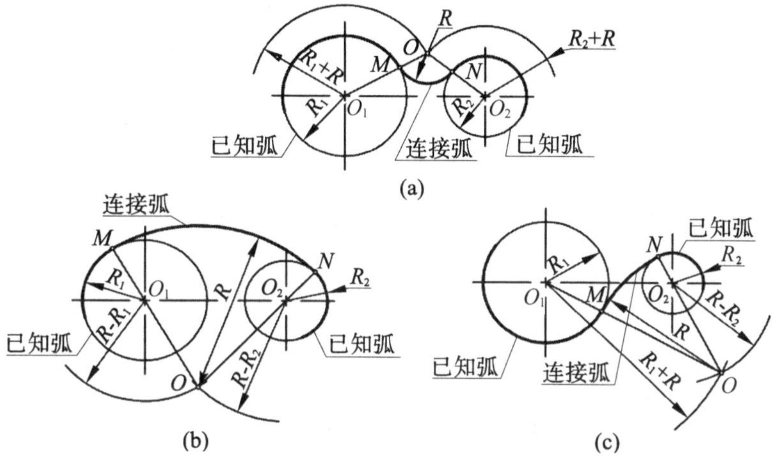

图 2-48 用圆弧连接两已知圆弧

2.3.5 非圆曲线

机件的轮廓除直线段和圆弧外,有时还会遇到一些非圆的平面曲线。非圆的平面曲线种类很多,下面仅介绍常用的椭圆、渐开线、阿基米德螺线的画法。

1. 椭圆

椭圆的作图方法很多,根据已知条件的不同画法亦随之而异。这里介绍常用的两种画法。

(1) 同心圆法 已知椭圆的长轴 AB 和短轴 CD,用同心圆法可正确地作出该椭圆,如图 2-49(a)所示。分别以 AB 和 CD 为直径作两同心圆,过中心 O 作一系列放射线(通常将圆分为 12 等分)与两圆相交,过大圆上各交点Ⅰ,Ⅱ,…引铅垂线,过小圆上各交点 1,2,…作水平线,得相应的交于 M_1,M_2,…各点。用曲线板光滑连接以上各点即完成椭圆的作图。

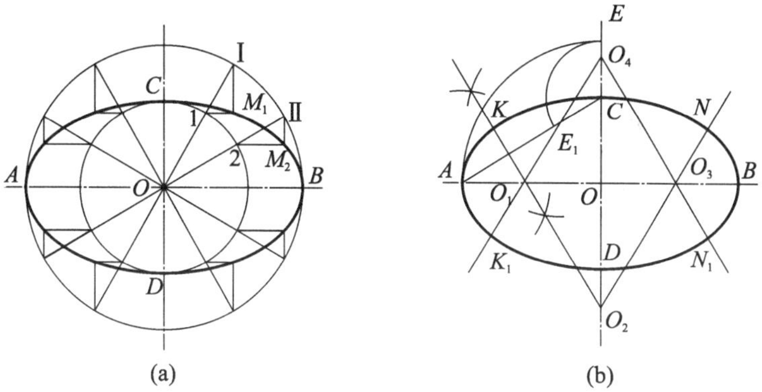

图 2-49 椭圆的画法

(2) 四心圆近似法　已知椭圆的长轴 AB 和短轴 CD,用四心圆近似法作出该椭圆,如图 2-49(b)所示。

① 以 O 为圆心,OA 为半径画弧交 CD 的延长线于点 E;

② 连接 AC,以 C 为圆心,CE 为半径画弧交 AC 于点 E_1;

③ 作 AE_1 的中垂线与长、短轴分别交于 O_1,O_2 两点,再作出其对称点 O_3,O_4;

④ 分别以 O_2,O_4 为圆心,O_2C 和 O_4D 为半径画两段大圆弧,再分别以 O_1,O_3 为圆心,O_1A 和 O_3B 为半径画两段小圆弧;

⑤ 四段圆弧相切于 K, K_1 点和 N, N_1 点而构成一近似椭圆。

2. 渐开线

当圆周上的切线绕圆周作连续无滑动地滚动时,则切线上任一点的轨迹称为渐开线,其作图步骤如图 2-50 所示。

首先将圆周展开成直线(长度为 πD),分圆周及其展开长度为相同等分(如图 2-50 所示中为 12 等分),然后过圆周上各分点作圆的切线,并自切点 1 开始在各切线上依次截取长度等于 $\pi D/12$, $2\pi D/12$, …,得到 1_0、2_0, …12 个点,用曲线板光滑连接起来即为渐开线。

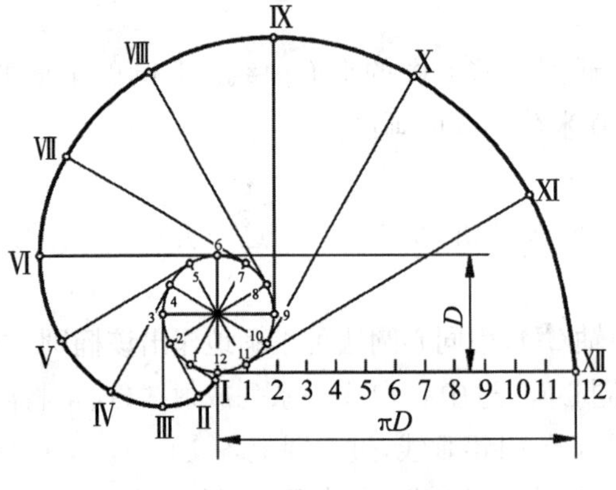

图 2-50　渐开线画法

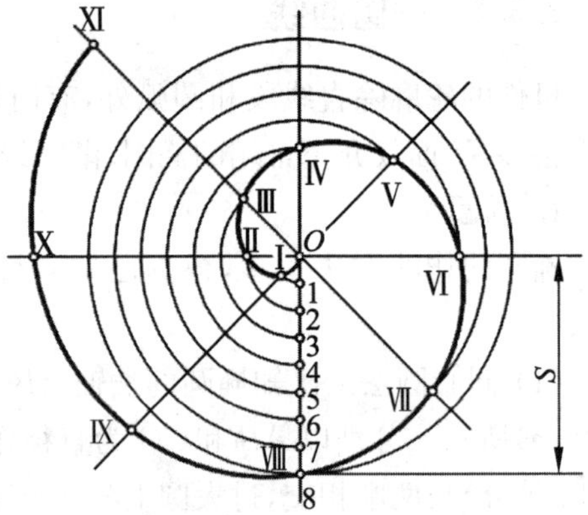

图 2-51　阿基米德螺线画法

3. 阿基米德螺线

一动点在平面内作等角圆周运动,同时该动点又沿径向作等速直线运动,则该动点的轨迹即为阿基米德螺线。动点旋转一周沿径向移动的距离称为导程。其作图步骤如图 2-51 所示。

首先以导程为半径画圆,将圆周及半径分为相同的等分(图中为 8 等分);过半径上各分点 1, 2, …作同心圆弧,与等分圆周的各相应射线上分别交于Ⅰ, Ⅱ, …点。自圆心 O 开始将各点依次用曲线板光滑连接起来即为阿基米德螺线。

2.4 平面图形分析、作图及尺寸标注

2.4.1 平面图形分析

1. 平面图形的尺寸分析

尺寸按其在平面图形中所起的作用，可分为定形尺寸和定位尺寸两类。

(1) 定形尺寸　确定平面图形上各组成部分的形状大小的尺寸称为定形尺寸。例如：圆的直径或圆弧的半径、线段的长度以及角度的大小等。如图 2-52 所示，圆的直径$\phi34$，$\phi18$，$\phi10$，$4\times\phi4$，圆弧的半径 $R5$，线段长度 20 等都属于定形尺寸。

(2) 定位尺寸　确定平面图形上各组成部分之间相对位置的尺寸称为定位尺寸。因为平面图形是二维的，所以一般情况下，平面图形中每一部分都有两个方向的定位尺寸。如图 2-52 中的 10，28 分别为圆$\phi10$ 及$\phi34$、$\phi18$ 的长度方向定位尺寸，宽度方向的定位尺寸省略未注，这是因为该平面图形上下以其轴线对称。$\phi26$ 为圆 $4\times\phi4$ 在圆周方向的一个定位尺寸。另一个定位尺寸省略未注，这是因为四个直径为$\phi4$ 的圆在圆周上均匀分布。

标注尺寸的起始位置称为基准。一般平面图形中常用对称图形的对称中心线、较大圆的中心线、图形底线或端线作为基准线。如图 2-52 所示图形上下对称，其宽度方向的尺寸基准为对称中心线，长度方向的尺寸基准为右边端线。

应当说明，有些尺寸既是定形尺寸，又是定位尺寸。

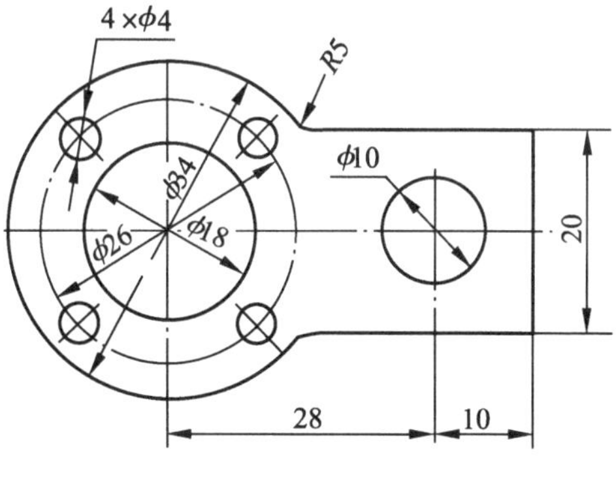

图 2-52　平面图形的尺寸分析

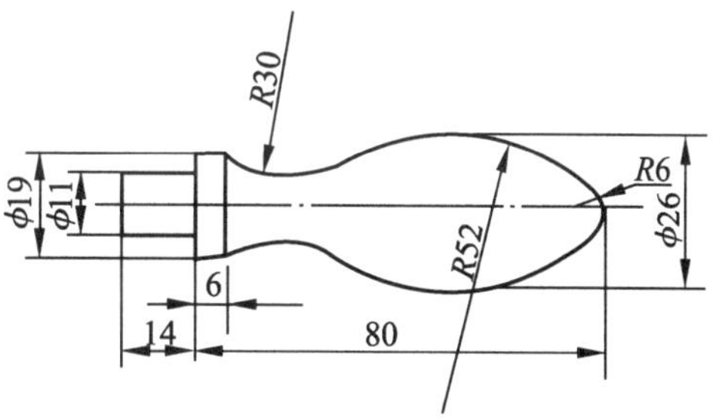

图 2-53　手柄

2. 平面图形的线段分析

根据平面图形所给出的尺寸，组成平面图形的线段可以分为三类：

(1) 已知线段　凡是定形尺寸和定位尺寸都给出的线段称为已知线段。如图 2-53 所示手柄，图中$\phi19$，$\phi11$，$\phi26$，14，6 以及 80 和 $R6$。画图时应先画出这些已知线段。

(2) 中间线段　只有定形尺寸和一个方向定位尺寸的线段称为中间线段。如图 2-53 所

示 $R52$。画图时应根据与其相邻的一个线段的连接关系画出。

(3) 连接线段　只有定形尺寸的线段称为连接线段。如图 2-53 所示 $R30$。一般要根据与其相邻的两个线段的连接关系,用几何作图的方法将它们画出。

2.4.2　平面图形的作图步骤

在对平面图形进行尺寸分析和线段分析之后,可进行平面图形的作图。现以图 2-54 所示手柄为例,说明其具体作图的步骤:

(1) 定出图形的基准线,画已知线段,如图 2-54(a)所示。

(2) 画中间线段 $R52$,如图 2-54(b)所示。

(3) 画连接线段 $R30$,如图 2-54(c)所示。

(4) 擦去多余的作图线,按规定的线型要求加深图线,完成全图。如图 2-54(d)所示。

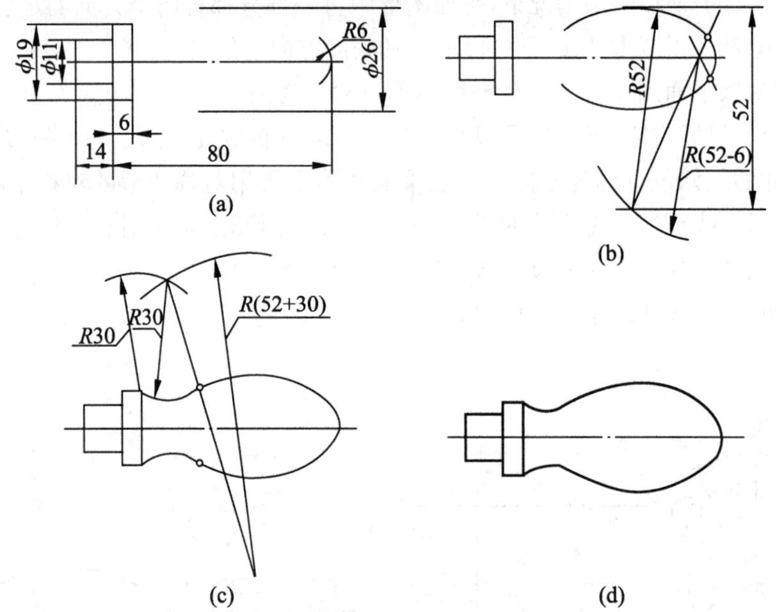

图 2-54　手柄的画图步骤

2.4.3　平面图形的尺寸标注

标注平面图形尺寸时,首先要对该图形进行分析,弄清由哪些基本几何图形构成以及各部分之间的相互关系。然后选择合适的基准,再注出各部分的定形尺寸和定位尺寸。标注时注意尺寸要完整,既不能有多余尺寸,也不能缺少,而且要标注的清楚,符合国家标准的有关规定。如图 2-55 所示为部分常见图形的尺寸注法,供初学者在标注尺寸时参考。

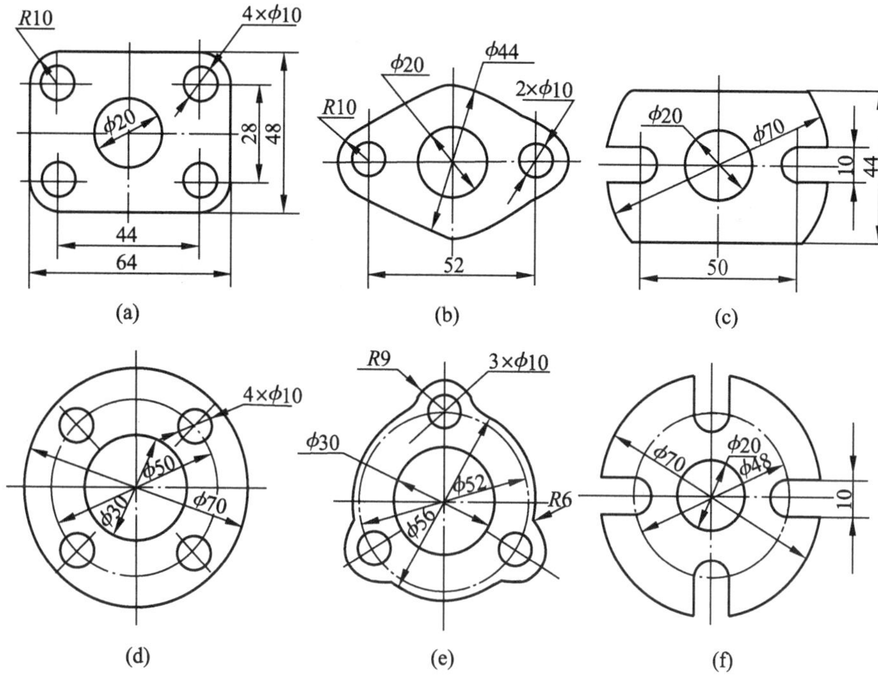

图 2-55　常见平面图形的尺寸注法

第3章 基本几何元素的投影

众所周知,组成物体的基本元素是点、线、面。因此,为了正确而又迅速地画出物体的投影或分析空间几何问题,必须首先研究与分析空间几何元素的投影规律和投影特性。本章首先讨论点的投影性质和作图方法,然后扩展到直线和平面。

3.1 点的投影

由前述的投影性质可知,空间点在一个投影面上的投影是不能确定空间点的位置,它需要由在不同投影面上的两个或三个投影来确定。在工程制图中通常采用的这些投影面都是互相垂直的。

3.1.1 点在两投影面体系中的投影

如图 3-1 所示为空间两个互相垂直的投影面,处于正面直立的投影面称为正投影面,用 V 来表示,简称 V 面;处于水平位置的投影面称为水平投影面,用 H 来表示,简称 H 面;由 V 面和 H 面所组成的体系称为两投影面体系。V 面和 H 面的交线称为 X 投影轴,简称 X 轴。

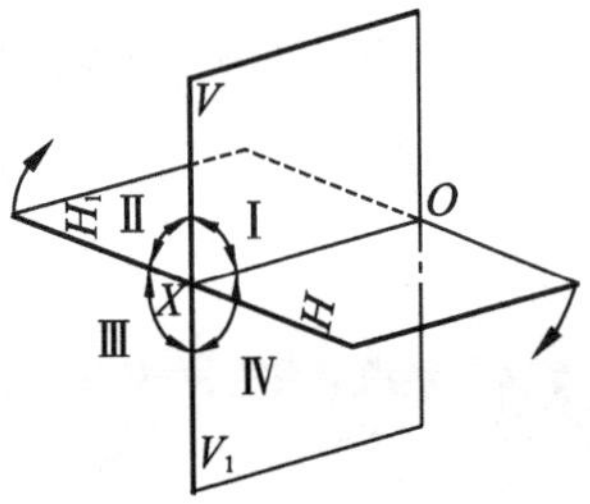

图 3-1 两投影体系

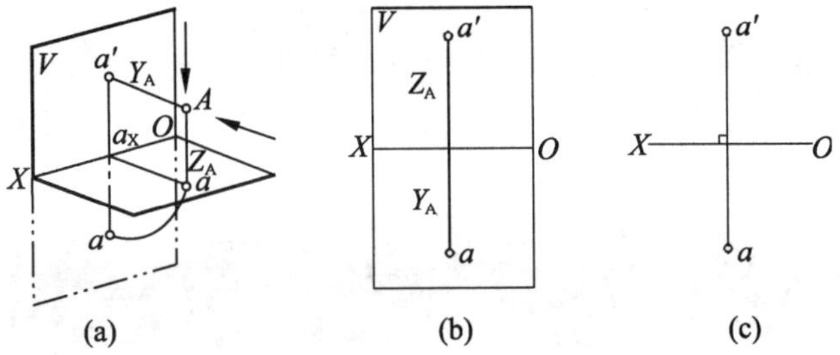

图 3-2 点在第一分角的投影

H 面与 V 面两投影面将整个空间划分为四个相等的部分,每一部分称为分角。H 面前半部分和 V 面的上半部分称为第一分角;H 的后半部分,V 的上半部分称为第二分角;H 的后半部分,V 的下半部分称为第三分角;H 的前半部分,V 的下半部分称为第四分角,它们依次用Ⅰ,Ⅱ,Ⅲ,Ⅳ表示。

1. 点的两面投影图

首先研究点在第Ⅰ分角内的投影。

如图 3-2(a)所示，过空间一点 A 向 H 面作垂线，其垂足就是点 A 在 H 面上的投影，称为点 A 的水平投影，以 a 表示。再由点 A 向 V 面作垂线，其垂足就是点 A 在 V 面上的投影，称为点 A 的正面投影，以 a' 表示。(依次类推，规定空间点用 A, B, C, … 大写字母表示；水平投影用相应的小写字母 a, b, c, …表示；正面投影用相应的小写字母在右上角加一撇 a', b', c', …表示)。

为了便于实际应用，还需要把位于两个互相垂直的投影面内的投影展开到一个平面内。规定 V 面保持不动，将 H 面绕 X 轴向下旋转 90°使与 V 面重合，即处于同一平面位置上，得到了点的两面投影图，如图 3-2(b)所示。因为投影面可根据需要扩大，所以通常不必画出投影面的边界，如图 3-2(c)即为去掉边框后，点 A 的投影图。

反之，若有了点 A 的正面投影 a' 和水平投影 a，就可确定该点的空间位置。可以想象：图 3-2(c)中 X 轴上的 V 面保持直立位置，将 X 轴以下的 H 面绕 X 轴向前转 90°呈水平位置，再分别过 a', a 作 V,H 投影面的垂线，相交即得空间点 A，从而唯一地确定了该点的空间位置。

2. 两面投影图中点的投影规律

由图 3-2(a)可知，Aaa_xa' 是个矩形，$a'a_x \perp X$ 轴，$aa_x \perp X$ 轴，H 面经旋转后，a, a' 的连线 aa' 一定垂直于 X 轴，如图 3-2(b)，(c)所示，由此可得出点的投影规律：

(1) 点的水平投影和正面投影的连线垂直于 X 轴，即 $aa' \perp X$ 轴。

(2) 点的水平投影到 X 轴的距离等于空间点到 V 面的距离，即 $aa_X = Aa'$。

(3) 点的正面投影到 X 轴的距离等于空间点到 H 面的距离，即 $a'a_X = Aa$。

3. 其他分角中点的投影

应当指出，上述点的投影规律对于其他分角的点的投影也是适用的。如图 3-3(a)所示，空间点 B, C, D 分别处于Ⅱ，Ⅲ，Ⅳ分角中，各点分别向相应的投影面作投影线，就可以得到各点的正面投影和水平投影。当前半的 H 面向下旋转(亦即后半的 H_1 面向上旋转)与 V 面(V_1 面)重合后得到各点的投影图，如图 3-3(b)所示。显然，这些点的投影也必定符合上述投影规律，但各点的投影在图上的位置有如下的特点：

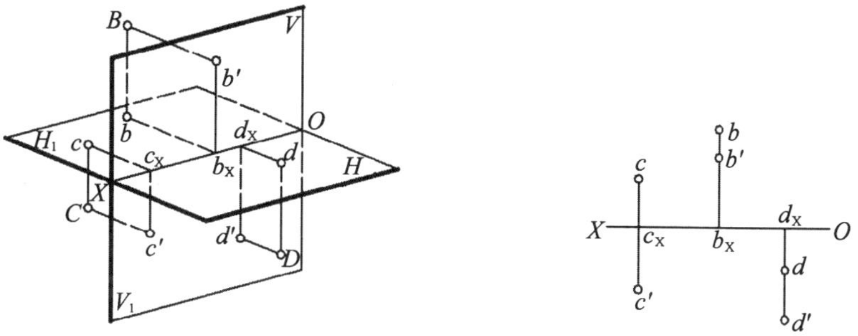

(a)　　(b)

图 3-3　其他分角中点的投影

第Ⅱ分角中的 B 点,正面投影 b' 和水平投影 b 同在 X 轴的上方。

第Ⅲ分角中的 C 点,正面投影 c' 在 X 轴的下方,水平投影 c 在 X 轴的上方。

第Ⅳ分角中的 D 点,正面投影 d' 和水平投影 d 同在 X 轴的下方。

4. 投影面和投影轴上点的投影

在特殊情况下,点也可以处于投影面上和投影轴上,如图 3-4(a)所示。点在那个投影面上,它距这个投影面的距离为零,并且与该投影面上的投影重合,而另一投影在投影轴上,如图 3-4(b)所示。如 M 点在 H 面上,则 m 与 M 重合,m' 在 X 轴上,同理 K 点也如此。N 点在 V 面上,则 n 与 N 重合,n 在 X 轴上,同理 L 点也如此。

当点在投影轴上时,它的两个投影均与空间点重合在投影轴上。如 G 点在 X 轴上,则 g, g' 与 G 均重合在 X 轴上。

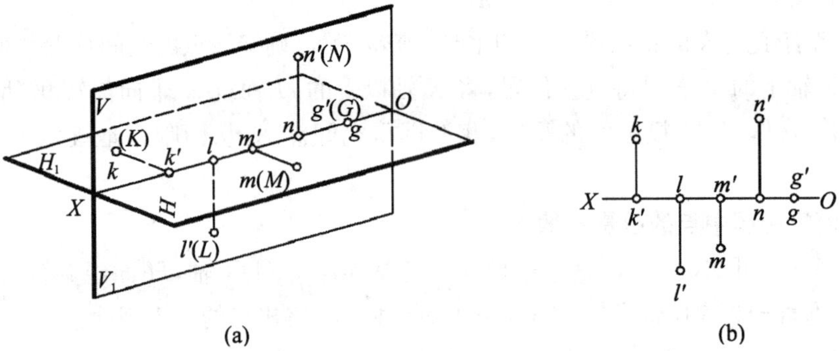

图 3-4　投影面和轴上的点的投影

3.1.2　点在三投影面体系中的投影

1. 点的三面投影图

如图 3-5(a)所示,如在两投影面体系上再加上一个与 H, V 均垂直的投影面,使它处于侧立位置,称为侧投影面,以 W 表示,简称 W 面,这样三个互相垂直的 H, V, W 面就组成了一个三投影面体系。H, W 面的交线称为 Y 投影轴,简称 Y 轴;V, W 面的交线称为 Z 投影轴,简称 Z 轴,三个投影轴的交点 O 称为原点。

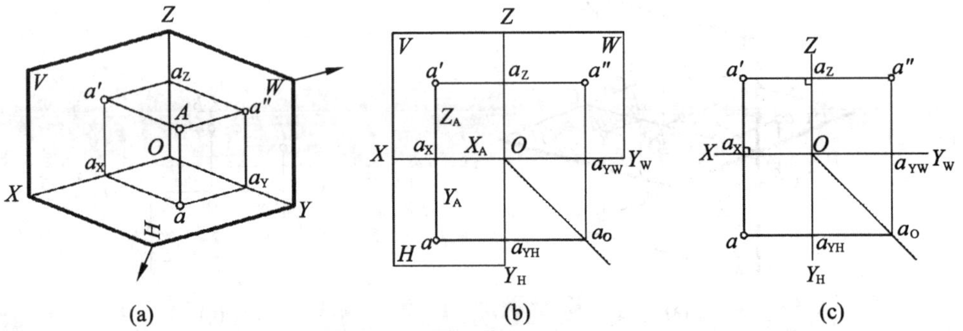

图 3-5　点在三投影面体系中的投影

设空间一点 A 分别向 H, V, W 面进行投影得 a, a', a''。a''称为点 A 的侧面投影(现规定空间点 A, B, C, … 在侧投影面上的投影以小写字母在右上角加两撇表示,如 a'', b'', c'',…)。将 H, W 面分别按图示箭头方向旋转,使与 V 面重合,即得点的三面投影图,如图 3-5(b) 所示。其中 Y 轴随 H 面旋转时,以 Y_H表示;随 W 面旋转时,以 Y_W表示。通常在投影图上只画出其投影轴,不画出投影面的边界,如图 3-5(c)所示。

2. 点的直角坐标与三面投影的关系

如把三投影面体系看作为空间直角坐标体系,则 H, V, W 面即为坐标面,X, Y, Z 轴即为坐标轴,O 点即为坐标原点。由图 3-5 可知,点 A 的三个直角坐标 X_A, Y_A, Z_A即为点 A 到三个坐标面的距离,它们与点 A 的投影 a, a', a''的关系如下:

$$Aa'' = aa_Y = a'a_Z = Oa_X = X_A$$
$$Aa' = aa_X = a''a_Z = Oa_Y = Y_A$$
$$Aa = a'a_X = a''a_Y = Oa_Z = Z_A$$

由此可见:a 由 Oa_X和 Oa_Y,即点 A 的 X_A, Y_A两坐标确定;a'由 Oa_X和 Oa_Z,即点 A 的 X_A, Z_A两坐标确定;a''由 Oa_Y和 Oa_Z,即点 A 的 Y_A, Z_A两坐标确定。

所以一空间点 $A(X_A, Y_A, Z_A)$在三投影面体系中有唯一的一组投影(a, a', a''),反之,如已知点 A 的一组投影(a, a', a'')即可确定该点在空间的坐标值。

3. 三投影面体系中点的投影规律

根据以上分析及两投影面体系中点的投影规律可以得出三投影面体系中点的投影律如下:

(1) 点的正面投影和水平投影的连线垂直 X 轴。这两个投影都反映空间点的 x 坐标,即

$$a'a \perp X\text{轴},a'a_Z = aa_{YH} = x_A$$

(2) 点的正面投影和侧面投影的连线垂直 Z 轴。这两个投影都反映空间点的 z 坐标,即

$$a'a'' \perp Z\text{轴},a'a_X = a''a_{YW} = z_A$$

(3) 点的水平投影到 X 轴的距离等于侧面投影到 Z 轴的距离。这两个投影都反映空间点的 y 坐标,即

$$aa_X = a''a_Z = y_A$$

如图 3-5(c)所示,由于 $Oa_{YH}=Oa_{YW}$作图时可过点 O 作直角$\angle Y_HOY_W$的角平分线,它与 Y_H或 Y_W成 45°,从 a 引 X 轴的平行线与角平分线相交于 a_0,再从 a_0引 Y_W的垂线与从 a'引 Z 轴的垂线相交,其交点即为 a''。

根据点的投影规律,可由点的三个坐标值画出其三面投影图,也可根据点的两个投影作出第三投影。

[**例 3-1**] 已知点 A 的坐标(15, 10, 20),作出其三面投影图。

分析:由点 A(15, 10, 20)可知点 A 与三个投影面均有距离,三个投影都不在投影轴上。

作图:如图 3-6 所示。

(1) 在 OX 轴上取 $Oa_X = 15$。

(2) 过 a_X 作 $aa' \perp OX$ 轴,并使 $aa_X = 10$, $a'a_X = 20$。

(3) 过 a' 作 $a'a'' \perp OZ$ 轴,并使 $a''a_Z = aa_X$。a, a', a'' 即为所求点 A 的三面投影图。

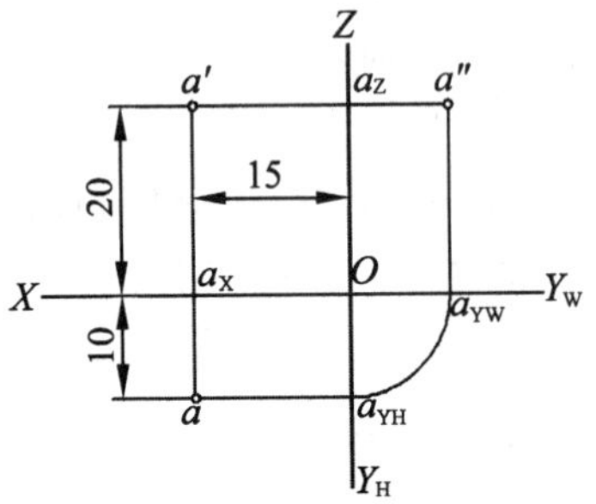

图 3-6 已知点的坐标求点的三面投影

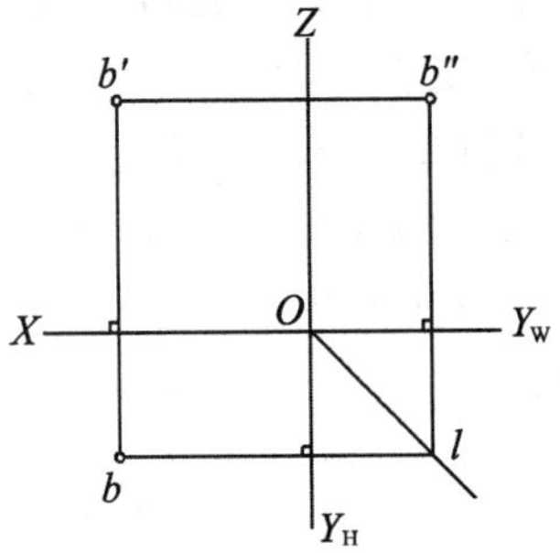

图 3-7 已知 b'、b'' 求 b

[例 3-2] 在图 3-7 中,已知点 B 的两个投影 b', b'',求出其第三投影 b。

分析: 由于已知点 B 的正面投影 b' 和侧面投影 b'',则点 B 的空间位置可以确定,由此可以作出其水平投影 b。

作图:

(1) 自 b' 作 $b'b \perp OX$ 轴。

(2) 自 b'' 作 $b''1 \perp OY_W$ 轴,并延长与 45° 作图线交于 1。

(3) 过 1 作 $1b \perp OY_H$ 轴,使与 $b'b$ 交于 b。b 即为所求。

3.1.3 两点的相对位置

空间点的位置可以用绝对坐标(即空间点对原点 O 的坐标)来确定,也可以用相对于另一点的相对坐标来确定。两点的相对坐标即为两点的坐标差。如图 3-8 所示,已知空间点 A(XA, YA, ZA)和 B(XB, YB, ZB),如分析点 B 相对于点 A 的位置,在 X 方向的相对坐标为($XB-XA$),即这两点对 W 面的距离差。Y 方向的相对坐标为($YB-YA$),即这两点对 V 面的距离差。由于 $XA>XB$,则($X_B=X_A$)为负值,即点 A 在左,点 B 在右。由于 $Y_B>Y_A$,

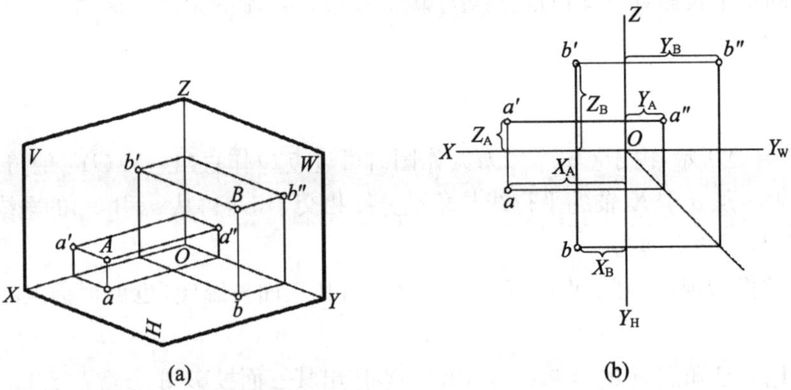

图 3-8 两点的相对位置的确定

则(Y_B-Y_A)为正值，即点 B 在前，点 A 在后。由于 $Z_B>Z_A$，则(Z_B-Z_A)为正值，即点 B 在上，点 A 在下。

3.1.4 重影点的投影

当两点的某两个坐标相同时，该两点将处于同一投影线上，因而对某一投影面具有重合的投影，则这两点称为对该投影面的重影点。如图 3-9 所示的 C、D 两点，其中 $XC=XD$，$ZC=ZD$，因此它们的正面投影 c' 和(d')重影为一点，由于 $YC>YD$，所以从前面垂直 V 面向后看时点 C 是可见的，点 D 是不可见的。通常规定把不可见的点的投影打上括弧，如(d')。又如 C，E 两点，其中 $XC=XE$，$YC=YE$，因此它们的水平投影 $e(c)$ 重影为一点，由于 $ZE>ZC$，所以从上面垂直 H 面向下看时点 E 是可见的，点 C 是不可见的。再如 C，F 两点，其中 $YC=YF$，$ZC=ZF$，它们的侧面投影 $c''(f'')$ 重影为一点，由于 $XC>XF$，所以从左面垂直 W 面向右看时，点 C 是可见的，点 F 是不可见的。由此可见，对正投影面、水平投影面、侧投影面的重影点，它们的可见性，应分别是前遮后、上遮下、左遮右。此外，一个点在一个方向上看是可见的，在另一个方向上去看则不一定是可见的，必须根据该点和其他点的相对位置而定。

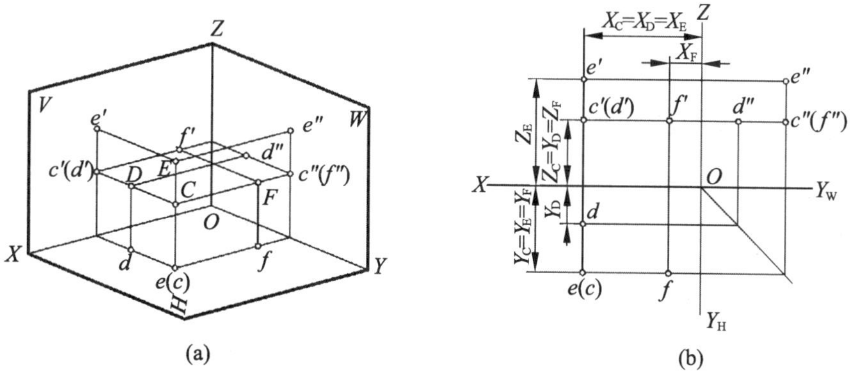

图 3-9 重影点的投影

在投影图上，如果两个点的投影重合时，则对重合投影所在投影面的距离(即对该投影面的坐标值)较大的那个点是可见的，而另一个点是不可见的，因此，可以利用重影点来判别可见性问题。

3.2 直线的投影

3.2.1 直线的投影特性

(1) 直线的投影一般仍为直线，如图 3-10a 所示，过直线 AB 上的一系列点作投影线，则这些投影线构成一投影面 P，P 面与 H 面的交线，即是 AB 的投影，因此直线的投影一般为直线。

(2) 直线的投影一般小于它的实长，只有当直线平行于投影面时，投影才等于实长，如图3-10(a)所示，如果直线 AB 对 H 面的倾角为 α，显然有等式 $ab = AB\cos\alpha$ 成立，所以直线的投影往往小于它的实长，当 $\alpha = 0$ 时，则 $ab = AB\cos\alpha = AB$，此时直线平行于投影面，投影等于实长，如图3-10(b)所示。

(3) 直线垂直于投影面时，投影积聚为一点，如图3-10(c)所示，当直线 CD 垂直于 H 面时，$\alpha = 90°$，则 $cd = CD\cos\alpha = 0$，投影长度为0，即投影重合成一点 $c(d)$。所以，此时直线上任何一点的投影都与 $c(d)$ 重合，这种性质称为积聚性，又成为积聚点。规定离投影面远的点可见，近的点不可见，不可见的点用括号表示。

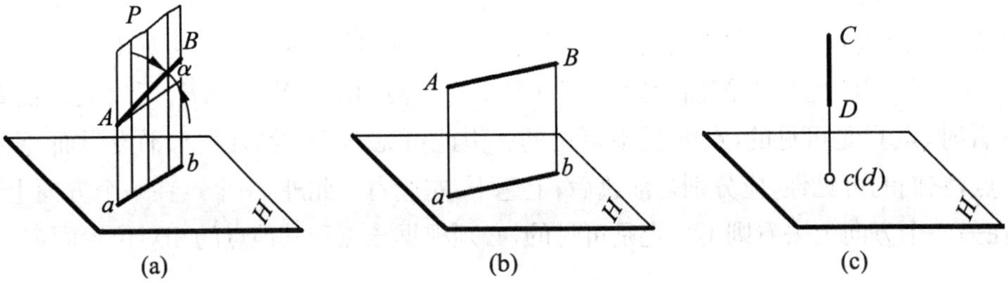

图3-10 直线的投影特性

3.2.2 直线投影图的画法

由于两点可决定一直线，直线的投影可由直线上任意两点的投影确定，如图3-11中已知点 A、点 B 的三面投影，分别将点 A、点 B 的同面投影连接起来，即得直线 AB 的投影图。

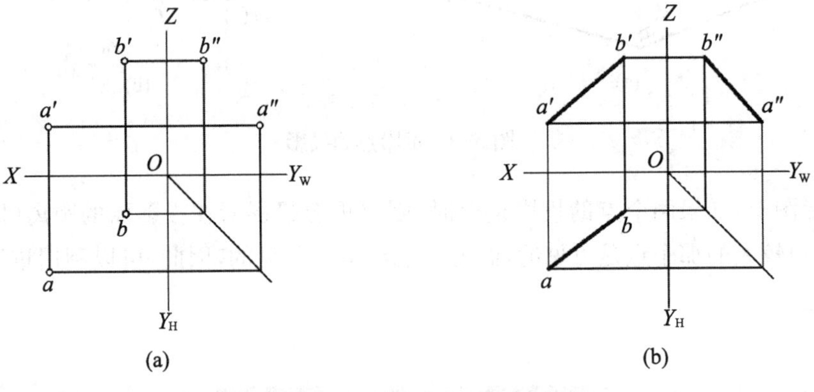

图3-11 直线的投影图

3.2.3 各种位置直线的投影特性

直线在三投影面体系中，根据相对于投影面位置可分为：一般位置直线和特殊位置直线两种，特殊位置直线又分为投影面平行线和投影面垂直线两种，它们的投影特性如下。

1. 一般位置直线的投影特性

与三个投影面都成倾斜的直线称为一般位置直线。直线与它们的投影面所成的锐角叫做直线对投影面的倾角。此类直线又称为投影面倾斜线。

规定：用α，β，γ分别表示直线对H，V，W面的倾角，如图3-12所示，则有以下投影、实长与倾角的关系：$ab=AB\cos\alpha$，$a'b'=AB\cos\beta$，$a''b''=AB\cos\gamma$。由于一般位置直线对三个投影面的倾角都在0°与90°之间，所以线段的三个投影都小于空间线段的实长。

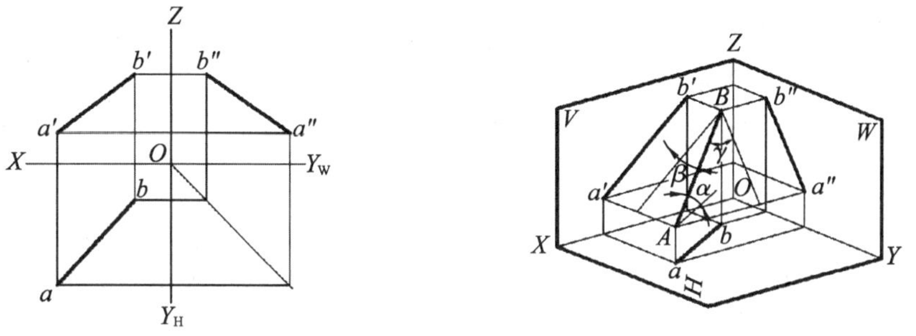

(a) (b)

图3-12 一般位置直线及直线对投影面的夹角

因此，一般位置直线段的投影特性是：

(1) 三个投影都不反映实长。

(2) 三个投影均倾斜投影轴，且与投影轴的夹角不反映该直线对投影面的倾角。

2. 投影面平行线

投影面平行线是指平行于一个投影面而与另外两个投影面倾斜的直线。它有三种：水平线(//H面)、正平线(//V面)、侧平线(//W面)，它们的投影特性如表3-1所示。

表3-1 投影面平行线的投影特性

名称	水平线 (//H面，对V，W面倾斜)	正平线 (//V面，对H，W面倾斜)	侧平线 (//W面，对H，V面倾斜)
投影图	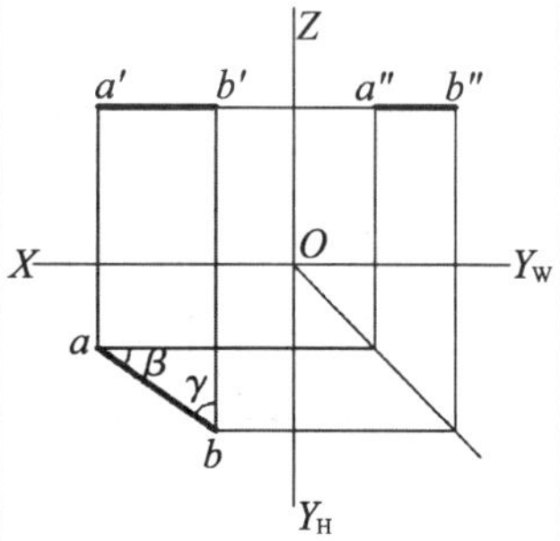	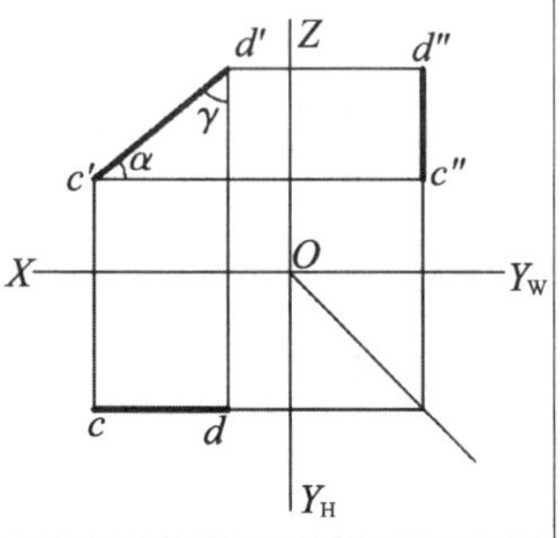	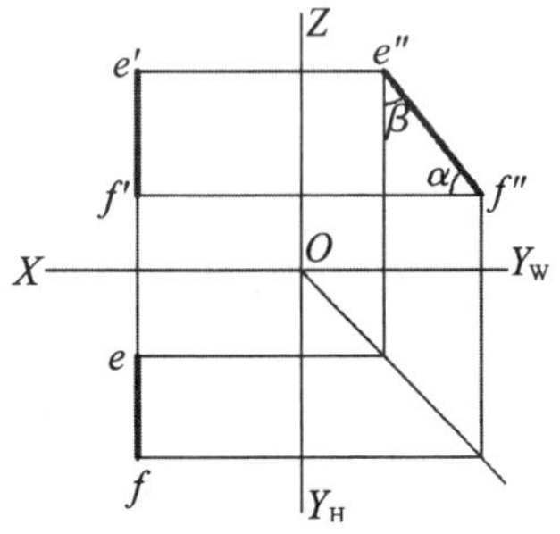
轴测图	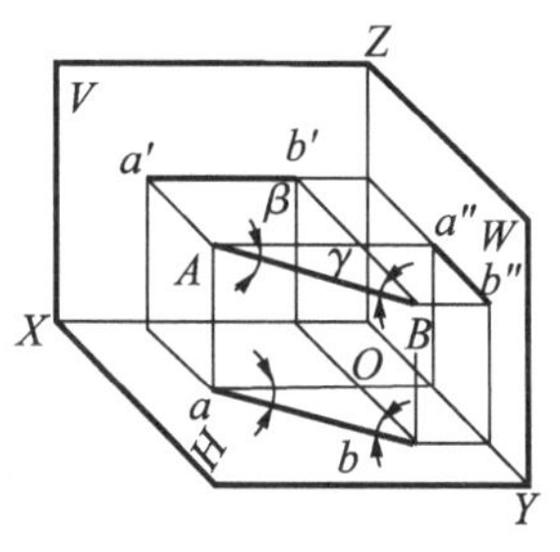	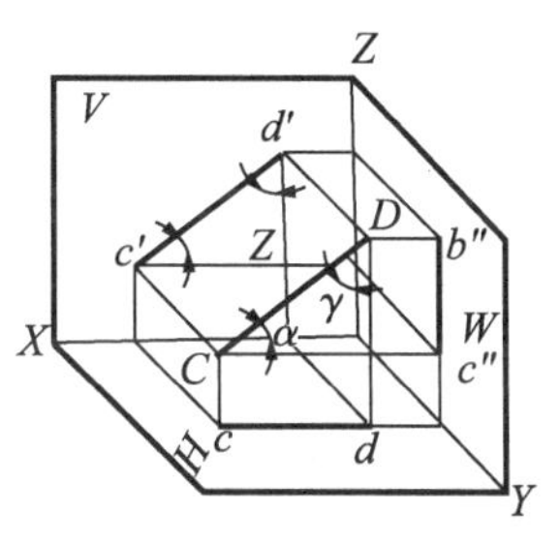	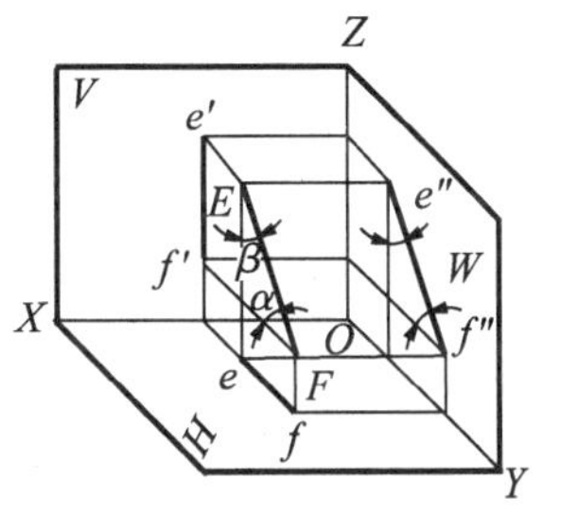

续　表

名称	水平线 （//H 面，对 V，W 面倾斜）	正平线 （//V 面，对 H，W 面倾斜）	侧平线 （//W 面，对 H，V 面倾斜）
实例	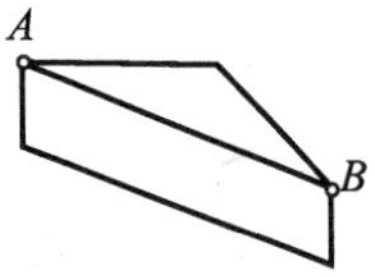	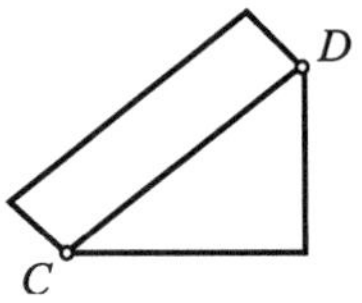	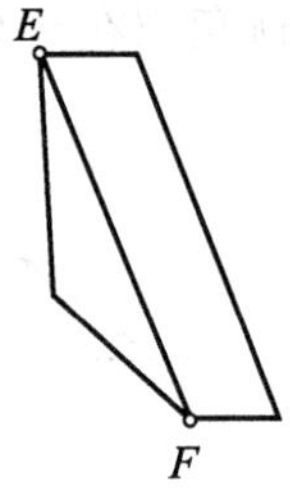
投影特性	1. 水平投影 $ab = AB$ 2. 正面投影 $a'b' \parallel OX$，侧面投影 $a''b'' \parallel OY$ 3. ab 与 OX 和 OY 的夹角 β，γ 等于 AB 对 V，W 面的倾角	1. 正面投影 $c'd' = CD$ 2. 水平投影 $cd \parallel OX$，侧面投影 $c''d'' \parallel OZ$ 3. $c'd'$ 与 OX 和 OZ 的夹角 α，γ 等于 CD 对 H，W 面的倾角	1. 侧面投影 $e''f'' \parallel EF$ 2. 水平投影 $ef \parallel OY$，正面投影 $e'f' \parallel OZ$ 3. $e''f''$ 与 OY 和 OZ 的夹角 α，β 等于 EF 对 H，V 面的倾角
	小结：1. 直线在所平行的投影面上的投影反映实长 2. 其他投影平行于相应的投影轴 3. 反映实长的投影与投影轴所夹的角度等于空间直线对相应投影面的倾角		

3. 投影面垂直线

投影面垂直线是指垂直于一个投影面又与另外两个投影面平行的直线。它有三种：铅垂线（⊥H 面）、正垂线（⊥V 面）、侧垂线（⊥W 面）、它们的投影特性如表 3-2 所示。

表 3-2　　投影面垂直线的投影特性

名称	铅垂线 （⊥H 面，//V 和 W 面）	正垂线 （⊥V 面，//H 和 W 面）	侧垂线 （⊥W 面，//H 和 V 面）
投影图	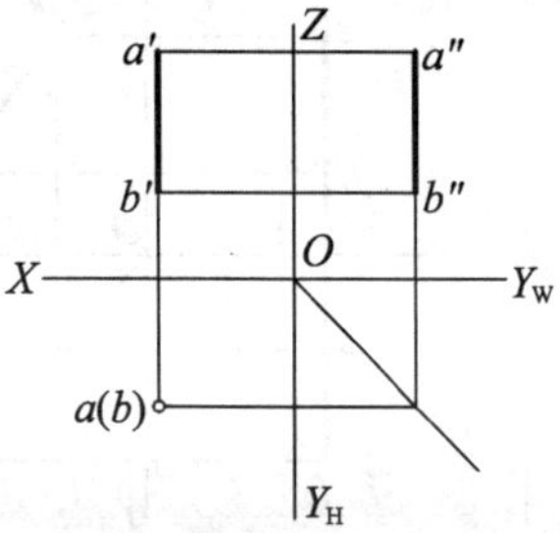	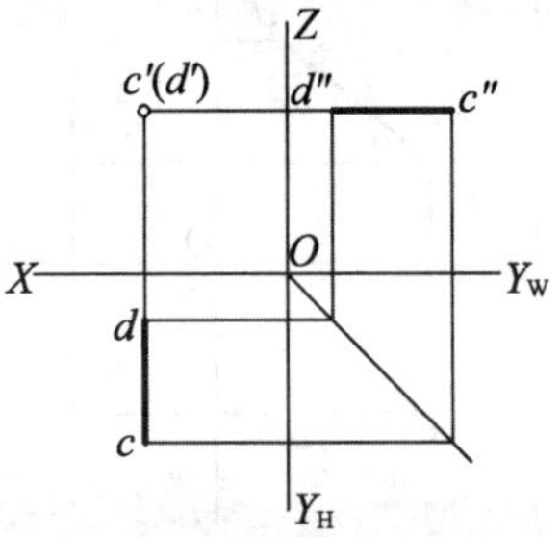	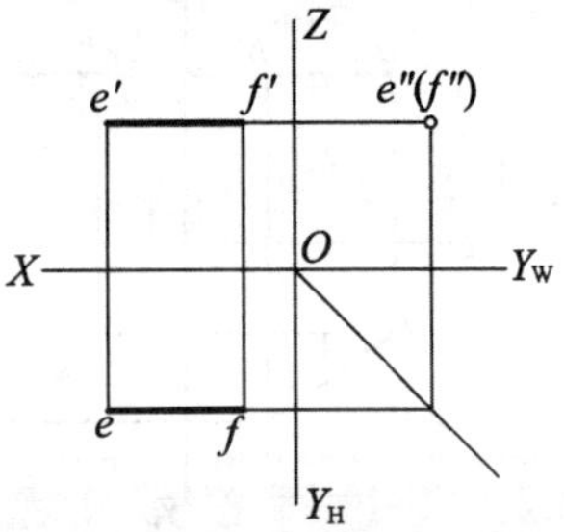
轴测图	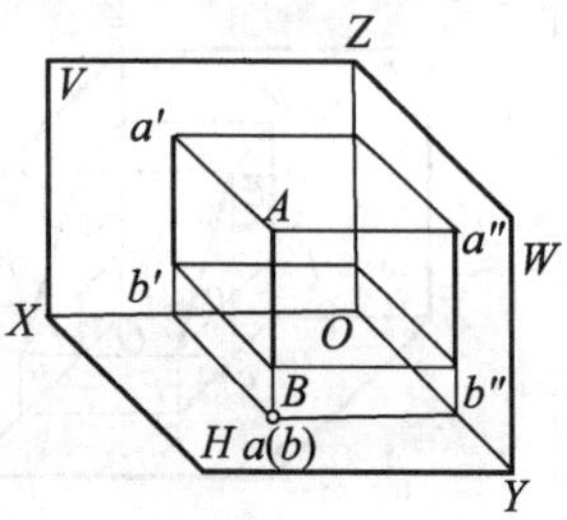	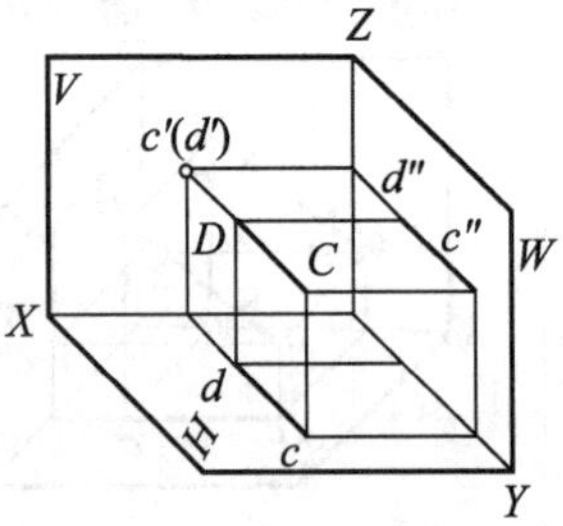	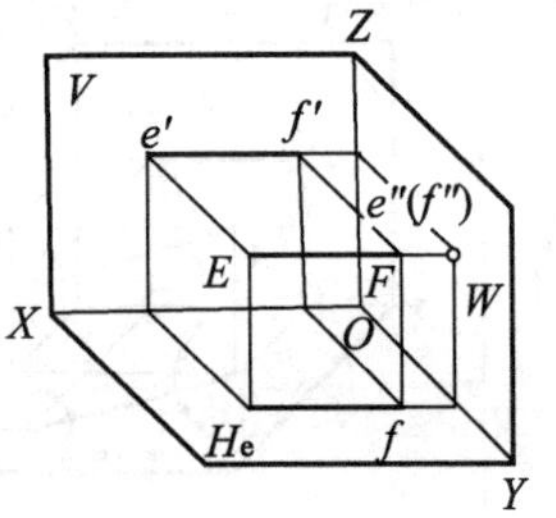

续 表

名称	铅垂线 （$\perp H$ 面，$/\!/ V$ 和 W 面）	正垂线 （$\perp V$ 面，$/\!/ H$ 和 W 面）	侧垂线 （$\perp W$ 面，$/\!/ H$ 和 V 面）
实例	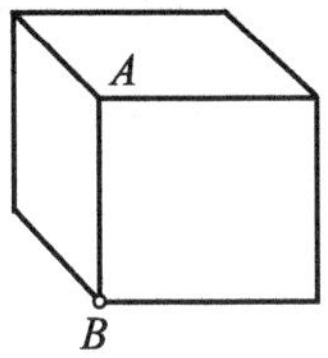	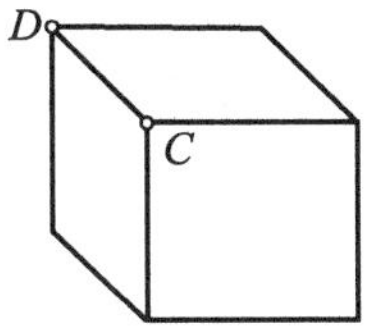	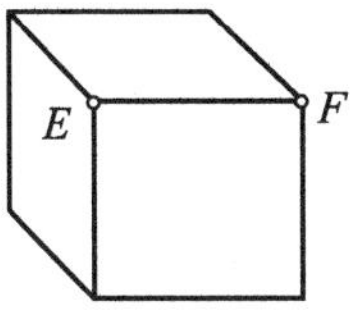
投影特性	1. 水平投影 $a(b)$ 成一点，有积聚性 2. $a'b' = a''b'' = AB$ $a'b' \perp OX$，$a''b'' \perp OY_W$	1. 正面投影 $c'(d')$ 成一点，有积聚性 2. $cd = c''d'' = CD$ $cd \perp OX$，$c''d'' \perp OZ$	1. 侧面投影 $e''(f'')$ 成一点，有积聚性 2. $ef = e'f' = EF$ $ef \perp OY_H$，$e'f' \perp OZ$
	小结：1. 直线在所垂直的投影面上的投影成一点，有积聚性 2. 其他投影反映实长，且垂直于相应的投影轴		

3.2.4 直线段的实长和对投影面的倾角

由上得知，特殊位置直线的实长及其对投影面的倾角，可在其投影图上得到，而一般位置的直线段的投影在投影图上不反映线段的实长和对投影面的倾角。但在工程上，往往要求在投影图上用作图的方法解决这类问题。那么能否通过投影图求出其实长和对投影面的倾角呢？答案是肯定的。

1. 几何分析

如图 3-13(a)所示，直线 AB 为 V/H 投影体系中的一般位置直线段，过点 A 作 $AB_1 /\!/ ab$，交 Bb 于 B_1，则构成直角△ABB_1。在直角△ABB_1中，直角边 $AB_1 = ab$，$BB_1 = Z_B - Z_A$，即 BB_1 为两端点 A，B 的 Z 坐标差($Z_B - Z_A$)，在投影图上 BB_1 等于 a'，b' 到 X 轴的距离差，AB 与 AB_1 的夹角即为 AB 对 H 面的倾角 α。AB 为直角三角形的斜边。由此可见，若已知线段的两个投影，就等于已知三角形的两个直角边，则此直角三角形便可作出，也就可求出

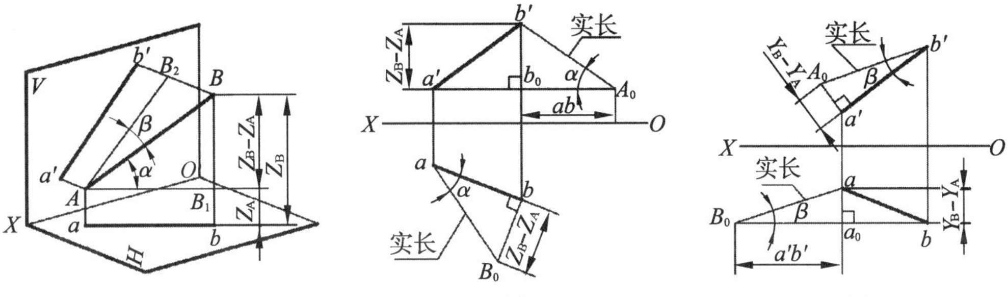

(a)　　(b)　　(c)

图 3-13　直角三角形法求实长及倾角

线段的实长——直角三角形的斜边和对投影面的倾角 α。

如过点 A 作 $AB_2 /\!/ a'b'$，则得另一直角三角形 ABB_2，它的斜边 AB 即为实长，$AB_2 = a'b'$，BB_2 为两端点 A、B 的 y 坐标差($Y_B - Y_A$)，AB 与 AB_2 的夹角即为 AB 对 V 面的倾角 β。因此，只要求出直角三角形 ABB_2 的实形，即可得到直线 AB 的实长和对投影面 V 的倾角 β。这种通过求解直角三角形来求一般位置线段的实长及其对投影面的倾角的方法称为直角三角形法。

2. 作图方法

求直线 AB 的实长和对 H 面的倾角 α 可有两种作图方式：

(1) 如图 3-13(b)所示，过 a 或 b(此图过 b)作 ab 的垂线 bB_0，在此垂线上量取 $bB_0 = Z_B - Z_A$，则斜边 aB_0 即为所求直线 AB 的实长，$\angle B_0ab$ 即为 α 角。

(2) 过 a' 作 X 轴的平行线，与 $b'b$ 相交于 b_0($b'b_0 = Z_B - Z_A$)，延长 $a'b_0$ 至 A_0，使 $b_0A_0 = ab$，则斜边 $b'A_0$ 也是所求直线 AB 的实长，$\angle b'A_0b_0$ 即为 α 角。

同理，如图 3-13(c)所示，以 $a'b'$ 为直角边，以 $Y_B - Y_A$ 为另一直角边，也可求出 AB 的实长($b'A_0 = AB$)，而斜边 $b'A_0$ 与 $a'b'$ 的夹角即为 AB 对 V 面的倾角 β。类似作法，使 $a_0B_0 = a'b'$，则 $aB_0 = AB$，$\angle aB_0a_0$ 即为 β 角。

同理，可求得直线对 W 面的倾角 γ。

通过以上分析可知，在直角三角形法中，三角形包括四个因素：投影长、坐标差、实长及倾角，只要已知其中两个因素就可以把其他两个求出来。线段的投影、实长、倾角及坐标差之间的关系，可从表 3-3 中看到。应该注意的是：直角三角形法不仅是求线段实长及其对投影面的倾角的方法，也是解决一般位置直线的其他图解问题的方法。为了正确解题和便于记忆，将直角三角形的各因素及其之间的关系列表，如表 3-3 所示。

表 3-3　线段的投影，实长，倾角和直角三角形

斜边	一个直角边(投影的长度)	另一个直角边(坐标差)	斜边与投影长度段的夹角(空间直线与投影面的夹角)
直线的实长	ab	$\lvert Z_A - Z_B \rvert$	α
	$a'b'$	$\lvert Y_A - Y_B \rvert$	β
	$a''b''$	$\lvert X_A - X_B \rvert$	γ

[例 3-3]　已知直线的实长 L 和 $a'b'$ 及 a，如图 3-14(a)、(b)所示，求水平投影 ab。

分析：由已知 $a'b'$ 和实长 L 可组成一直角三角形，由此可求出 β 角和 $Y_B - Y_A$，就可确定 b 的位置。

作图：

(1) 由点 b' 作 X 轴的垂线 $b'b_1$。

(2) 由点 a 作 X 轴平行线与 $b'b_1$ 相交于 b_0，延长 $a\,b_0$ 至 A_0，使 $b_0\,A_0 = a'b'$。

(3) 以 A_0 为圆心，实长 L 为半径作圆弧交 $b'b_1$ 于 b_1 或 b_2，即可求出水平投影 $a\,b_1$ 或 ab_2(两解)，如果取后面一解，则点 B 处于第Ⅱ分角。

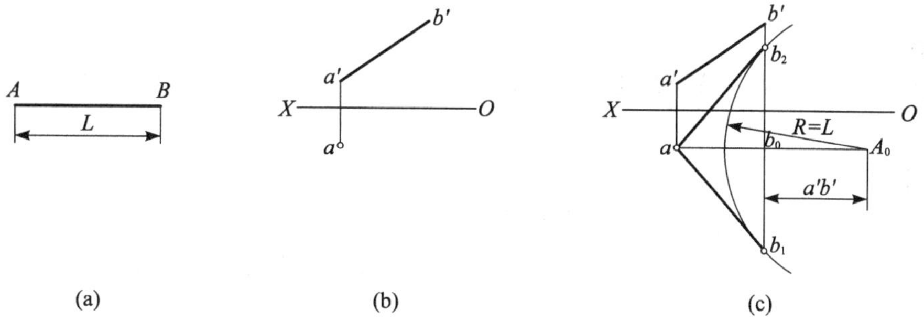

图 3-14 已知线段实长 L 求水平投影 ab

3.2.5 直线上的点

1. 直线上点的投影

点在直线上，则点的各个投影必定在该直线的同面投影上，反之，点的各个投影在直线的同面投影上，则该点一定在直线上。如图 3-15 所示直线 AB 上有一点 C，则点 C 的三面投影 c，c'，c''必定分别在直线 AB 的同面投影 ab，$a'b'$，$a''b''$上。

2. 点分割线段成定比

点分割线段成定比，则分割线段的各个同面投影之比等于其线段之比。如点 C 在线段 AB 上，如图 3-15 所示，它把线段 AB 分成 AC 和 CB 两段。线段及其投影的关系为：$AC:CB=ac:cb=a'c':c'b'=a''c'':c''b''$。此特性称为直线上的点的投影的定比性（也称为定比分割定理）。

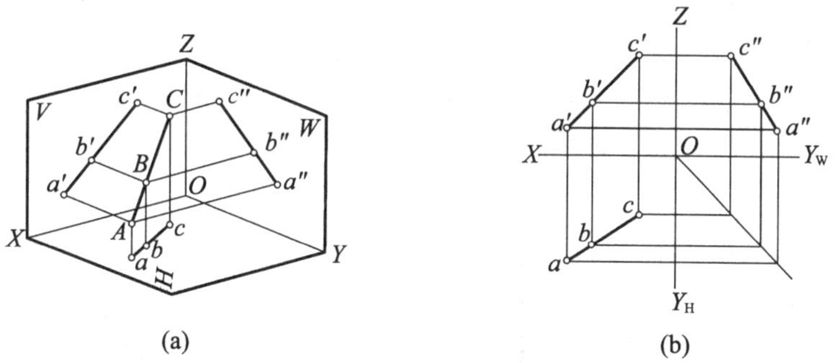

图 3-15 直线上点的投影

［**例 3-4**］ 已知侧平线 AB 的两投影 ab，$a'b'$和直线上点 S 的正面投影 s'，求水平投影 s，如图 3-16 所示。

方法一：

分析：由于直线 AB 是侧平线，因此，不能由 s' 直接求出 s，但是根据点在直线上的投影性质，s''必定在 $a''b''$上，如图 3-16(a)所示。

作图：

(1) 求出直线 AB 的侧面投影 $a''b''$，同时求出点 S 的侧面投影 s''。

(2) 根据点的投影规律,由 s'',s' 求出 s。

方法二:

分析: 因为点 S 在直线 AB 上,因此必定符合 $a's':s'b'=as:sb$ 的比例关系,如图 3-16(b)所示。

作图:

(1) 过 a 作任意辅助线,在辅助线上量取 $as_0=a's'$,$s_0b_0=s'b'$。

(2) 连接 b_0b,并由 S_0 作 $S_0S // b_0b$,交 ab 于 s 点,即为所求的水平投影。

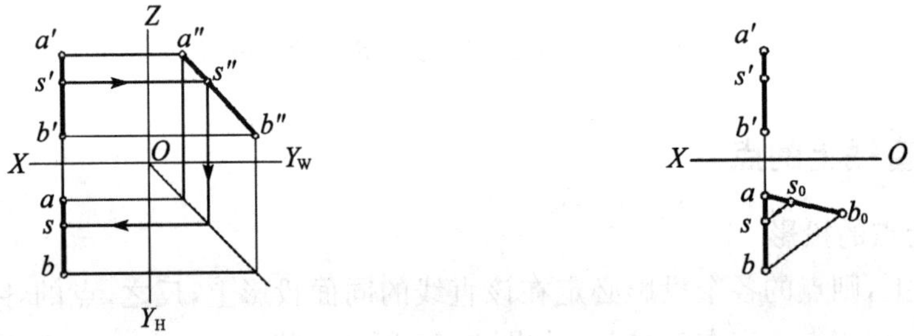

(a) (b)

图 3-16 已知 s' 求水平投影

3.2.6 直线的迹点

直线与投影面的交点称为迹点,如图 3-17 所示。直线与 H 面的交点,称为水平迹点,以点 $M(m, m', m'')$ 表示。与 V 面的交点,称为正面迹点,以点 $N(n, n', n'')$ 表示。与 W 面的交点,称为侧面迹点,以点 $S(s, s', s'')$ 表示。由于迹点既是直线上的点,又是投影面上的点,因此其投影特性为:

(1) 由于迹点是直线上的点,因而迹点的投影必定在直线的同面投影上。

(2) 由于迹点在投影面上,因而迹点的一个投影与迹点本身重合,其余投影则在投影轴上。

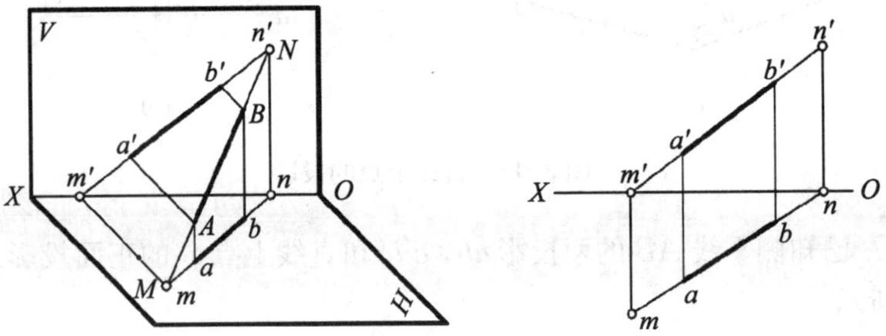

(a) (b)

图 3-17 直线上的点

根据以上投影特性,就可以得到求直线迹点的投影的作图方法:

(1) 延长 $a'b'$ 与 X 轴相交于 m',由 m' 作 X 轴垂线与 ab 延长线相交于 m,即得水平迹点

M的水平投影。

(2) 延长ab与X轴相交于n,由n作X轴垂线与$a'b'$延长线相交于n',即得正面迹点N的正面投影。

3.3 平面的投影

平面是物体表面的重要组成部分,也是主要的空间几何元素之一。

3.3.1 平面的表示法

1. 用几何元素表示平面

根据三点确定一平面的性质可知,平面可有以下几种表示方法:

(1) 不在同一直线上的三点,如图3-18(a)所示。

(2) 一直线和直线外一点,如图3-18(b)所示。

(3) 相交两直线,如图3-18(c)所示。

(4) 平行两直线,如图3-18(d)所示。

(5) 任意一个平面图形,如三角形、四边形等,如图3-18(e)所示。

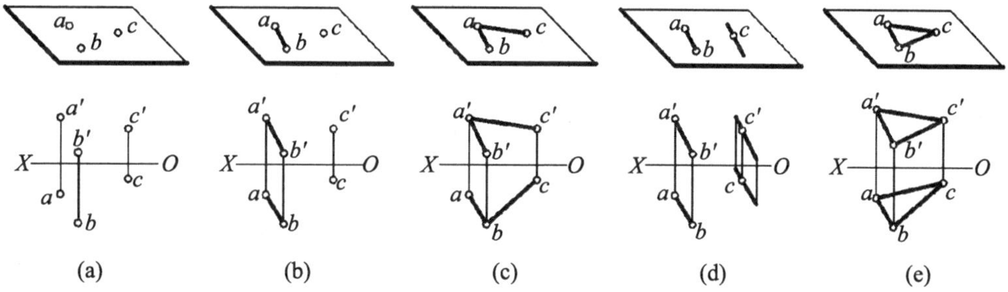

图3-18 表示平面的方法

图3-18是用各组几何元素所表示的同一平面的空间图和投影图。显然,各组几何元素是可以互相转换的,如连接点A和点B即可由图(a)转换成图(b),再连接点A和点C,又可转换成图(c),将A, B, C三点彼此连接又可转换成图(e)等。从图中可以看出,不在同一直线上的三点是决定平面位置的基本几何元素组。

2. 用迹线表示平面

平面与投影面的交线,叫做平面的迹线。如图3-19中的平面P,它与H面的交线P_H叫做水平迹线;与V面的交线P_V叫做正面迹线;与W面的交线P_W叫做侧面迹线。P_H, P_V, P_W两两相交于X, Y, Z轴上的一点称为迹线集合点,分别以P_X, P_Y, P_Z表示。

平面迹线是平面与投影面的共有线,所以迹线的一个投影与它本身重合,其余投影必在相应的投影轴上,规定位于投影轴上的投影省略不画。因为平面内任意直线的迹点位于同名迹线上,因此,作图时只要分别求出它们的两个正面迹点和水平迹点,然后连接它的同面投影就可以把其他表示平面的方法转换成用迹线表示。

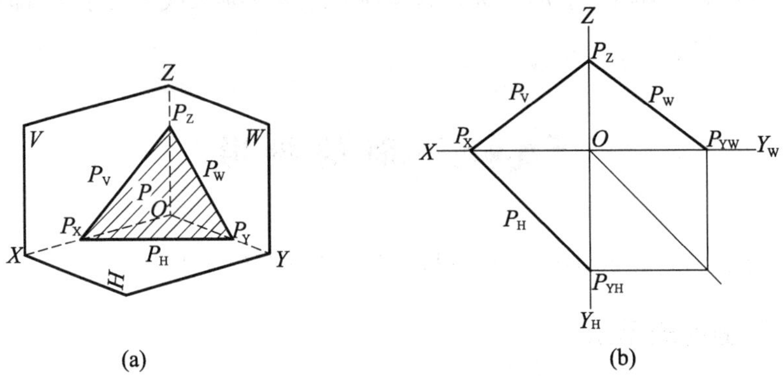

图 3-19　用迹线表示平面

3.3.2　各类平面的投影特性

根据平面在三投影面体系中的相对位置的不同，平面可分为：一般位置平面和特殊位置平面两种。一般位置平面又称为投影面的倾斜面，特殊位置平面又分为投影面垂直面和投影面平行面两种。

1. 投影面的倾斜面

与三个投影面都处于倾斜位置的平面称为投影面的倾斜面。如图 3-20 所示，$\triangle ABC$ 与三个投影面都倾斜，因此它的三个投影 $\triangle abc$，$\triangle a'b'c'$，$\triangle a''b''c''$ 均为原空间平面图形的类似形，不反映实形，也不反映该平面与投影面的倾角 α_1，β_1，γ_1。

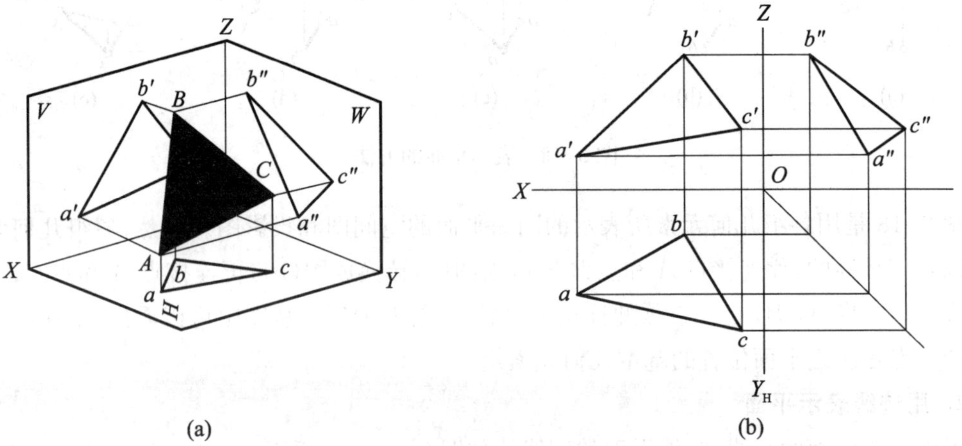

图 3-20　倾斜面的投影特性

2. 投影面的垂直面

垂直于一个投影面而与其他两个投影面成倾斜的平面称为投影面的垂直面。按其垂直的投影面的不同可分为三种：垂直于 H 面的称为铅垂面；垂直于 V 面的称为正垂面；垂直于 W 面的称为侧垂面。

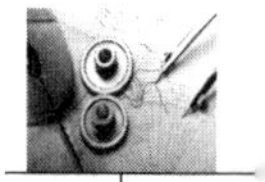

平面垂直于投影面时，在投影面上积聚成一直线，此种特性称为平面投影的积聚性。有关三种投影面的垂直面的投影特性如表 3-4 所示。

表 3-4　　投影面垂直面的投影特性

名称	铅垂面 （⊥*H*，对 *V*，*W* 面倾斜）	正垂面 （⊥*V*，对 *H*，*W* 面倾斜）	侧垂面 （⊥*W*，对 *H*，*V* 面倾斜）
投影图	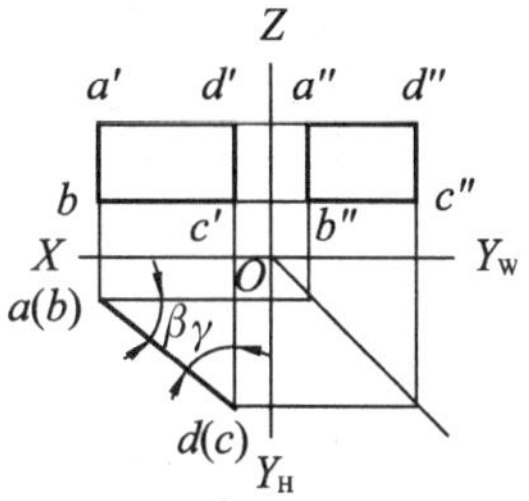	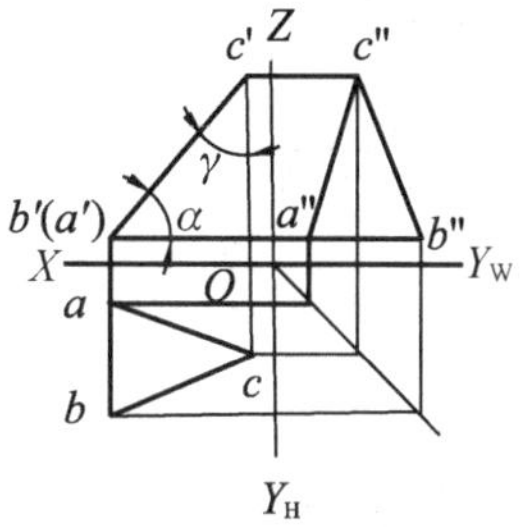	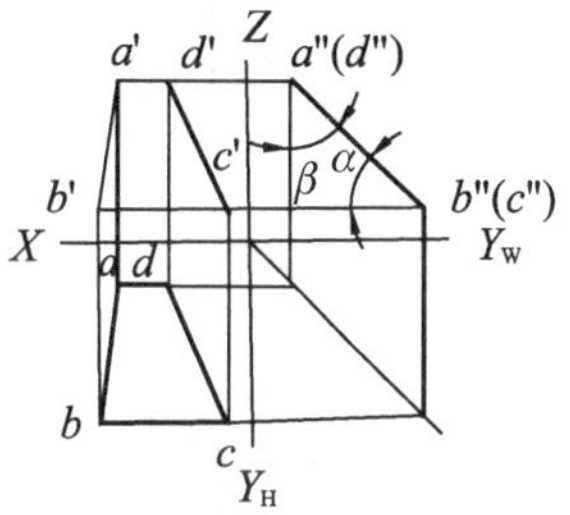
轴测图	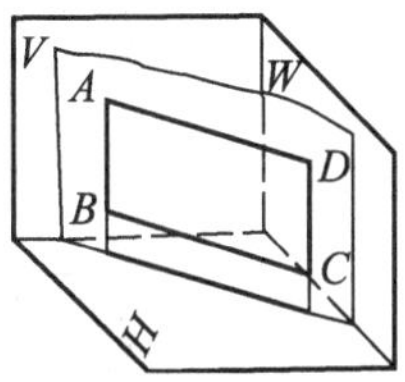	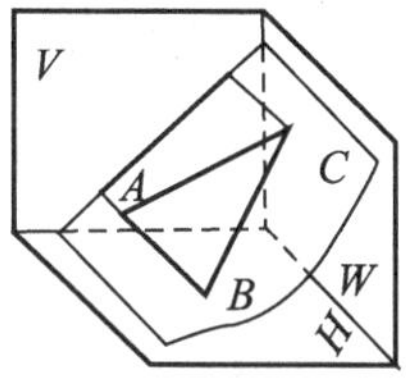	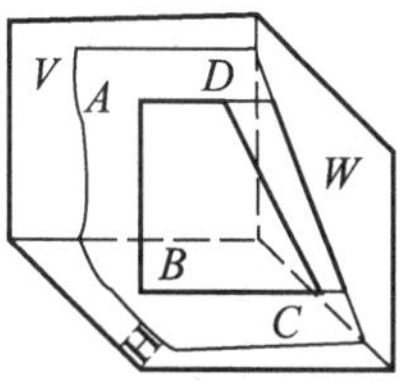
实例	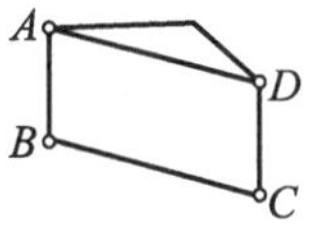	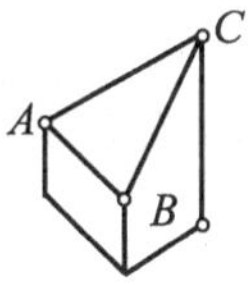	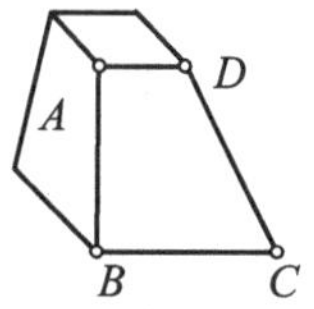
投影特性	1. 水平投影为倾斜于 *X* 轴的直线，有积聚性，它与 OX，OY_H 的夹角即为 β，γ 2. 正面投影和侧面投影均为原空间平面图形的原类似形	1. 正面投影为倾斜于 *X* 轴的直线，有积聚性，它与 OX，OZ 的夹角即为 α，γ 2. 水平投影和侧面投影均为空间平面图形的类似形	1. 侧面投影为倾斜于 *Z* 轴的直线，有积聚性，它与 OY_W，OZ 的夹角即为 α，β 2. 水平投影和正面投影均为空间平面图形的类似形
	小结：1. 在所垂直的投影面上的投影，为倾斜于相应投影轴的直线，有积聚性，它和相应投影轴的夹角，即平面对相应投影面的倾角 2. 平面多边形的其余投影均为空间平面图形的类似形		

3. 投影面的平行面

平行于一个投影面也即垂直于其他两个投影面的平面称为投影面的平行面。按其所平行的投影面的不同可分为三种：平行于 *H* 面的称为水平面；平行于 *V* 面的称为正平面；平行于 *W* 面的称为侧平面。它们的投影特性如表 3-5 所示。

表 3-5　　投影面平行面的投影特性

名称	水平面（//H，垂直 V，W 面）	正平面（//V，垂直 H，W 面）	侧平面（//W，垂直 H，V 面）
投影图	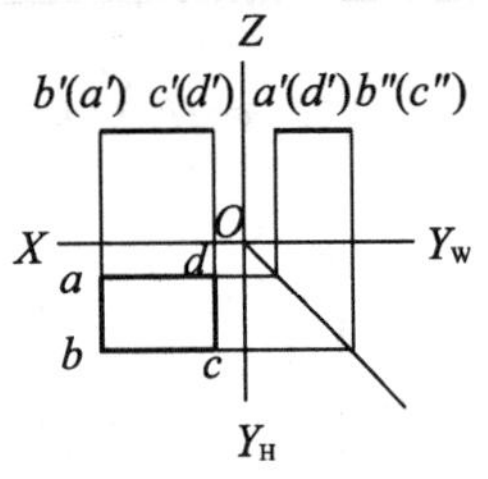	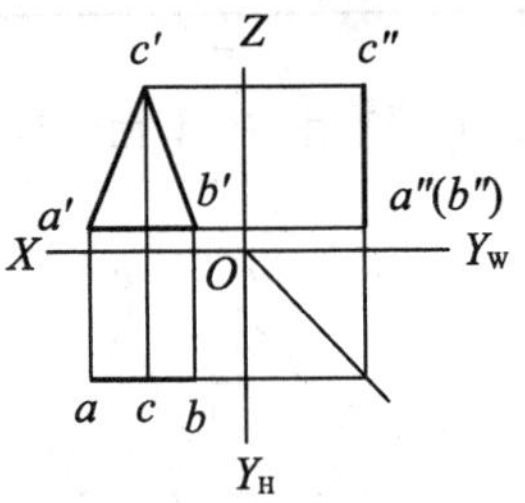	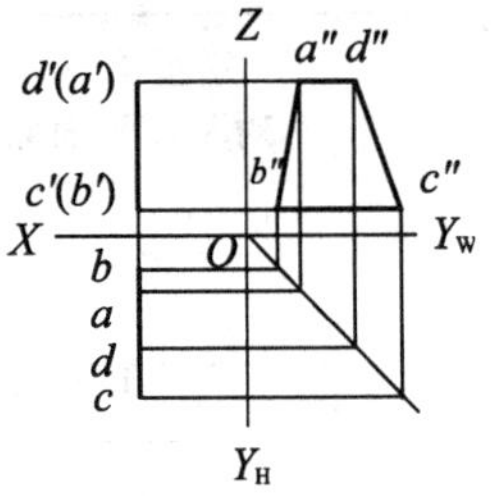
轴测图	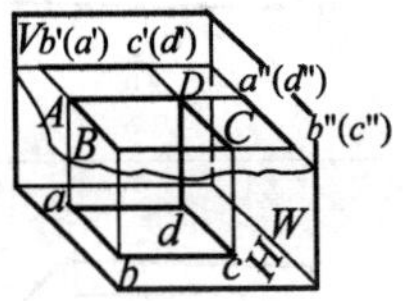	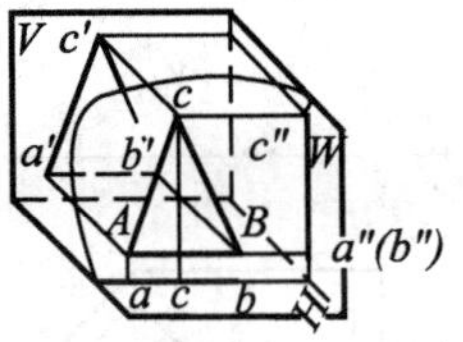	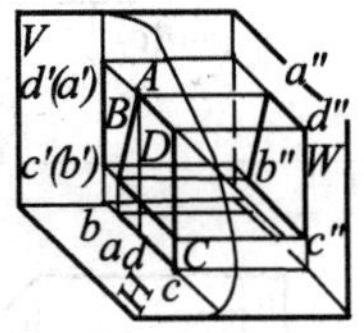
实例	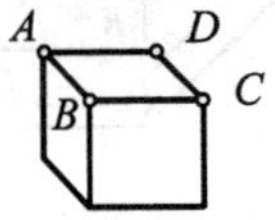	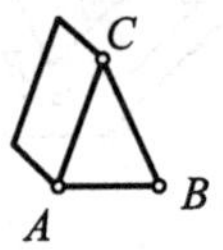	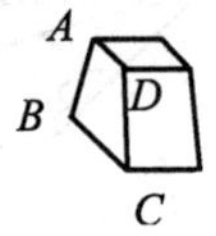
投影特性	1. 水平投影表达实形 2. 正面投影为直线，有积聚性，且平行于 OX 轴 3. 侧面投影为直线，有积聚性，且平行于 OY_W 轴	1. 正面投影表达实形 2. 水平投影为直线，有积聚性，且平行于 OX 轴 3. 侧面投影为直线，有积聚性，且平行于 OZ 轴	1. 侧面投影表达实形 2. 水平投影为直线，有积聚性，且平行于 OY_H 轴 3. 正面投影为直线，有积聚性，且平行于 OZ 轴
	小结：1. 在所平行的投影面上的投影表达实形 2. 其余投影均为直线，有积聚性，且平行于相应的投影轴		

3.3.3　平面上的直线

1. 直线在平面内的几何条件

满足下列条件之一的直线，即为该平面内的直线：

（1）通过平面内的已知两点，如图 3-21(a) 所示。

（2）过平面内的一个已知点而又和平面内的已知直线平行，如图 3-21(b)所示。

以上两个几何条件是解决平面内直线作图问题的依据。

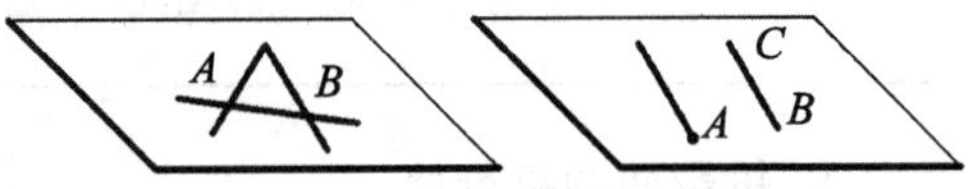

(a)　　(b)

图 3-21　直线在平面内的条件

2. 平面内的一般位置直线

在平面内作直线最常用的方法是:在平面内的两个已知直线上各取一点,然后把两点连成直线。

［**例 3-5**］ 在△ABC 给定的平面内作一任意直线,如图 3-22 所示。

分析:根据直线在平面内的几何条件可知,只要找到平面内已知两点即可求出该直线。

作图:如图 3-22 所示,在△ABC 内任意两边各取一点Ⅰ,Ⅱ,连接点Ⅰ,Ⅱ的投影 1, 2 和 $1'$, $2'$即得一解,本例有无穷解。

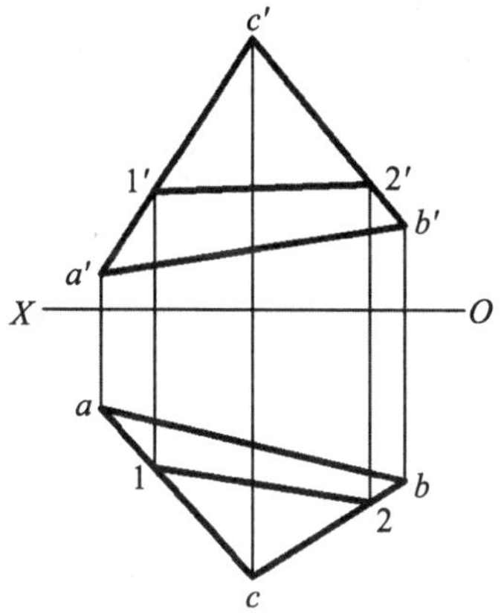

图 3-22 平面内取线

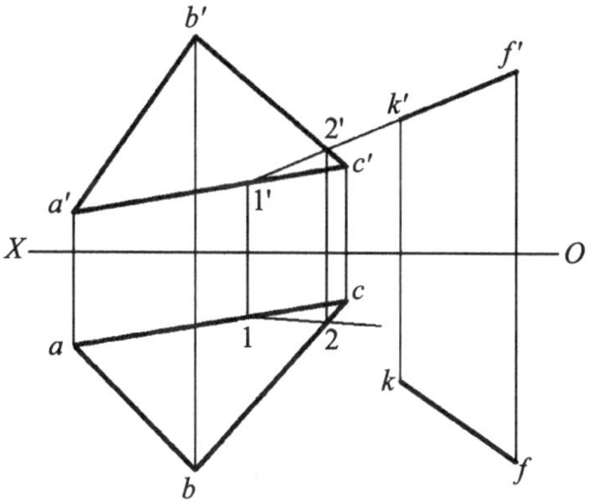

图 3-23 判断直线是否在平面内

［**例 3-6**］ 判断 KF 是否在平面△ABC 内,如图 3-23 所示。

分析:根据直线在平面内的几何条件可知,若直线 KF 在平面 ABC 内,则或者与 AB、AC 相交,或者与其中一条相交与另一条平行。

作图:

(1) 延长 $k'f'$,与 $a'c'$, $b'c'$交于 $1'$, $2'$。

(2) 在 ac, bc 上求出 1, 2,并连接 1, 2,看 12 和 kf 是否在一条直线上。此题不在一条直线上,所以 KF 不在 ABC 平面内。

3. 平面内的特殊直线

平面上有各种不同位置的直线,它对投影面的倾角各不相同。其中,有两种直线的倾角较为特殊,一种是倾角最小(等于零度),即平面内的投影面平行线;另一种是倾角最大,我们称它为平面内的最大斜度线。

(1) 平面内的投影面平行线

根据平面内的投影面平行线所平行的投影面的不同,把平面内的投影面平行线分为了三类:平行于 H 面的称为平面内的水平线;平行于 V 面的称为平面内的正平线;平行于 W 面的称为平面内的侧平线。

平面内的投影面平行线即要满足投影面平行线的投影特性,又要满足直线在平面内的条件。由于投影面平行线作图方便,又有许多可直接量取的元素的投影特性,如反映实长,夹角等,所以,经常为了解题的需要,用它作为辅助线。

［例 3-7］ 在△ABC 平面内任意作一正平线，如图 3-24 所示。

分析：因为正平线的水平投影平行于 X 轴，所以可先作水平投影，再求其正面投影。

作图：

(1) 过水平投影的任意一点，如过 a 作 $ad // X$ 轴。

(2) 求出 d 的正面投影 d'，则 AD 即为正平线。

(3) 平面内对投影面的最大斜度线

平面内对投影面的最大斜度线就是垂直于该平面内的投影面平行线的直线。最大斜度线有三种：对水平投影面 H 的最大斜度线、对正投影面 V 的最大斜度线、对侧投影面 W 的最大斜度线。

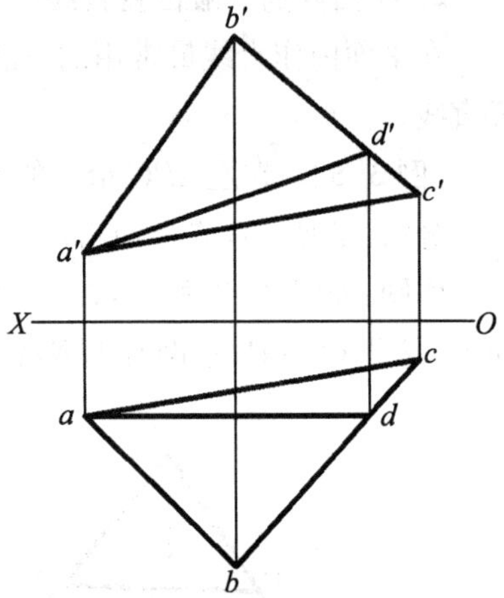

图 3-24 平面内的正平线

以平面 P 内对 H 面的最大斜度线为例如图 3-25(a)所示，来分析最大斜度线的投影特性。

P 为一般位置平面，AB 为 P 平面内一水平线，若从 P 平面内任意一点 N 作一直线 NM 垂直于 AB（同样也就垂直于水平迹线 P_H），作一任意斜线 NM_1，这时两直线与 H 面的夹角分别为 α，α_1。由图 3-25(b)所示的直角三角形可知，由于 $NM_1 > NM$，所以 $\alpha > \alpha_1$。由此可知，过平面内任一点 N 所作的直线中，以垂直于 P_H，即垂直于水平线 AB 的直线 MN 与 H 面的夹角为最大，故直线 NM 称为平面 P 内对 H 面的最大斜度线。最大斜度线也是因此而得名。

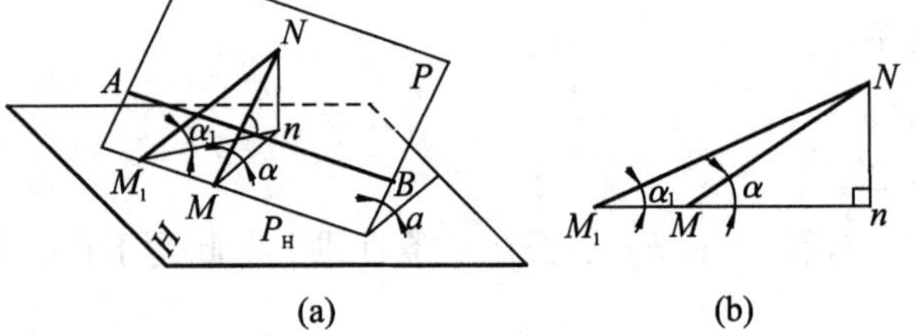

图 3-25 平面内的最大斜度线

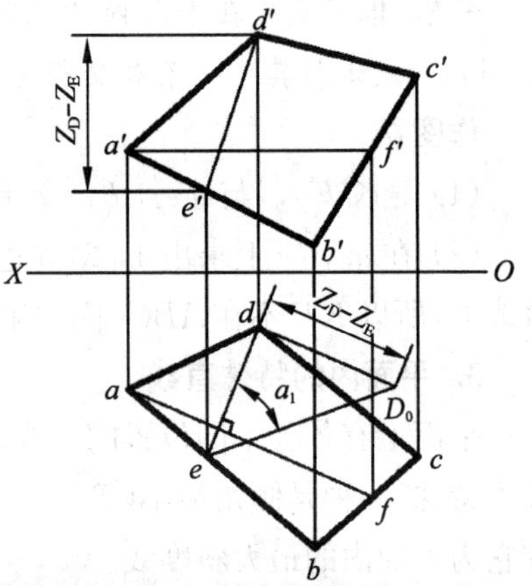

图 3-26 求平行四边形对 H 面的倾角

显然 α 角为最大斜度线NM 对 H 面的倾角，也是平面 P 与 H 面的夹角。因此可用最大斜度线测定平面与投影面的夹角。

平面 P 内对 V，W 面的最大斜度线也类同于对 H 面的最大斜度线。

在工程设计中，最大斜度线经常被应用在设计和测量平面相对于水平地面的夹角问题，例如屋顶的斜坡平面，便于排水。

［例 3-8］ 求平行四边形 $ABCD$ 对 H 面的倾角 α_1，如图 3-26 所示。

分析：平面对 H 面的倾角，即为平面上对 H 面的最大斜度线对 H 面的倾角。

作图：

(1) 过平面 $ABCD$ 上任意一点 A，作平面上的水平线 $AF(af,\ a'f')$。

(2) 过点 D 的水平投影 d 作 $de \perp af$，在求出 $d'e'$，DE 即为平面上过点 D 对 H 面的最大斜度线。

(3) 用直角三角形法求出 DE 对 H 面的倾角即为平面对 H 面的倾角 α_1。

3.3.4 平面上的点

点在平面上时，该点必在平面内的一已知直线上，因此，在平面上找点时，一般要在平面上作辅助线，然后在所作的直线上取点。

［**例 3-9**］ 已知△ABC 平面内一点 K 的正面投影 k'，求它的水平投影 k，如图 3-27 所示。

分析：可在平面上过点 K 作一条直线，再在直线上找点。

作图：过点 K 可作任意多条直线，一般为了作图简便，往往可过平面上已知点作直线，如图 3-27 所示，可过 k' 作 $a'd'$，则点 K 的水平投影必在直线 AD 的水平投影上，即求出点 K 的水平投影。

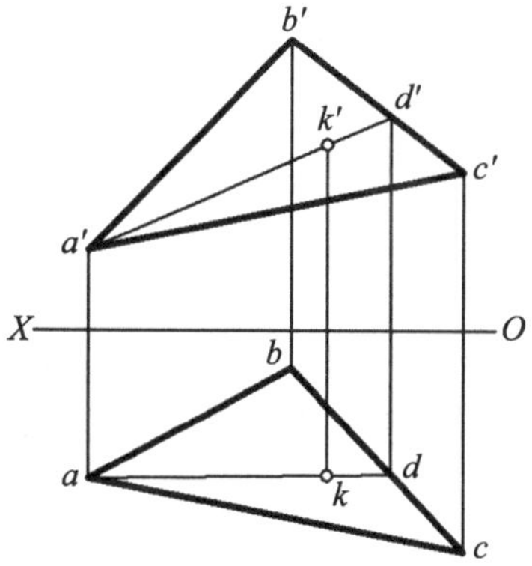

图 3-27　平面内取点

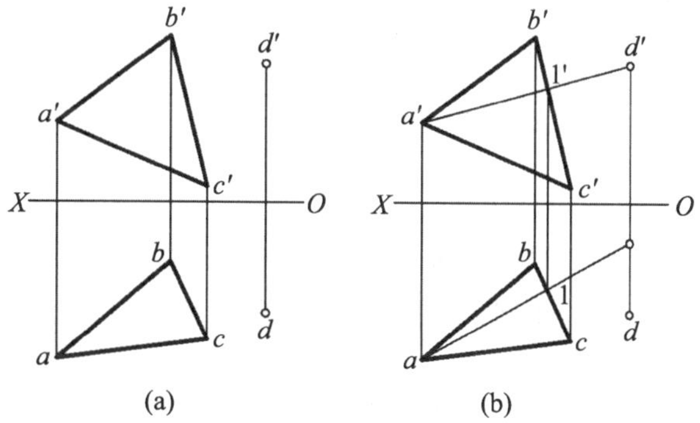

图 3-28　判断点 D 是否在平面内

［**例 3-10**］ 判断点 D 是否在△ABC 确定的平面内，如图 3-28 所示。

分析：如果点 D 在平面内，则与平面内的任一点的连线应满足直线在平面内的几何条件。

作图：

(1) 连 $a'd'$，交 $b'c'$ 于 $1'$ 点。

(2) 连 $a1$ 并延长，不和 $d'd$ 交于 d 点，可见 1 不在 AD 的水平投影上，所以点 D 不在△ABC 平面内。

［**例 3-11**］ 试完成如图 3-29(a)所示的四边形平面的水平投影。

分析：因 $ABCD$ 是平面，则对角线必相交。

作图：

(1) 连 $a'c'$，$b'd'$，得交点为 k'。

(2) 连 bd，在 bd 上求出 k，并连 ak。

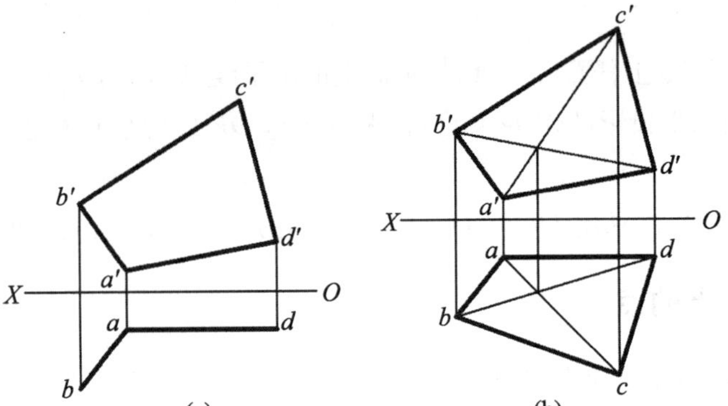

(a)　　　　(b)

图 3-29　完成平面的水平投影

（3）由于点 c 在 ak 上可求出 c，连 bc，dc 即得解，如图 3-29(b)所示。

3.4　空间几何元素间的相对位置

在上面三节中我们学习了点、线、面等几何元素的投影规律和作图方法。本节将着重讨论几何元素之间的平行、相交及垂直等相对位置问题。

3.4.1　平行问题

1. 直线与直线平行

空间两直线的相对位置有三种情况：即两直线平行、两直线相交和两直线交叉。前两种情况两直线位于同一平面上，故称为同面直线；后一种情况两直线不位于同一平面上，故称为异面直线。

首先我们来讨论两直线平行的问题。

空间两平行直线的投影也必定互相平行，如图 3-30(a)所示。因此平行两直线在投影图上的各组同面投影也必定互相平行，如图 3-30(b)所示，由于 $AB /\!/ CD$，则必定 $ab /\!/ cd$，$a'b' /\!/ c'd'$，$a''b'' /\!/ c''d''$。

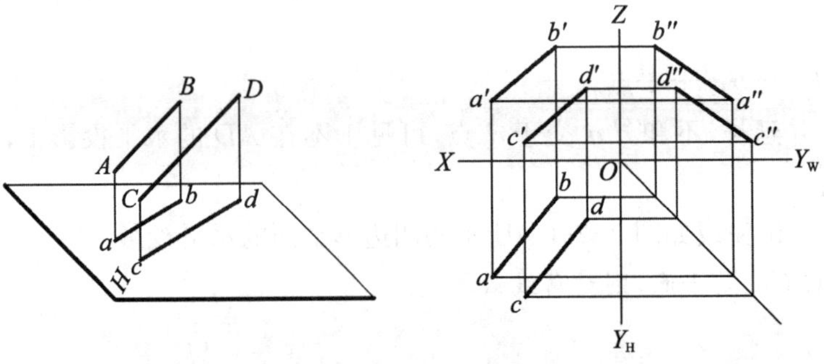

(a)　　　　(b)

图 3-30　平行两直线的投影

反之，如果两直线在投影图上的各组同面投影都互相平行，则两直线在空间必定互相平行。

利用以上投影特性，可以从投影图上判断一般位置的两直线是否平行，或者完成平行两直线的投影图等。当两直线都是投影面平行线时，判断它们是否平行要特别注意，如图 3-31 所示，可以用侧面投影或者用定比分割定理来判断。

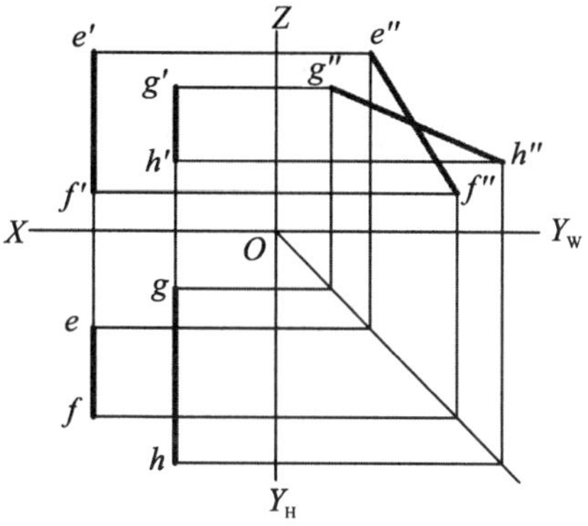

图 3-31　两直线不平行

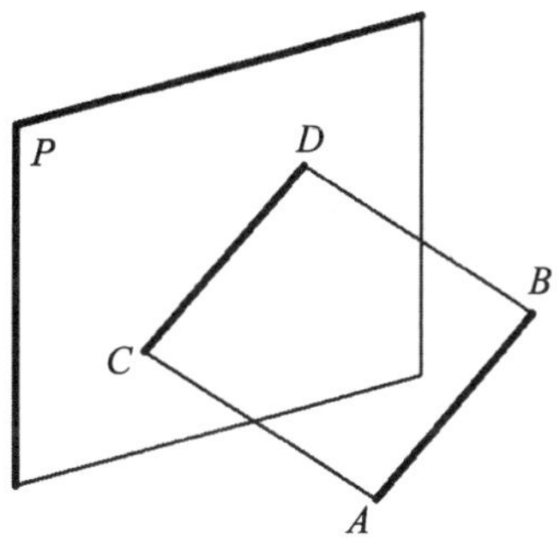

图 3-32　直线与平面平行

2. 直线与平面平行

若一直线与平面内的某一直线平行，则此直线与该平面平行。如图 3-32 所示，直线 AB 平行于 P 平面内一直线 CD，则 AB 必与 P 平面平行。

作图方法：根据上述几何条件，解决平行问题作图的关键是直线的投影必须平行于平面内某条直线在同一投影面上的投影。

［**例 3-12**］　过已知点 K，作一水平线 KM 平行已知平面△ABC，如图 3-33 所示。

分析：△ABC 上的水平线有无数条，但其方向是确定的，因此过点 K 作平行于△ABC 的水平线也是唯一的。

作图：在△ABC 上作一水平线 AD，再过点 K 作 $KM /\!/ AD$，即 $km /\!/ ad$，$k'm' /\!/ a'd'$，则 KM 为一水平线且平行于△ABC。

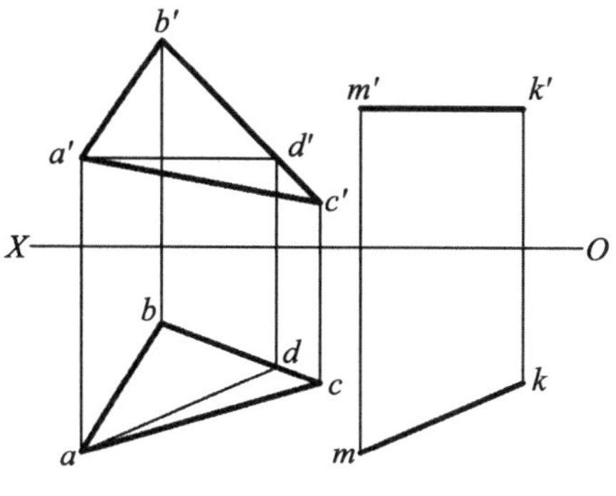

图 3-33　过点 K 作水平线平行△ABC

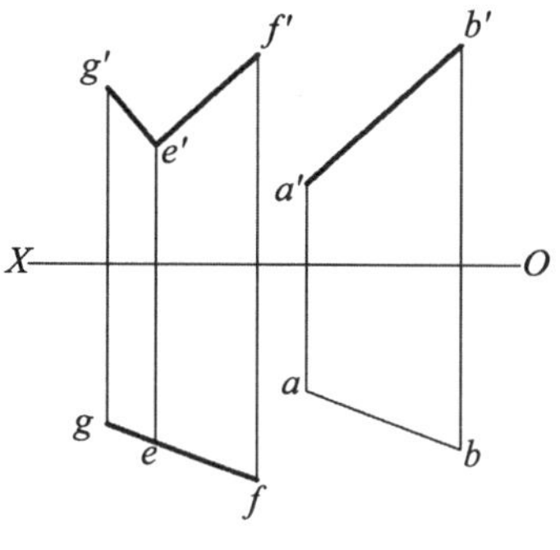

图 3-34　过点作铅垂面与已知直线平行

［**例 3-13**］　已知直线段 AB 的投影，过点 E 作一铅垂面与直线 AB 平行，如图 3-34 所示。

分析：因铅垂面在水平投影面上的投影积聚成一条直线，在水平投影上可直接过 e 作 ab

的平行线。

作图:

(1) 过 e 点作 $ef \parallel ab$ 和 $e'f' \parallel a'b'$。

(2) 在 ef 延长线上任取一点 g,再作出正面投影 $e'g'$,如图 3-34 所示,则相交两直线 EF 与 EG 所确定的平面为所求铅垂面。

由本例可以看出,若一直线与某一投影面的垂直面平行,则该直线必有一投影与平面具有积聚性的那个投影平行。这是因为平面上所有直线,包括与该直线平行的那条直线的投影,都积聚为同一条直线。

3. 平面与平面平行

若一平面内的两条相交直线与另一平面内的两条相交直线对应平行,则这两个平面互相平行。如图 3-35 所示,相交两直线 AB、CD 组成 P 平面;相交两直线 A_1B_1,C_1D_1 组成 Q 平面,如果 $AB \parallel A_1B_1$,$CD \parallel C_1D_1$,则 $P \parallel Q$。

如果两平面垂直某一投影面,只要看在所垂直的投影面上的投影是否平行,如平行,则两平面平行,反之,则不平行。

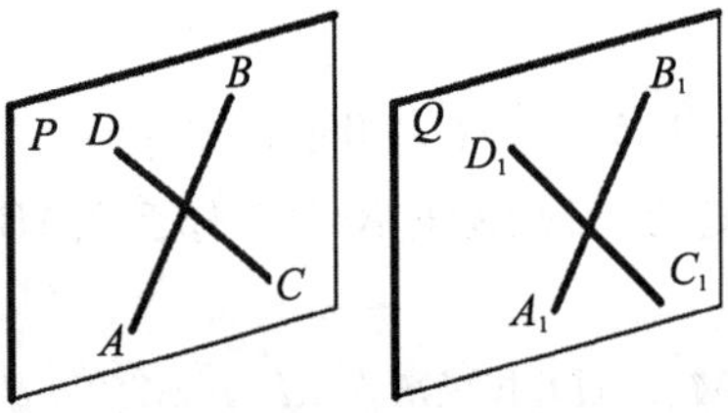

图 3-35 两平面平行

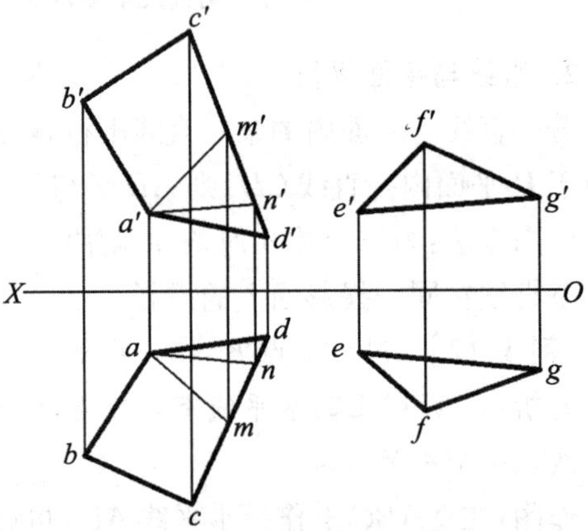

图 3-36 判别两平面是否平行

[**例 3-14**] 已知平面□$ABCD$ 和△EFG,试判断两平面是否平行,如图 3-36 所示。

分析:可在任一平面上作两相交直线,如在另一平面上能找到与它对应平行的两相交直线,则该两平面互相平行。

作图:在平面□$ABCD$ 上过点 A 作两相交直线 AM 和 AN,使 $a'm' \parallel e'f'$,$a'n' \parallel e'g'$,再作出 am 和 an,由于 $am \parallel ef$,$an \parallel eg$,即 $AM \parallel EF$,$AN \parallel EG$,所以平面□$ABCD$ $\parallel$ △EFG。

3.4.2 相交问题

1. 直线与直线相交

直线与直线不平行时即相交,相交就有交点的问题。空间两相交直线的投影必定相交,且两直线交点的投影必定为两直线投影的交点,如图 3-37(a)所示。因此,相交两直线在投影图上的各组同面投影必定相交,且两直线各组同面投影的交点即为两相交直线交点的各个投影。如图 3-37(b)所示，由于 AB 与 CD 相交，交点为 K，则 ab 与 cd，$a'b'$ 与 $c'd'$，$a''b''$ 与 $c''d''$ 必定分别相交于 k，k'，k''，且符合交点 K 的投影规律。

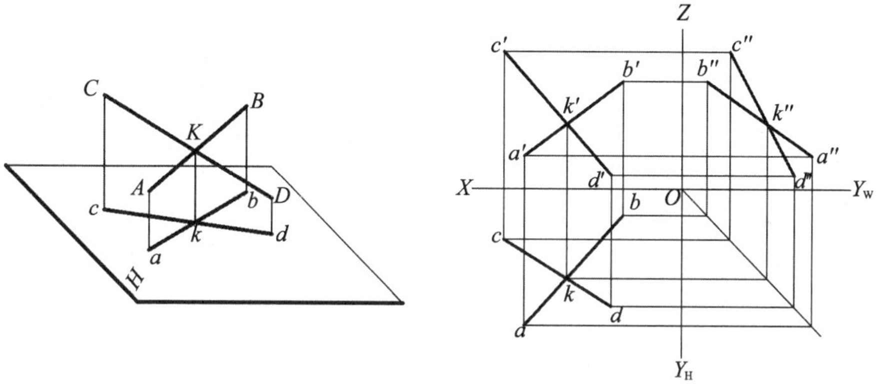

(a) (b)

图 3-37 相交两直线的投影

反之，两直线在投影图上的各组同面投影都相交，且各组投影的交点符合空间一点的投影规律，则两直线在空间必定相交。

2. 直线与直线交叉

既不平行又不相交的两直线称为交叉两直线（又称异面直线）。如图 3-38 所示，交叉两直线在投影图上可能会有一组或两组投影是互相平行的，但决不会有三组同面投影都是互相平行的。因此，一般情况下，在两个投影面上的两组直线投影互相平行，则空间两直线一定平行，如果两直线都为投影面的平行线，则一定要检查在该投影面的投影是否平行。

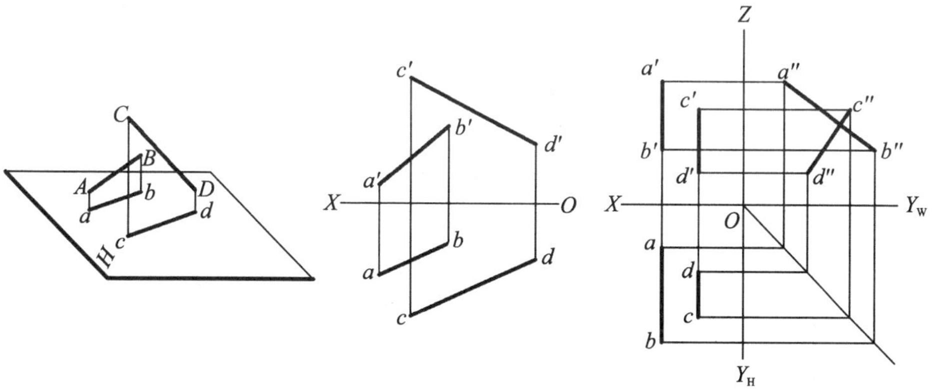

(a) (b) (c)

图 3-38 交叉两直线的投影（一）

如图 3-39 所示，交叉两直线的投影也可以是相交的，但因不是相交两直线，故没有公共点，各组同面投影的交点的连线不可能都垂直于相应的投影轴，即它们的交点不符合同一点的投影规律，事实上，这些交点实际上是重影点的投影，用它可以判断可见性。因此，一般情况下，如在两个投影面上两直线的投影都相交，且其交点符合同一点的投影规律，则两直线一定相交。如其中有一直线为投影面平行线时,则一定要检查直线在三个投影面上的投影交点是否符合点的投影规律。

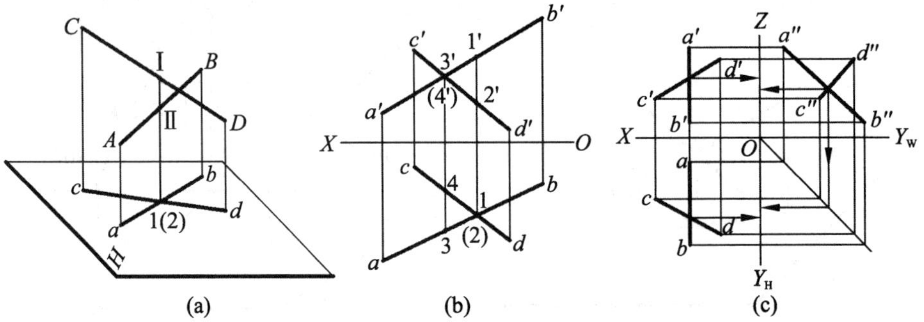

图 3-39　交叉两直线的投影(二)

从图 3-39(a),(b)中可以看出,AB, CD 两直线是交叉两直线,因为两直线的投影交点不符合同一点的投影规律,ab 和 cd 的交点实际上是 AB, CD 对 H 面的重影点Ⅰ,Ⅱ的投影 1(2),由于Ⅰ在Ⅱ之上,所以 1 是可见的,(2)是不可见的。同理,在图 3-39(b)中,$a'b'$ 和 $c'd'$ 的交点是 AB, CD 对 V 面的重影点Ⅲ,Ⅳ的投影 $3'(4')$,由于Ⅲ在Ⅳ之前,所以 $3'$ 可见,$(4')$ 不可见。显然,如图 3-39(c)所示两直线也是交叉两直线。

［**例 3-15**］　判断如图 3-40(a)所示的两侧平线是平行两直线还是交叉两直线(不利用侧面投影)。

方法一:如图 3-40(b)所示。

分析:如两侧平线为平行两直线,则两平行线段之比等于其投影之比。反之,即使两投影之比等于其线段之比,还不能说明两线段一定平行,因为与 H, V 面成相同倾角的侧平线可以有两个方向,它们能得到同样比列的投影长度,所以在此情况下,还必须检查两直线是否同方向才能确定两侧平线是否平行。

作图:先连接投影 ac 和 $a'c'$,再过 d 和 d' 分别作直线 $ds \parallel ac$; $d's' \parallel a'c'$,得交点 s 和 s'。因为 $as : sb = a's' : s'b'$,同时,可以看出 AB, CD 两直线是同方向的,所以两侧平线是平行两直线。

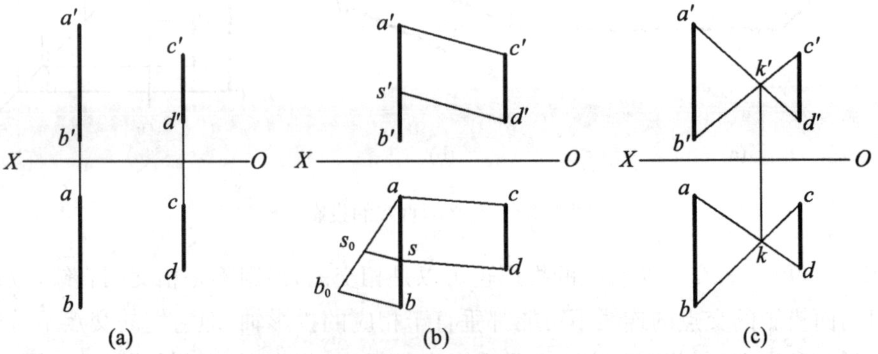

图 3-40　判别两侧平线的相对位置

方法二：如图 3-40(c)所示。

分析：如两侧平线为平行两直线，则可根据平行两直线决定一平面这一性质来判别。

作图：连接直线 AD 和 BC，如 ad 与 bc，$a'd'$ 与 $b'c'$ 分别相交为 k，k'，且 k，k' 在同一投影轴的垂线上，符合点的投影规律，因此两侧平线是平行两直线。

3. 直线与平面、平面与平面相交

直线与平面不平行时即相交，相交就有交点的问题，而交点是直线与平面的共有点。两平面不平行时必相交，相交就有交线的问题，其交线是两平面的共有线，一般可先求两个共有点，即求一平面内两条直线对另一平面的两交点，连接后即得两平面的共有线——交线。

(1) 利用积聚性求交点和交线

当相交的两空间几何元素有一个是处于与投影面垂直时（即具有积聚性时），利用其投影积聚性作图，可以简化求交的过程，因为此时交点或交线在该投影面上的投影即可直接求得，再利用在平面上取点、取直线或在直线上取点的方法求得交点或交线的其他投影。

［**例 3-16**］ 求正垂线 AB 与倾斜面△CDE 的交点 K，如图 3-41 所示。

分析：AB 是正垂线，其正面投影具有积聚性，由于交点 K 是直线 AB 上的一个点，点 K 的正面投影 k' 与 $a'(b')$ 积聚，又因为交点 K 也在三角形平面上，所以可利用平面上取点的方法，作出交点 K 的水平投影 k。

作图：连接 $c'k'$ 并延长使它与 $d'e'$ 交于 m'，再作出三角形平面上 CM 线的水平投影 cm，cm 与 ab 的交点 k 即为所求点 K 的水平投影，如图 3-41(b)所示。

交点 K 把直线分成两部分，在投影图上直线被平面遮去一部分而成为不可见，所以还需要判别它的可见性问题。而交点 K 就是直线可见部分和不可见部分的分界点。如图 3-41(a)所示，直线 AB 与三角形各边均交叉，AB 上的Ⅰ(1，1′)和 CD 上的Ⅱ(2，2′)的水平投影重影，从正面投影上可以看出 $z_{\text{I}} > z_{\text{II}}$，即Ⅰ在Ⅱ之上，所以Ⅰ点是可见的，Ⅱ点是不可见的。因此，直线 AB 上的 KA 线段是可见的，故其水平投影 KA 画成实线，而被平面遮住的另一线段是不可见的，其投影画成虚线。正面投影上 AB 积聚为一点，故不需要判别其可见性，如图 3-41(c)所示。

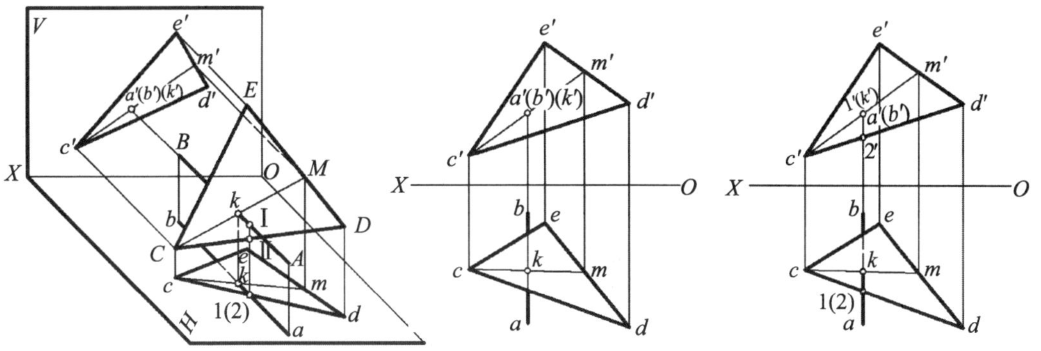

(a)　　　(b)　　　(c)

图 3-41　求正垂线与倾斜面的交点

［**例 3-17**］ 求直线 AB 与铅垂面 $EFGH$ 的交点 K，如图 3-42 所示。

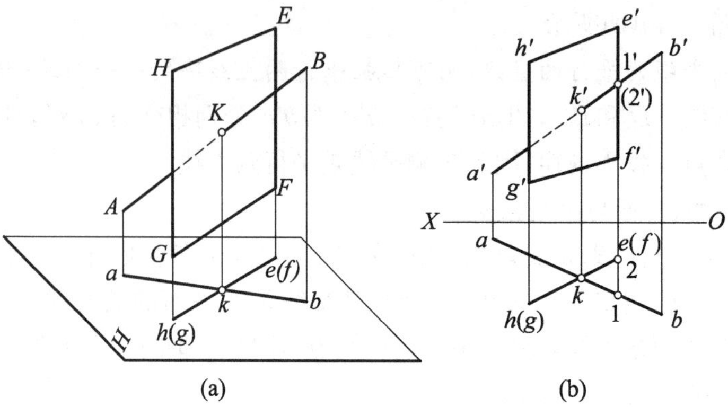

图 3-42　求直线与铅垂面的交点

分析:铅垂面的水平投影 $efgh$ 有重影性,故交点的水平投影 k 在 $efgh$ 上,又交点 K 也在直线 AB 上,故 k 也必定在 AB 的水平投影 ab 上,因此,点 K 的水平投影 k 是 $efgh$ 和 ab 的交点,而 k' 必定在 $a'b'$ 上。

作图:$efgh$ 和 ab 的交点 k 即为点 K 的水平投影,从 k 作 X 轴的垂线与 $a'b'$ 交于 k',则点 $K(k, k')$ 即为所求的交点。

直线 AB 上Ⅰ点与 EF 直线上Ⅱ点的正面投影重影,在水平投影上可以看出 $y_{\mathrm{I}} > y_{\mathrm{II}}$,因此点Ⅰ在点Ⅱ之前,Ⅰ点是可见的,所以 $k'b'$ 画成实线,过 k' 而被平面遮住的直线部分画成虚线。在水平投影上由于四边形 $EFGH$ 是铅垂面,其水平投影积聚为一直线,故不需要判断可见性。

［**例 3-18**］　求正垂面▱$DEFG$ 与倾斜面△ABC 的交线 MN,如图 3-43 所示。

分析:正垂面▱$DEFG$ 的正面投影 $d'e'f'g'$ 有积聚性,故交线的正面投影必定在 $d'e'f'g'$ 上,交线也在△ABC 上,由此可作出交线的水平投影。

作图:可用上述求交点的方法,依次求出△ABC 的 AB、AC 边与正垂面 $DEFG$ 的交点 $M(m,m')$ 和 $N(n,n')$,连线 $MN(mn,m'n')$ 即为两平面的交线。

交线是可见部分与不可见部分的分界线,在水平投影上,△abc 的 $bcnm$ 部分应画成实线,另一部分在 $defg$ 轮廓线范围内的应画成虚线。

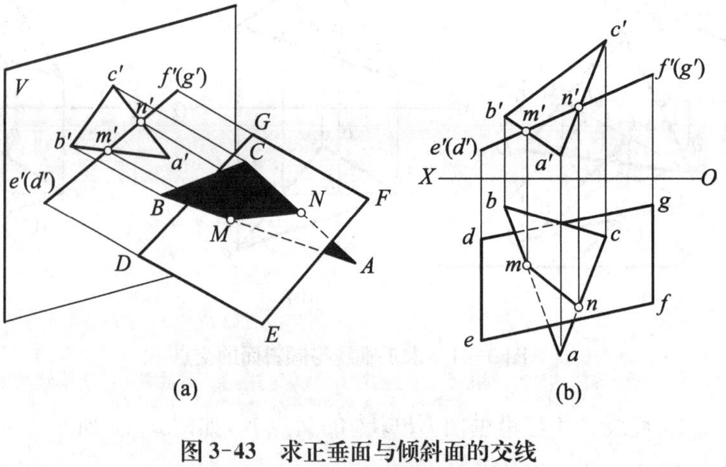

图 3-43　求正垂面与倾斜面的交线

［例 3-19］ 求铅垂面 P 与倾斜面△ABC 的交线 KL，如图 3-44 所示。

由于 P 平面是铅垂面，水平迹线 P_H 与△abc 相交所得的 kl 即为交线 KL 的水平投影，由此再求出正面投影 $k'l'$。在正面投影上，△$a'b'c'$ 被分成两部分，$a'c'l'k'$ 部分画成实线，另一部分为虚线。

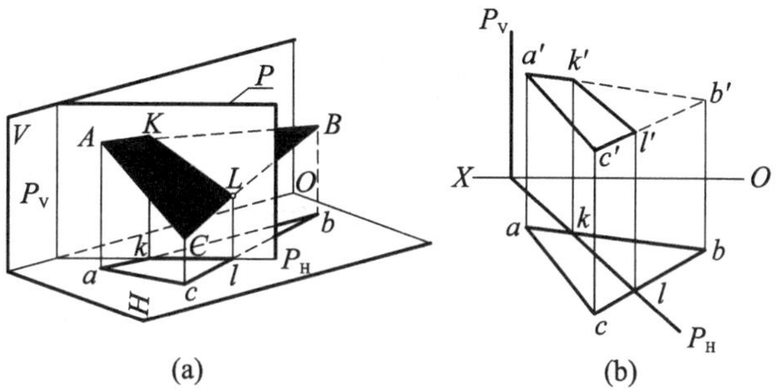

图 3-44 求铅垂面与倾斜面的交线图

(2) 利用辅助平面法求交点

当相交两几何元素都不垂直于投影面时，则不能利用积聚性来作图。此时可利用辅助平面的方法来求交点或交线。

先来进行几何分析，如图 3-45 所示，直线 MN 与平面△ABC 相交，交点为 K，过点 K 可在△ABC 上作无数条直线，而这些直线都可与直线 MN 构成一平面，该平面称为辅助平面。辅助平面与已知平面△ABC 的交线即为过点 K 在平面△ABC 上的直线，该直线与 MN 的交点即为点 K。

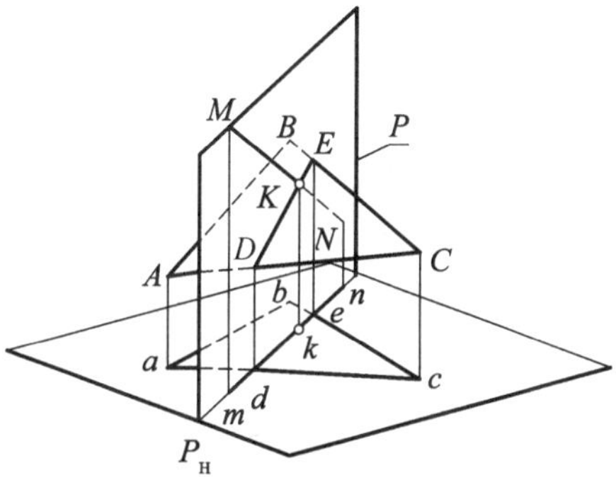

图 3-45 用辅助平面法求交点

根据以上分析，可归纳出求一般位置直线与一般位置平面交点的三个步骤如下：

① 包含已知直线作一辅助平面。为了作图的方便，一般所作的辅助平面都垂直于某一投影面(如过 MN 所作的辅助平面 P 为一铅垂面)。

② 求出辅助平面与已知平面的交线(如作 P 面与△ABC 的交线 DE)。

③ 求出该交线与已知直线的交点，即为已知直线与已知平面的交点(如 DE 与 MN 的交点 K 即为 MN 与△ABC 的交点)。

［例 3-20］ 求直线 MN 与△ABC 的交点 K，如图 3-46(a)所示。

分析：可根据上述三个步骤求交点。

作图：

① 过 MN 作一铅垂面 P_O 即在作图时使水平迹线 P_H 与 mn 重合(正面迹线 P_V 在作图中用不到，通常省略不画)，如图 3-46(b)所示。

② 作出 P 平面与△ABC 的交线 DE。由于 P_H 有积聚性，所以 de 与 P_H 重合，可直接确定，再由 de 求出 $d'e'$。

③ 作出 DE 与 MN 的交点 K。在正面投影上，$d'e'$ 与 $m'n'$ 的交点 k' 即为所求交点 K 的

正面投影,由k'可求出水平投影k。

④ 判断可见性。从图 3-46(c)可以看出,AC线上的Ⅰ点与MN线上的Ⅱ点,其正面投影是重合投影,由于$y_{\text{Ⅰ}} > y_{\text{Ⅱ}}$,故Ⅰ点是可见的,Ⅱ点是不可见的,所以线段$K$Ⅱ的正面投影$k'(2')$画成虚线。用同样方法可以判定线段$K$Ⅲ的水平投影$K3$应为实线。

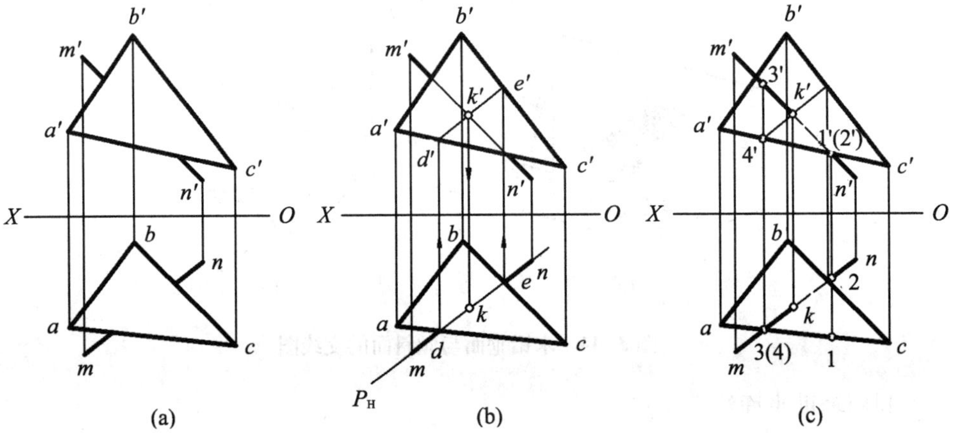

图 3-46 求倾斜线与倾斜面的交点

[例 3-21] 已知三条直线CD, EF, GH,要求作一直线AB平行CD,且与EF, GH相交,如图 3-47(b)所示。

分析:本题不仅是相交问题,还涉及到平行问题,因此要同时利用平行问题和相交问题的投影特性来解此题。如图 3-47(a)所示,所求的AB一定在平行CD的平面上,AB与交叉两直线EF、GH相交,可过其中一直线EF(或GH)作一平面平行CD,此平面与另一直线GH(或EF)相交,求出交点A(或B),过A(或B)点作平行CD的直线交EF(或GH)于B(或A)点,即为所求的直线AB。

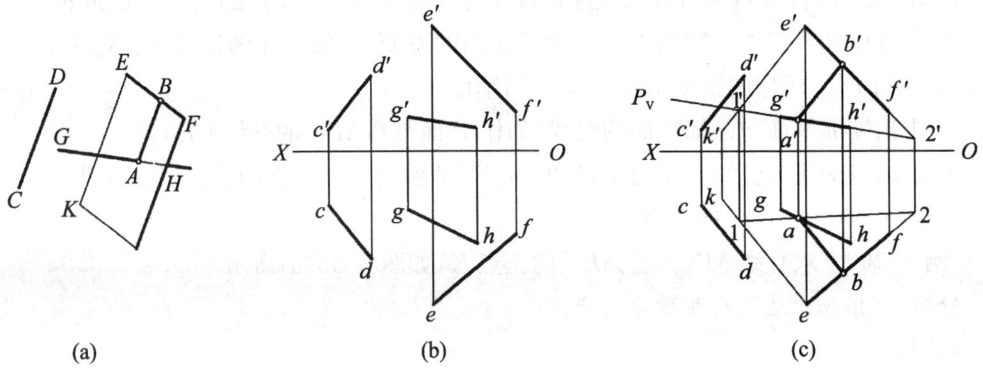

图 3-47 作一直线 AB 与已知直线 CD 平行与 EF、GH 两直线相交

作图:如图 3-47(c)所示。

① 过EF作一平面平行CD。如图所示作$EK /\!/ CD$,则KEF即为所作平面。

② 求平面KEF和GH的交点A。在此作辅助正垂面P求出GH与KEF平面的交点A。

③ 过点 A 作 $AB /\!/ CD$，则 AB 即为所求的直线。

（3）利用辅助平面法求交线

两平面相交有两种情况：一种是一个平面全部穿过另一个平面成为全交，如图 3-48(a)所示。另一种是两个平面的边互相穿过称为互交，如图 3-48(b)所示。如将图 3-48(a)中的△ABC 向右平行移动，即为图 3-48(b)所示的互交的请况。这两种相交情况的实质是相同的，因此求解方法也相同。仅由于平面图形有一定范围，因此相交部分也有一定范围。

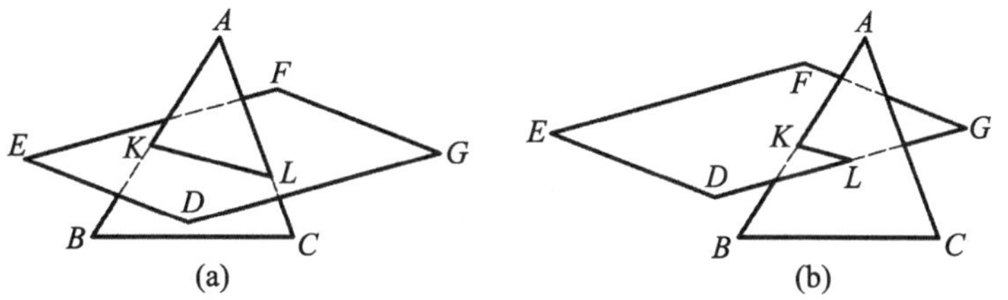

图 3-48　两平面相交的两种情况

[**例 3-22**]　△ABC 与▱$DEFG$ 的交线 KL，如图 3-49(a)所示。

分析：选取△ABC 的两条边 AC 和 BC，分别作出它们与▱$DEFG$ 的交点，连接后即为所求的交线。

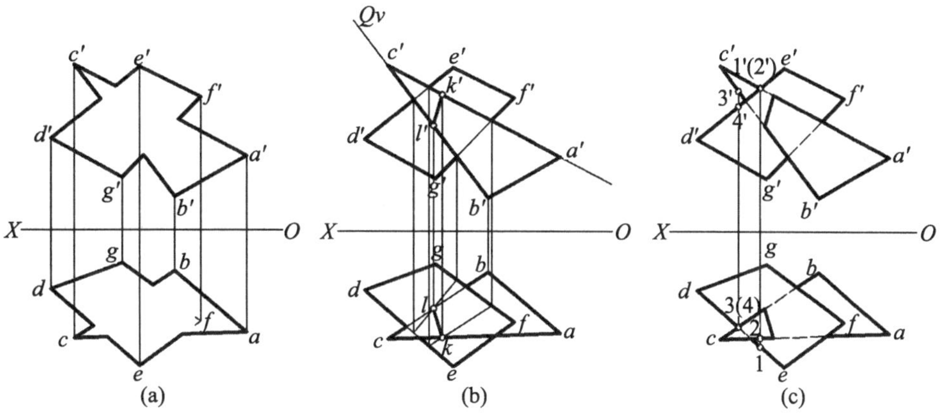

图 3-49　求两倾斜面的交线

作图：

① 利用辅助平面（此处为正垂面）分别求出直线 AC，BC 与▱$DEFG$ 的交点 $K(k,\ k')$ 和 $L(l,\ l')$，如图 3-49(b)所示。

② 连接 kl 和 $k'l'$ 即为所求交线 KL 的两面投影，如图 3-49(b)所示。

③ 判断可见性，完成作图，如图 3-49(c)所示。

3.4.4　垂直问题

垂直是相交的特殊情况。也有直线与直线垂直、直线与平面垂直、平面与平面垂直三个问题。

1. 直线与直线垂直

两直线夹角的投影一般不等于原角。但当角的两边同时为某投影面平行线时,它在该投影面上的投影等于原角。对于直角除了满足上述性质外,只要有一直角边平行于某一投影面,则它在该投影面上的投影还是直角,即当相交两直线互相垂直(即成直角),且其中一条直线为投影面平行线,则两直线在该投影面上的投影必定互相垂直(即成直角)。此投影特性也称直角投影定理。

如图 3-50 所示,$AB \perp BC$,其中 $AB /\!/ H$ 面,BC 倾斜于 H 面。因 $AB \perp Bb$,$AB \perp BC$,则 $AB \perp BbcC$ 平面,因 $ab /\!/ AB$,所以 $ab \perp BbcC$ 平面,因此 $ab \perp bc$,即$\angle abc = \angle ABC = 90°$。

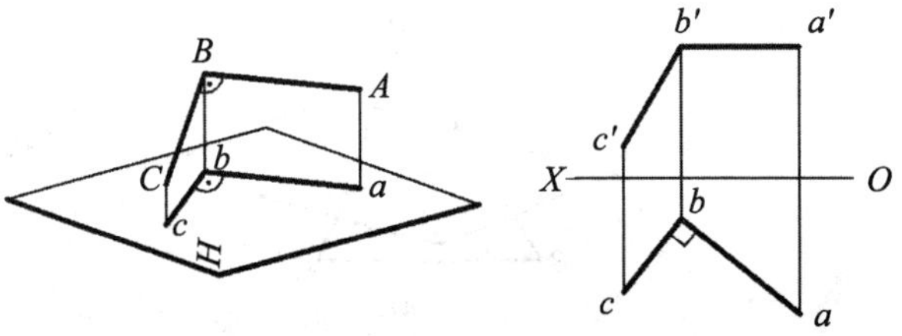

图 3-50　一直线平行投影面的垂直相交两直线的投影

反之,若相交两直线在某一投影面上的投影成直角,且其中有一条直线平行于该投影面,两直线在空间必定成直角。根据直角投影的特性,可以解决投影图中有关垂直的问题,以及点到直线的距离等问题。

可以看出,当两直线是交叉垂直(即两直线垂直但不相交)时,也符合上述投影特性。如图 3-50 中的水平线 AB 平行上移时,ab 与 cd 仍互相垂直。

[**例 3-23**]　试判别图 3-51 所示的各对相交直线中何者成直角。

分析:

(1) (a)图中因相交两直线 AB,BC 中 AB 是正平线,且在正面投影上 $a'b'$ 与 $b'c'$ 也相交成直角,因此 AB 垂直 BC。

(2) (b)图中虽然直线 AB 和 BC 其投影 $ab \perp bc$,$a'b' \perp b'c'$,但直线 AB 和 BC 相对于投影面都是一般位置直线,因此 AB 不垂直于 BC。

(3) (c)图中虽然直线 AB 是水平线,但在投影图上直角是在正面投影上反映的,因此 AB 不垂直于 BC。

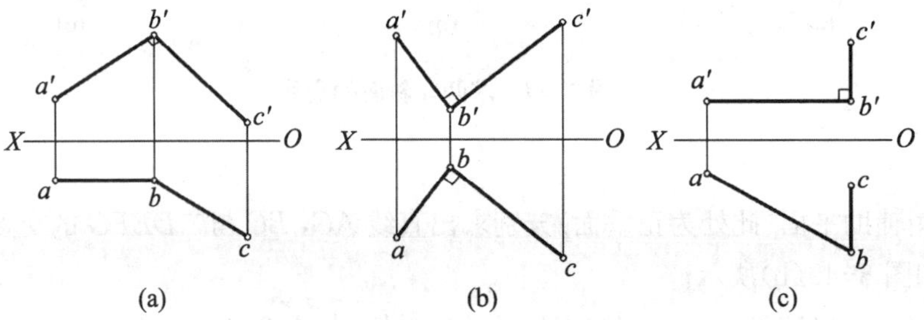

图 3-51　判别相交两直线是否成直角

[**例 3-24**]　求出 AB, CD 两直线的公垂线,如图 3-52 所示。

分析:直线 AB 是铅垂线,CD 是一般位置直线,所以它们的公垂线是一条水平线。

作图:

(1) 由直线 AB 的水平投影 $a(b)$向 cd 作垂线交于 k,由此求出 k'。

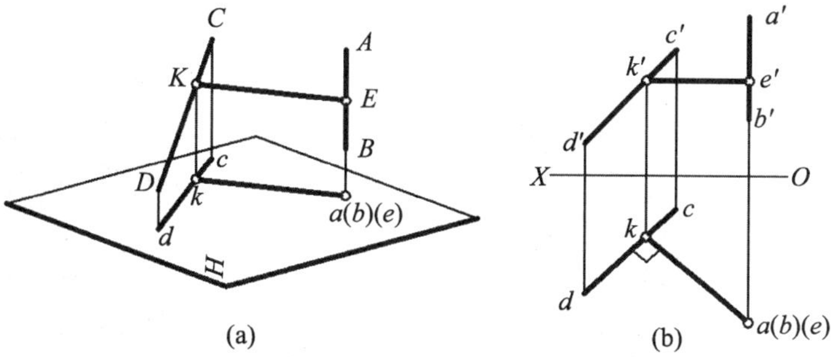

图 3-52　求 *AB*，*CD* 的公垂线

（2）由 k' 向 $a'b'$ 作垂线交于 e'，$e'k'$ 和 ek 即为公垂线 EK 的两投影。

［**例 3-25**］　已知菱形 $ABCD$ 的一条对角线 AC 为正平线，菱形的一条边 AB 位于直线 AM 上，求该菱形的投影，如图 3-53(a)所示。

分析：菱形的两对角线互相垂直，且其交点平分对角线的线段长度。

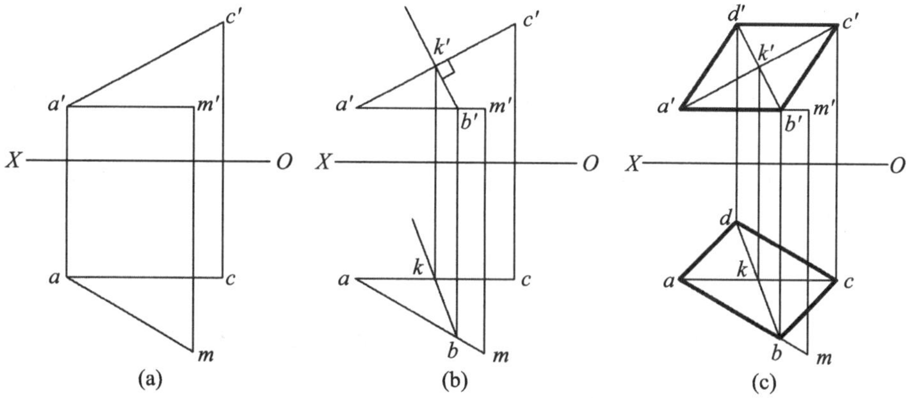

图 3-53　求菱形 *ABCD* 的投影

作图：

（1）在对角线 AC 上取中点 K，即使 $a'k'=k'c'$，$ak=kc$。点 K 也必定为另一对角线的中点。

（2）AC 是正平线，故另一对角线的正面投影必定垂直 AC 的正面投影 $a'c'$。因此过 k' 作 $k'b'\perp a'c'$，并与 $a'm'$ 交于 b' 由 $k'b'$ 求出 kb，如图 3-53(b)所示。

（3）在对角线 KB 的延长线上取一点 D，使 $KD=KB$，即 $k'd'=k'b'$，$kd=kb$，则 $b'd'$ 和 bd 即为另一对角线的投影，连接各点即为菱形 $ABCD$ 的投影，如图 3-53(c)所示。

2. 直线与平面垂直

若一直线与平面垂直，则此直线必垂直于平面内的所有直线（过垂足或不过垂足）。反之，若一直线垂直于平面内的任意两条相交直线，则此直线垂直于该平面。

如图 3-54 所示，直线 MK 垂直平面 $\triangle ABC$，其垂足为 K，如过点 K 作一水平线 AD，则 $MK\perp AD$，根据直角投影原理，则 $mk\perp ad$，再过点 K 作一正平线 EF，则 $MK\perp EF$，同理可得

$m'k' \perp e'f'$。

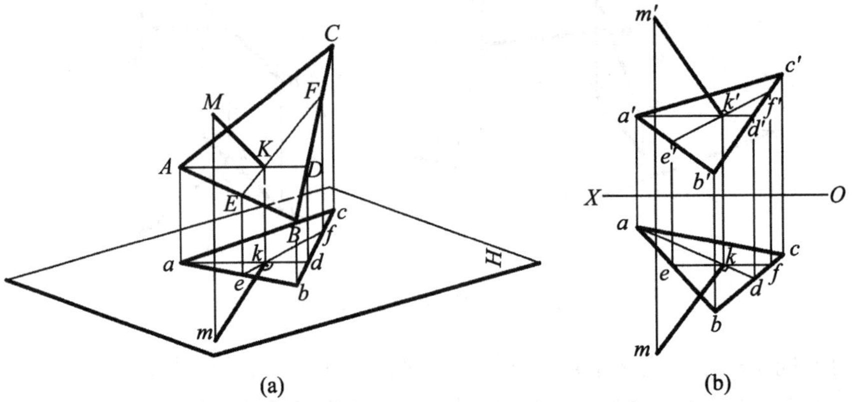

图 3-54　直线与平面垂直

由此可知：若一直线垂直于一平面则其投影图具有以下的投影特性：

(1) 该直线的正面投影垂直于平面内正平线的正面投影。

(2) 该直线的水平投影垂直于平面内水平线的水平投影。

反之，若一直线的正面投影和水平投影分别垂直于平面内正平线的正面投影和水平投影，则此直线一定垂直该平面。

［**例 3-26**］　过点 K 作一直线垂直于△ABC，并求出垂足 L，如图 3-55 所示。

分析：要作一个平面的垂线，可先在平面内作一条水平线和一条正平线，然后分别在水平投影和正面投影上作水平线和正平线的垂直线。

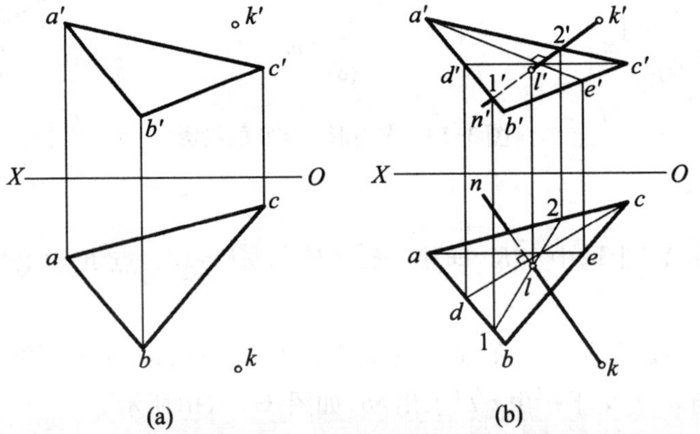

图 3-55　过点作已知平面的垂线并求垂足

作图：

(1) 过 c' 作平面内的水平线的正面投影 $c'd'$，过 a 作平面内的正平线的水平投影 ae。

(2) 求出水平线的水平投影 cd 和正平线的正面投影 $a'e'$。

(3) 根据直角投影特性作出平面的垂线的正面投影和水平投影。

(4) 最后用直线与平面求交点的方法求出垂足 L 的正面投影 l' 和水平投影 l。

［**例 3-27**］ 求点 C 到直线 AB 的距离，如图 3-56(b)所示。

分析：如图 3-56(a)所示，从点 C 作直线 AB 的垂线，并求出垂足 K，CK 的实长即为点 C 到直线 AB 的距离。为了求出点 K，可过点 C 作一平面 P 垂直已知直线 AB，再求出 AB 与 P 的交点即为垂足 K。

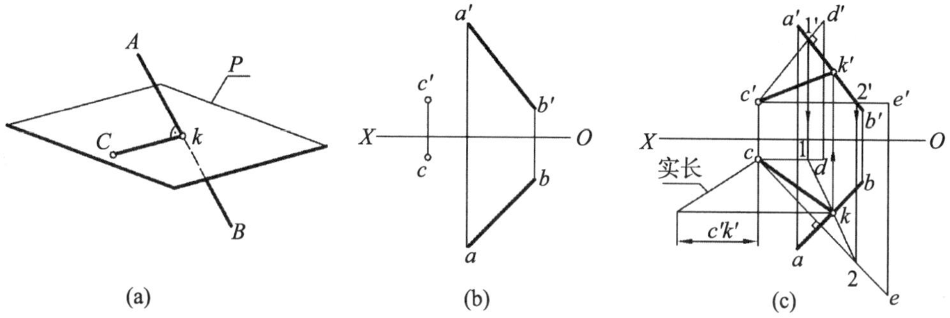

图 3-56 求点到直线的距离

作图：如图 3-56(c)所示。

(1) 过点 C 作正平线 CD，使 $c'd' \perp a'b'$，再过点 C 作水平线 CE，使 $ce \perp ab$，则 CD 和 CE 两直线组成的平面 $P(DCE)$一定垂直 AB。

(2) 求出 AB 和平面 $P(DCE)$的交点 $K(k, k')$。

(3) 连线 ck，$c'k'$即为 CK 的两投影。再用直角三角形法求出其实长，即为点 C 到直线 AB 的距离。

3. 平面与平面垂直

若直线与一平面垂直，则包含此直线的所有平面都垂直于该平面。反之，如两平面互相垂直，则从第一平面上的任意一点向第二平面所作的垂线，必定在第一平面内。由此可见，直线与平面垂直的问题是解决平面与平面垂直问题的基础。

如图 3-57 所示，由于直线 AK 垂直 P 面，则包含 AK 的 Q 面和 R 面都垂直 P 面。如在 Q 面上取一点 B 向 P 面作垂线 BE，则 BE 一定在 Q 面内。

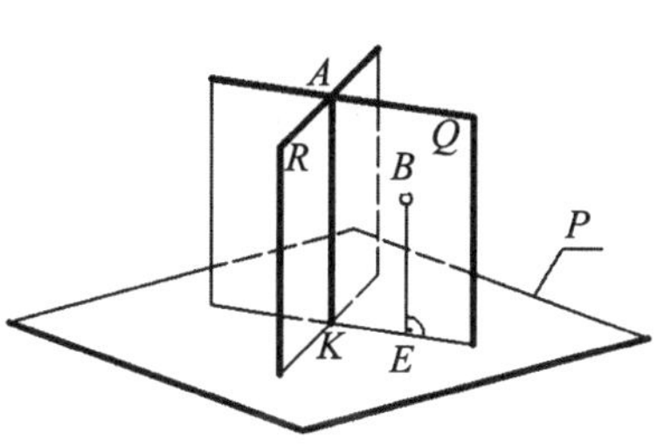

图 3-57 两平面垂直

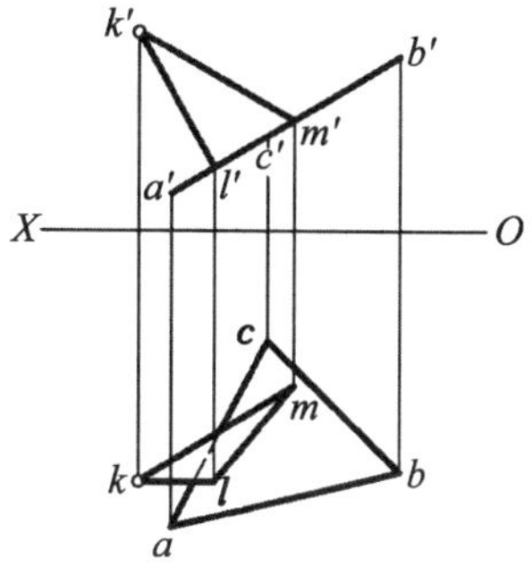

图 3-58 过已知点作平面垂直正垂面

［**例 3-28**］ 已知正垂面△ABC 和点 K，要求过点 K 作一平面垂直△ABC，如图 3-58 所示。

分析：只要过点 K 作直线垂直△ABC，则包含该直线的所有平面都垂直△ABC。

作图：由于△ABC 为正垂面，则过点 K 所作的△ABC 的垂线 KL 必定为正平线，其正面投影 $k'l'$⊥△$a'b'c'$，水平投影 kl//X 轴，再过点 K 作任意直线 KM，则 KM、KL 两相交直线所决定的平面一定垂直△ABC。由于 KM 是任取的，因此过点 K 可作无数个平面垂直△ABC。

［**例 3-29**］ 过点 K 作一平面垂直于已知平面△ABC，如图 3-59 所示。

分析：平面△ABC 是一个一般位置平面，要作平面△ABC 的垂线，必须先在平面△ABC 内作一条水平线和正平线，再过点 K 作直线垂直平面△ABC，则包含该直线的所有平面都垂直平面△ABC。也可过点 K 作一个由水平线和正平线所组成的平面垂直于平面△ABC 内的任一条直线。

作图：

方法一：如图 3-59(a)所示。

(1) 在△ABC 中作水平线和正平线，并求出其投影。

(2) 过 k' 作直线 KL 的正面投影 $k'l'$ 垂直于正平线的正面投影。

(3) 过 k 作直线 KL 的水平投影 kl 垂直于水平线的水平投影。

(4) 包含直线 KL 所作的任一平面均为所求。所以本题有无穷多解。

方法二：如图 3-59(b)所示。

(1) 在△ABC 平面上任取一直线 AC。

(2) 过点 K 作一由水平线和正平线组成的平面垂直于 AC。

(3) 所作的过点 K 的平面为所求垂直于△ABC 的平面。

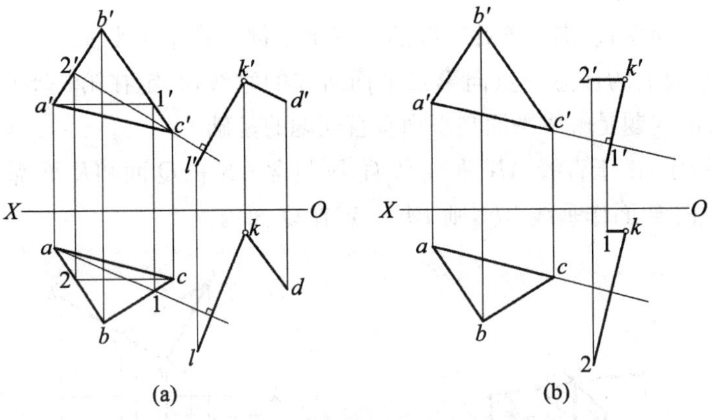

图 3-59 过点作平面垂直于已知平面

由于 AC 为已知平面内任一直线，故用方法二也可以作出无穷多个解。

3.5 变换投影面法

H, V, W 面称为基本投影面，为了使空间几何元素处于有利于解题的位置，常另设置一个投影面以替换某一基本投影面。如图 3-60(a)所示，为一处于铅垂位置的三角形平面在 V/H 体系中不反映实形，现作一与 H 面垂直的新投影面 V_1 平行于三角形平面，组成新的投影面体系 V_1/H，再将三角形平面向 V_1 面进行投影，这时三角形在 V_1 面上的投影反映该平面的实形。这种使几何元素保持不动，而改变投影面的位置，使新的投影面与几何元素处于有利于解题的位置的方法称为换面法。

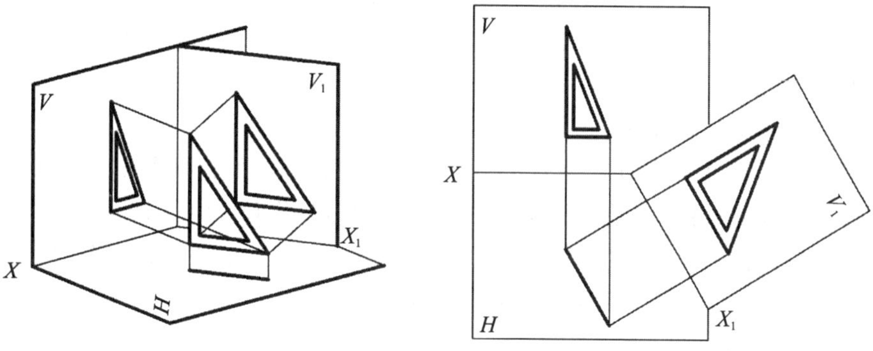

(a) (b)

图 3-60 换面法

3.5.1 点的一次变换

点是最基本的几何元素，因此必须首先研究点的变换规律。

如图 3-61(a)所示，点 A 在 V/H 体系中，它的两个投影为 a'，a，若用一个与 H 面垂直的新投影面 V_1 代替 V 面（V_1，H_1 表示变换一次后的新投影面，用相应投影符号加下标 1 来表示变换一次后的新投影），建立新的 V_1/H 体系，V_1 面与 H 面的交线称为新投影轴，以 X_1 表示。由于 H 面为不变投影面，所以点 A 的水平投影 a 的位置不变，称之为不变投影。而点 A 在 V_1 面上的投影为新投影 a_1'。由图可以看出，点 A 的各个投影 a，a'，a_1' 之间的关系如下：

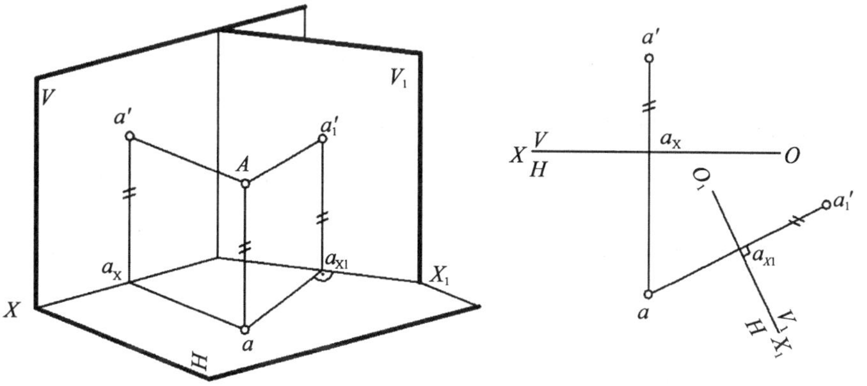

(a) (b)

图 3-61 点的一次变换(变换 V 面)

(1) 在新投影体系中,不变投影 a 和新投影 a'_1 的连线垂直于新投影轴 X_1 即 $aa'_1 \perp X_1$ 轴。如图 3-61(b)所示。

(2) 新投影 a'_1 到新投影轴 X_1 的距离,等于原来(即被代替的)投影 a' 到原来(即被代替的)投影轴 X 的距离。即点 A 的 z 坐标在变换 V 面时是不变的,$a'_1 a_{x1} = a' a_x = Aa = z_A$。

根据上述投影之间关系,点的一次变换的作图步骤如下,如图 3-61(b)所示:

(1) 根据实际需要,在图上适当的位置作出新投影轴 X_1。以 V_1 面代替 V 面形成 V_1/H 体系(X_1 与 a 点的距离以及 X_1 轴的倾斜位置与 V_1 面对空间几何元素的相对位置有关,可根据作图需要确定)。

(2) 过点 a 作新投影轴 X_1 的垂线,得交点 a_{x1}。

(3) 在垂线 $a\,a_{x1}$ 上截取 $a'_1 a_{x1} = a' a_x$,即得点 A 在 V_1 面上的新投影 a'_1。

如图 3-62 所示,用一个垂直于 V 面的新投影面 H_1 代替 H 面,即用新的投影面体系 V/H_1 代替 V/H 体系;则点 B 在 V/H 体系中的投影为 b', b,在 V/H_1 体系中的投影为 b', b_1,同理,点 B 的各个投影 b, b', b_1 之间的关系如下:

(1) $b_1\, b' \perp X_1$ 轴。

(2) $b_1\, b_{x1} = bb_x = Bb' = y_B$。

其作图步骤与变换 V 面时相类似。

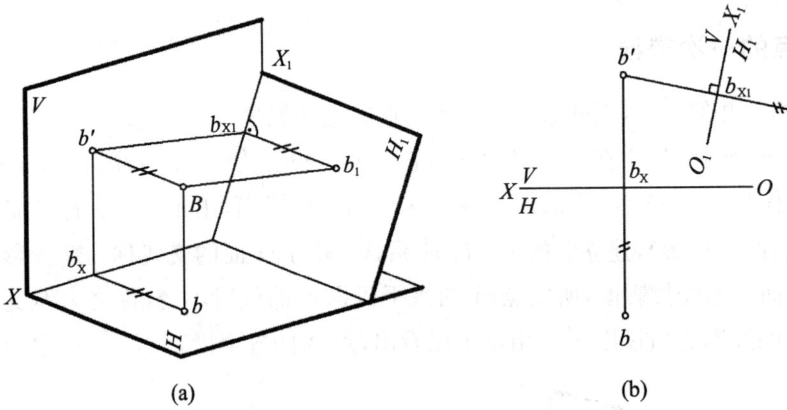

图 3-62　点的一次变换(变换 H 面)

综上所述,点的换面法的基本规律可归纳如下:

(1) 不论在新的或原来的(即被代替的)投影面体系中,点的两面投影的连线垂直于相应的投影轴。

(2) 点的新投影到新投影轴的距离等于原来的投影到原来的投影轴的距离。

3.5.2　点的二次变换

由于新的投影面必须垂直于原来体系中的一个投影面,因此在解题时,有时变换一次还不能解决问题,而必须变换二次或多次。这种变换二次或多次投影面的方法称为二次变换或多次变换。

在进行二次或多次变换时,由于新投影面的选择必须符合上述两个条件。因此不能同时变换两个投影面，而必须变换一个投影面后，在新的两投影面体系中再变换另一个还未被代替的那个投影面。

二次变换的作图方法与一次变换的完全相同，只是将作图过程重复一次而已。如图3-63所示为点的二次变换，其作图步骤如下：

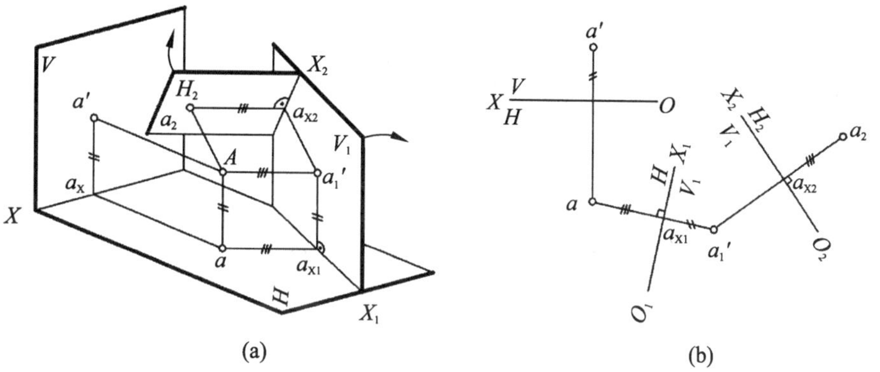

图3-63 点的二次变换

(1) 先变换一次，以 V_1 面代替 V 面，组成新的体系 V_1/H，作出新投影 a'_1。

(2) 在 V_1/H 体系基础上，再变换一次，这时如果仍变换 V_1 面就没有实际意义了，因此第二次变换应变换前一次变换中还没被代替的那个投影面，即以 H_2 面来代替 H 面组成第二个新体系 V_1/H_2，这时 $a'_1a_2 \perp X_2$ 轴，$a_2a_{X2}=aa_{X1}$。由此作出新投影 a_2（V_2，H_2 表示变换二次后的新投影面，X_2 表示变换二次后的新投影轴，投影符号也是在相应的符号下面加下标 2 表示变换二次后的新投影）。

二次变换投影面时，也可先变换 H 面，再变换 V 面，即由 V/H 体系先变换成 V/H_1 体系，再变换成 V_2/H_1 体系。变换投影面的先后次序应根据图中情况和实际需要而定。

同理，点还可以进行多次变换投影面，作图方法同上。

3.5.3 换面法中的六个基本问题

1. 将投影面的倾斜线变换成投影面的平行线

如图 3-64(a)所示，直线 AB 为一投影面倾斜线，如要变换为正平线，则必须变换 V 面使新投影面 V_1 面平行 AB，这样 AB 在 V_1 面上的投影 $a'_1b'_1$ 将反映 AB 的实长，$a'_1b'_1$ 与 X_1 轴的夹角反映直线对 H 面的倾角 α。作图步骤如下：

(1) 作新投影轴 $X_1 /\!/ ab$。

(2) 分别由 a，b 两点作 X_1 轴的垂线，与 X_1 轴交于 a_{X1}，b_{X1}，然后在垂线上量取 $a'_1a_{X1}=a'a_X$，$b'_1b_{X1}=b'b_X$，得到新投影 a'_1，b'_1。

(3) 连接 a'_1，b'_1 两点，得到直线的新投影 $a'_1b'_1$，它反映直线 AB 的实长，与 X_1 轴的夹角反映 AB 对 H 面的倾角 α。

如果要求出 AB 对 V 面的倾角 β，则要以新投影面 H_1 平行 AB，作图时以 X_1 轴 $/\!/ a'b'$，如图 3-65 所示。

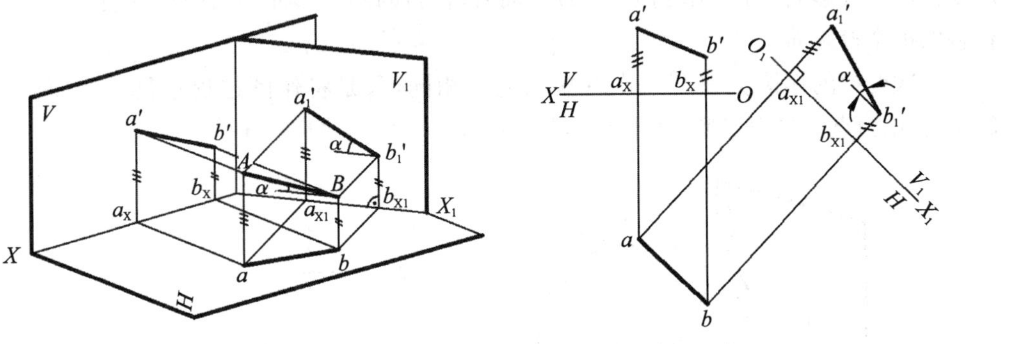

(a) (b)

图 3-64　倾斜线变换成平行线（求 α 角）

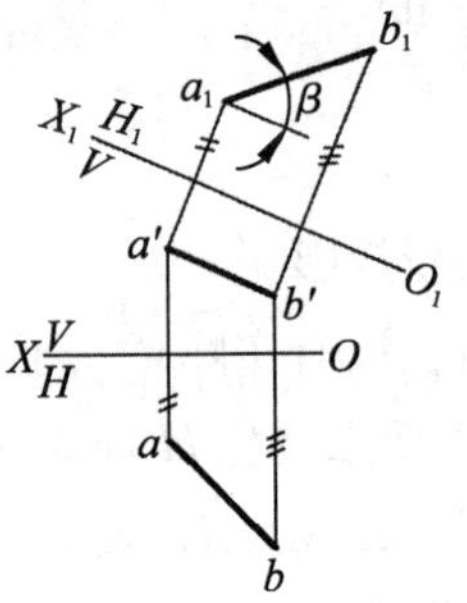

图 3-65　倾斜线变换成平行线（求 β 角）

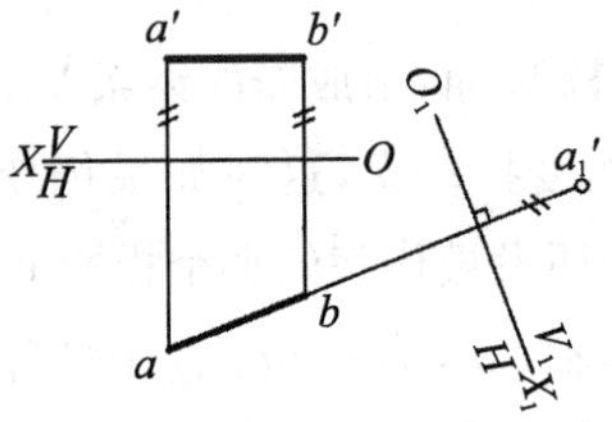

图 3-66　平行线变换成垂直线

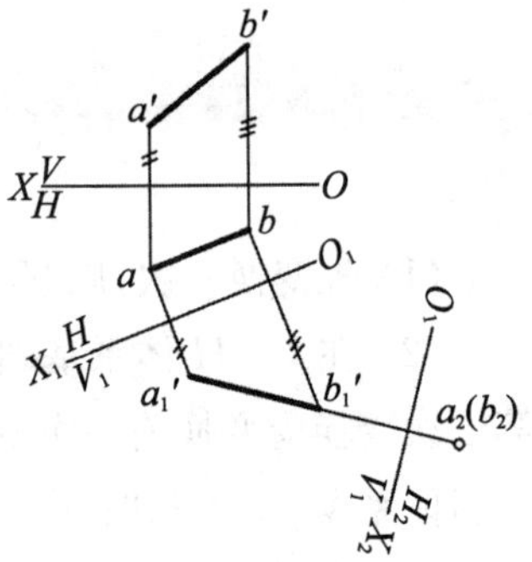

图 3-67　倾斜线变换成垂直线

2. 将投影面的平行线变换成投影面的垂直线

如图 3-66 所示，直线 AB 为一水平线，要变换成投影面的垂直线。根据投影面垂直线的投影特性，反映实长的投影必定为不变投影，只要变换正面投影即可成为投影面的垂直线。即作新投影面 V_1 垂直 AB，作图时作 X_1 轴 $\perp ab$，则 AB 在 V_1 面上的投影积聚为一点 $a_1'(b_1')$。

3. 将投影面的倾斜线变换成投影面的垂直线

由上述基本问题可知，要将投影面的倾斜线变换成投影面的垂直线，必须要经过二次变换，第一次将投影面倾斜线变换成投影面平行线，第二次将投影面平行线变换成投影面垂直线。如图 3-67 所示，直线 AB 为一投影面倾斜线，如先变换 V 面，使 V_1 面 $/\!/ AB$，则 AB 在 V_1/H 体系中为投影面平行线，再变换 H 面，作 H_2 面 $\perp AB$，则 AB 在 V_1/H_2 体系中为投影面垂直线。其具体作图步骤如下：

(1) 先作 X_1 轴 $/\!/ ab$，求得 AB 在 V_1 面上的新投影 $a_1'b_1'$。

(2) 再作 X_2 轴 $\perp a_1'b_1'$，得出 AB 在 H_2 面上的投影 $a_2(b_2)$，这时 a_2 与 b_2 的积聚为一点。

4. 将投影面倾斜面变换成投影面垂直面

将投影面倾斜面（一般位置平面）变换成投影面垂直面时，新投影面既要垂直于一般位置平面，又要垂直于基本投影面。为了满足上述条件，只要把一般位置平面内一条投影面的平行线变成投影面的垂直线即可。如图 3-68 所示，△ABC 为投影面倾斜面，如要变换成正垂面，必须取新投影面 V_1 代替 V 面，V_1 面既垂直△ABC，又垂直 H 面，为此可在三角形上先作一水平线，然后作 V_1 面与该水平线垂直，则它也一定垂直 H 面，其作图步骤如下：

（1）在△ABC 上作水平线 CD，其投影为 $c'd'$ 和 cd。

（2）作 X_1 轴⊥cd。

（3）作△ABC 在 V_1 面上的投影 $a_1'b_1'c_1'$，而 $a_1'b_1'c_1'$ 积聚为一直线，它与 X_1 轴的夹角即反映△ABC 对 H 面的倾角 α_1。

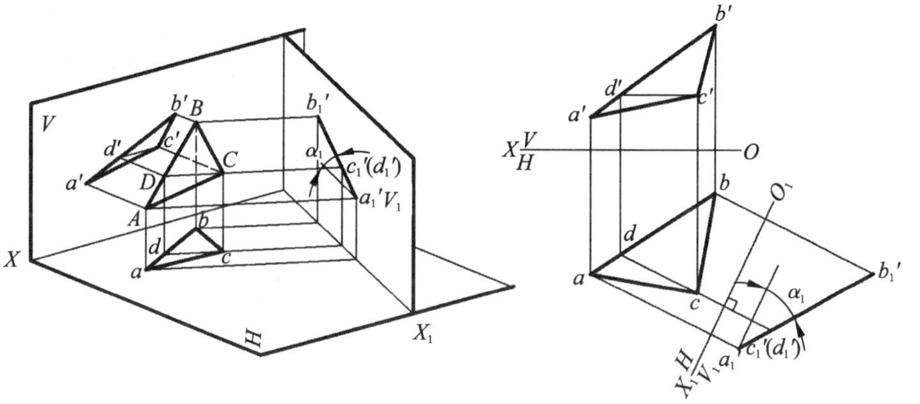

(a)　　(b)

图 3-68　倾斜面变换成垂直面(求 α_1 角)

如果要求△ABC 对 V 面的倾角 β_1，可在此平面上取一正平线 AE，作 H_1 面垂直 AE，则△ABC 在 H_1 面上的投影为一直线，它与 X_1 轴的夹角反映该平面对 V 面的倾角 β_1。具体作图如图 3-69 所示。

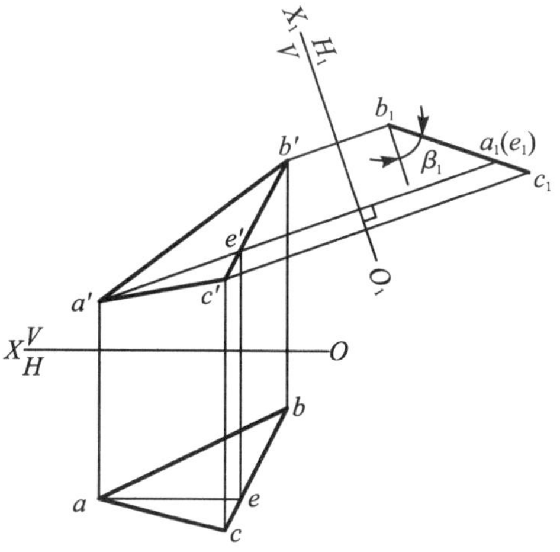

图 3-69　倾斜面变换成垂直面(求 β_1 角)

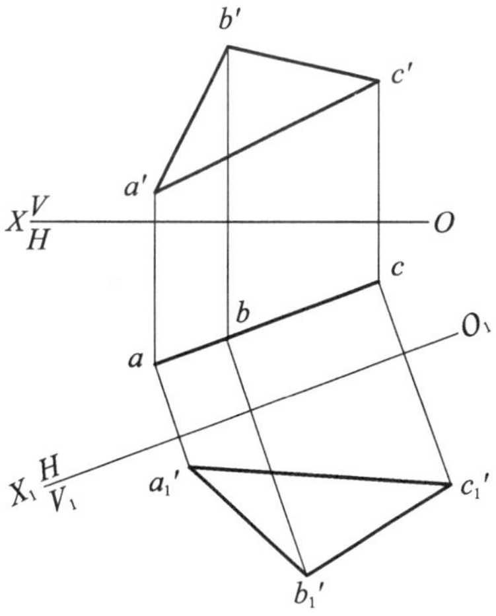

图 3-70　垂直面变换成平行面

5. 将投影面垂直面变换成投影面平行面

将投影面垂直面变换成投影面平行面，只要取新投影面平行于垂直面即可。如图 3-70 所示，平面△ABC 为一铅垂面，要求变换成投影面平行面。根据投影面平行面的投影特性，积聚为一直线的投影必定为不变投影，因此必须变换 V 面，使新投影面 V_1 平行△ABC。作图时取 X_1 轴//△abc，则△ABC 在 V_1 面上的投影△$a'_1b'_1c'_1$ 反映实形。

6. 将投影面倾斜面变换成投影面平行面

由前面两种变换可知，将倾斜面变换成投影面平行面必须经过二次变换，即第一次将投影面倾斜面变换成投影面垂直面，第二次将投影面垂直面变换成投影面平行面。如图 3-71 所示，△ABC 平面是一般位置平面要将其变换成投影面平行面，应先将△ABC 变换成垂直于 H_1 面，然后再进行变换使△ABC 平行 V_2 面。具体作图如下：

(1) 在△ABC 上取正平线 AE，作新投影面 $H_1 \perp AE$，即作 X_1 轴 $\perp a'e'$，然后作出△ABC 在 H_1 面上的新投影△$a_1b_1c_1$，它积聚成一直线。

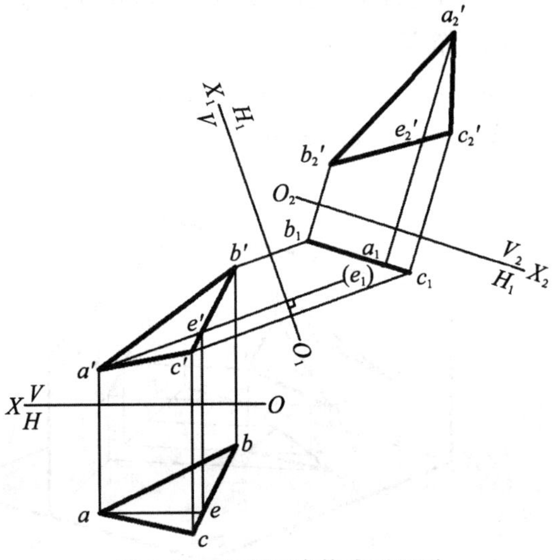

图 3-71　倾斜面变换成平行面

(2) 作新投影面 V_2 平行△ABC，即作 X_2 轴//△$a_1b_1c_1$，然后作出△ABC 在 V_2 面上的新投影△$a'_2b'_2c'_2$。△$a'_2b'_2c'_2$ 反映△ABC 的实形。

3.5.4　换面法的应用举例

［**例 3-30**］　求点 C 到直线 AB 的距离，如图 3-72 所示。

分析：点到直线的距离就是点到直线的垂线实长。如图 3-72(a)所示，为了便于作图，可先将直线 AB 变换成投影面平行线，然后利用直角投影定理从点 C 向 AB 作垂线，得垂足 K，再求出 CK 实长。也可将直线 AB 变换成投影面的垂直线，点 C 到 AB 的垂线 CK 为投影面平行线，在投影图上即反映实长。

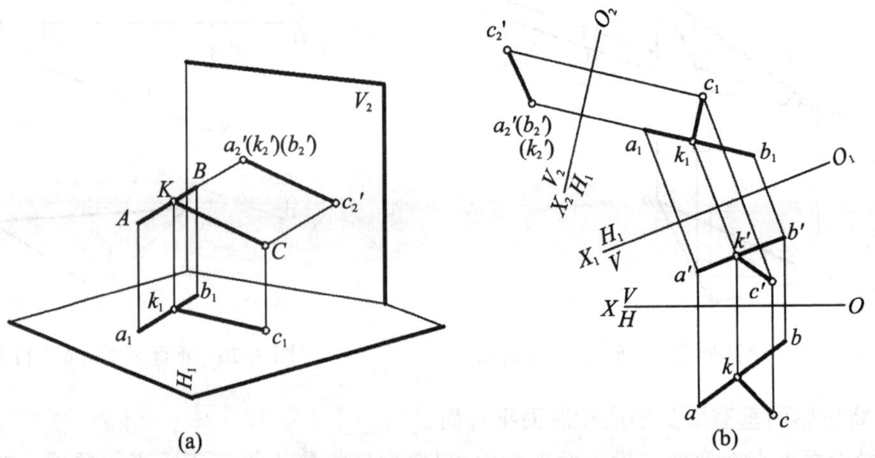

图 3-72　求点到直线的距离

作图：如图 3-72(b)所示。

(1) 先将直线 AB 变换成 H_1 面的平行线。点 C 在 H_1 面上的投影为 c_1。

(2) 再将直线 AB 变换成 V_2 面的垂直线，AB 在 V_2 面上的投影积聚为 $a_2'(b_2')$，点 C 在 V_2 面上投影为 c_2'。

(3) 过 c_1 作 $c_1k_1 \perp a_1b_1$，即 $c_1k_1 /\!/ X_2$ 轴得 k_1，k_2' 与 $a_2'(b_2')$ 积聚，连接 c_2'，k_2'，$c_2'k_2'$ 即反映点 C 到 AB 直线的距离。

如要求出 CK 在 V/H 体系中的投影 $c'k'$ 和 ck，可根据 $c_2'k_2'$，c_1k_1 返回作出。

［**例 3-31**］ 求侧平线 MN 与 $\triangle ABC$ 的交点 K，如图 3-73 所示。

分析：由于图示位置的 MN 为侧平线，因此用辅助平面法求交点时，辅助平面与 $\triangle ABC$ 的交线的两个投影与 MN 的两个同面投影均重影，因此其交点不能直接作出。如用换面法，先将 $\triangle ABC$ 变换为投影面垂直面，然后利用积聚性即可求出其交点。

作图：

(1) 将 $\triangle ABC$ 变换为 H_1 面的垂直面(亦可变换为 V_1 面的垂直面)，它在 H_1 面上的投影为 $\triangle a_1b_1c_1$。

(2) 将 MN 同时进行变换，它在 H_1 面上的投影为 m_1n_1。

(3) 由于 $\triangle a_1b_1c_1$ 具有积聚性，因此 m_1n_1 与 $\triangle a_1b_1c_1$ 的交点 k_1 即为 MN 与 $\triangle ABC$ 的交点 K 在 H_1 面上的投影。

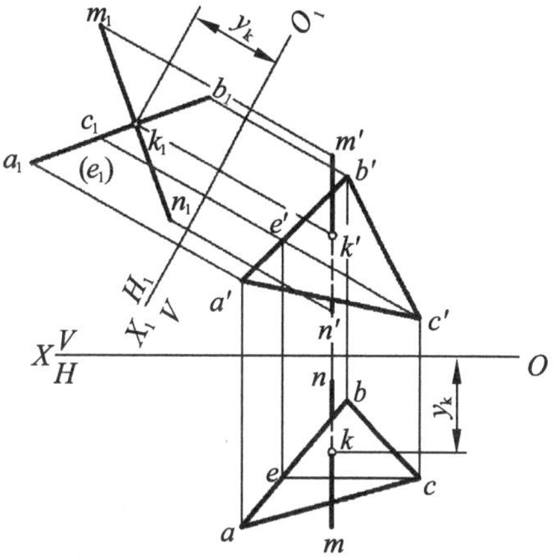

图 3-73 求侧平线与倾斜面的交点

(4) 由 k_1 求出正面投影 k'，再利用坐标 y_k 求出水平投影 k。k，k' 即为交点 K 在 V/H 体系中的投影。

［**例 3-32**］ 求交叉两直线 AB、CD 间的距离，如图 3-74 所示。

分析：两交叉直线间的距离即为他们之间公垂线的长度。如图 3-74(a)所示，若将两交叉直线之一(如 AB)变换成投影面垂直线，则公垂线 KM 必平行与新投影面，在该投影面上的投影能反映实长，而且与另一直线在新投影面上的投影互相垂直。

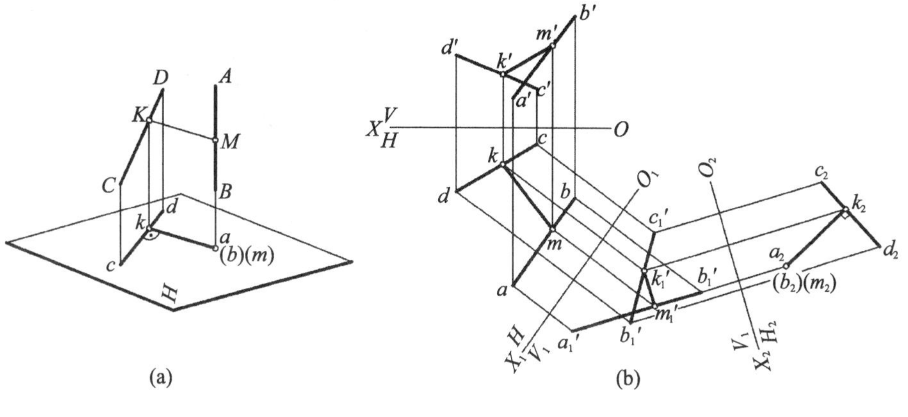

图 3-74 求两交叉直线间的距离

作图:如图 3-74(b)所示。

(1) 将 AB 经过二次变换成为垂直线,其在 H_2 面上的投影积聚为 $a_2(b_2)$。直线 CD 也随之变换,在 H_2 面上的投影为 c_2d_2。

(2) 从 $a_2(b_2)$ 作 $m_2k_2 \perp c_2d_2$,m_2k_2 即为公垂线 MK 在 H_2 面上的投影,它反映 AB,CD 之间的距离的实长。

如果要求出 MK 在 V/H 体系中的投影 mk,$m'k'$,可根据 m_2k_2,$m_1'k_1'$ 返回作出。

[**例 3-33**] 求如图 3-75 中两平面的夹角 θ。

分析:两平面的夹角是用二面角的平面角来度量的。平面角为两平面同时与第三平面垂直相交时两交线所夹的角度。

要使两平面同时垂直于投影面,必须使它们的交线成为投影面垂直线。一般说来,要经过两次换面才行,但由于图 3-75 中两平面的交线 KL 为正平线,故只需变换一次。

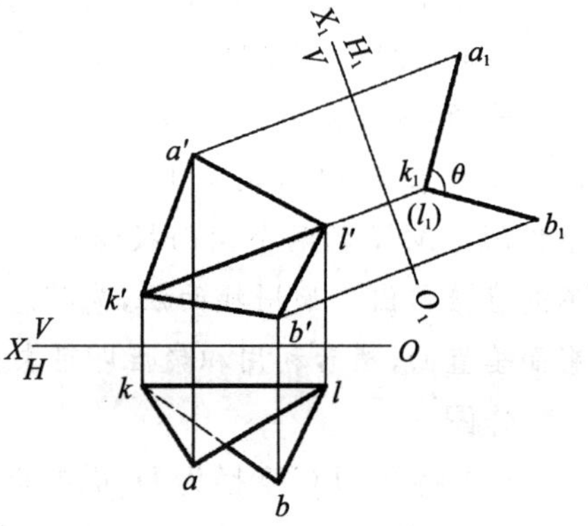

图 3-75 求两平面的夹角

作图:

(1) 作新投影轴 O_1X_1 垂直 $k'l'$。

(2) 在新投影面上作出两平面的新投影 $a_1k_1(l_1)$ 和 $b_1k_1(l_1)$,此两直线的夹角 θ 即为所求。

[**例 3-34**] 求变形接头两侧面 $ABCD$ 和 $ABFE$ 之间的夹角,如图 3-76 所示。

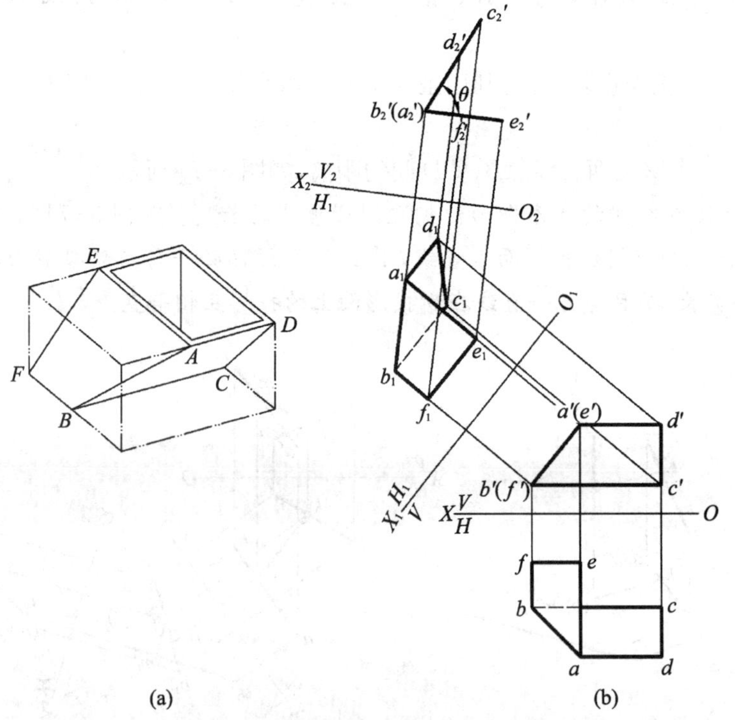

图 3-76 求变形接头两侧面间的夹角

分析：由前面的分析可知，当两平面的交线垂直于投影面时，则平面在该投影面上的投影为两相交直线，它们之间的夹角即反映两平面间的夹角。

作图：如图 3-76(b)所示。

(1) 将平面 $ABCD$ 与 $ABFE$ 的交线 AB 经过二次变换成对 V_2 面的垂直线。

(2) 平面 $ABCD$ 和 $ABFE$ 在 V_2 面上的投影分别积聚为直线段 $a'_2b'_2c'_2d'_2$ 和 $a'_2b'_2f'_2e'_2$。

(3) $\angle e'_2a'_2c'_2$ 即反映变形接头两侧面间的夹角 θ。

第4章 曲线与曲面

4.1 曲线的投影

4.1.1 曲线的形成

曲线可认为是一动点连续运动的轨迹,如图 4-1(a)所示。也可认为是平面与曲面或两曲面相交而形成,如图 4-1(b)所示。

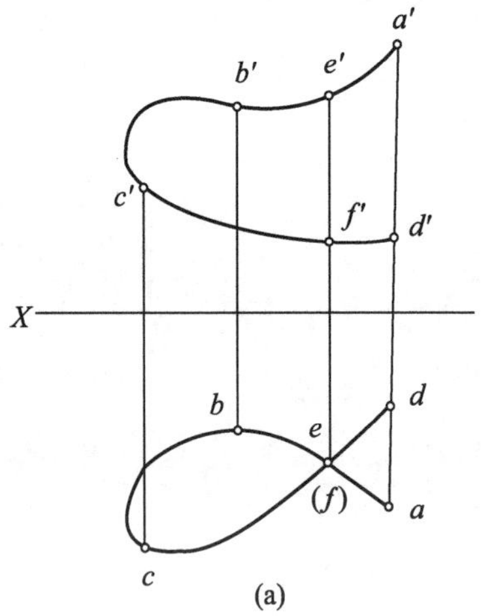

(a)

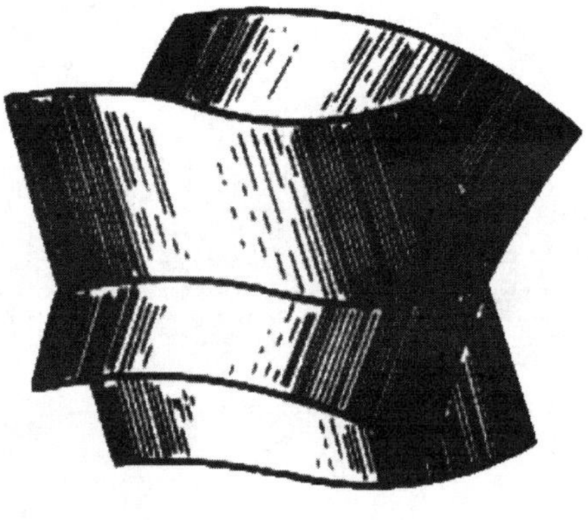

(b)

图 4-1 曲线的形成

4.1.2 曲线的分类

曲线一般可分为:

- 曲线
  - 平面曲线
    - 规则曲线(如圆、椭圆、抛物线、双曲线、渐开线、摆线等)
    - 不规则曲线(任意平面曲线)
  - 空间曲线
    - 规则曲线(如螺旋线)
    - 不规则曲线

所谓平面曲线是指曲线所有的点都在同一平面上内；空间曲线则是曲线上任意连续四个点不在同一平面内。

4.1.3 曲线投影的一般性质

(1) 平面曲线的投影在一般情况下仍为平面曲线，曲线上点的投影必定在平面曲线的同面投影上。如图 4-2(a)所示平面曲线 K 的投影为平面曲线 k，K 上的 A，B，…点的投影 a，b，…必定在 k 上。

(2) 平面曲线所在平面垂直投影面时，曲线在该投影面上的投影为一直线。如图 4-2(b)所示，曲线 K 所在平面 P 垂直 H 面，则其在 H 面上的投影 k 为一直线。

(3) 平面曲线所在平面平行投影面时，曲线在该投影面上的投影反映实形。如图 4-2(c)所示，曲线 K 平行 H 面，则其水平投影 k 反映实形。

(4) 平面曲线的割线和切线的投影仍是该曲线投影的割线和切线。其割点和切点的投影仍是曲线投影上的割点和切点。如图 4-2(a)所示 L 为与曲线 K 交于 A，C 两点的割线，其投影 l 亦与该曲线的投影 k 相交于 a，c 两点。T 为与曲线 K 切于 C 点的切线，其投影 t 亦与该曲线的投影相切于点 c。

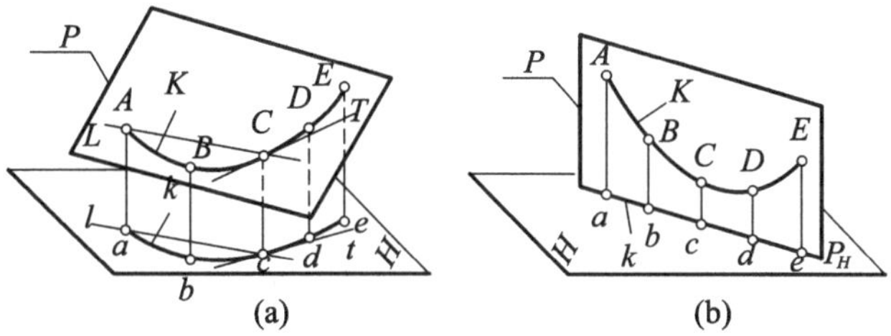

图 4-2 曲线的投影性质

(5) 一般情况下，平面曲线及其投影的次数和类型不变。即二次曲线的投影仍为二次曲线，圆(或椭圆)的投影仍为椭圆(特殊情况可为圆)，抛物线的投影仍为抛物线，双曲线的投影仍为双曲线。

空间曲线的投影由曲线上一系列点的同面投影依次连接而成。判别空间曲线的形状，同样至少要根据两个投影，一般除了要标注曲线的端点外，为了清楚起见，最好还标注一些积聚点和特殊点。如图 4-3(a)，(b)所示的两投影完全相同，但仔细观察，发现它们显然表示的是两条不同的空间曲线，若不标明 A，B，C，Ⅰ，Ⅱ 等点的投影，就容易发生误解。

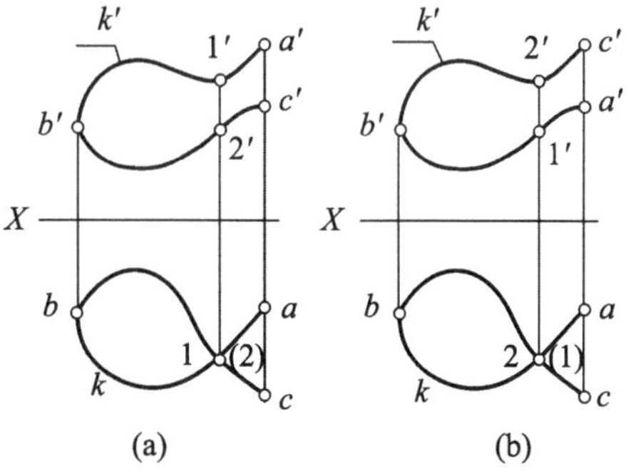

图 4-3 空间曲线的投影作图

4.1.4 曲线的作图方法

由于曲线是点的运动轨迹，在工程制图中，一般先作出曲线上一系列点的投影，然后将各点的同面投影依次光滑连接,即得曲线的投影图。但如知道曲线的形成方法或其几何性质以及它们的投影性质,也可根据其形成方法或几何性质作图,借以提高画图的准确度和速度。

4.1.5 圆的投影

圆是平面曲线中最常见和最重要的一种曲线。圆的投影在一般情况下为一椭圆,当圆平行投影面时,其投影仍为圆。

图 4-4(a)所示为正垂面 P 上有一圆心为 O 的圆,它与水平投影面 H 处于倾斜位置,因此水平投影为椭圆。过 O 点在圆内取一对相互垂直的直径 AB 和 CD,并取 AB 平行于 H 面。因此得到椭圆内的一对直径 ab 和 cd 也相互垂直。椭圆内这对相互垂直的直径为椭圆的长轴和短轴。图 4-4(b)中因 $AB /\!/ H$ 面,故 $ab=AB$,而圆上其他位置的直径的水平投影都要比 ab 短些,所以称 ab 为椭圆的长轴。又因 $CD \perp AB$,故 CD 是正垂面内的一条最大斜度线,它的水平投影 cd 最短,所以称 cd 为椭圆的短轴。

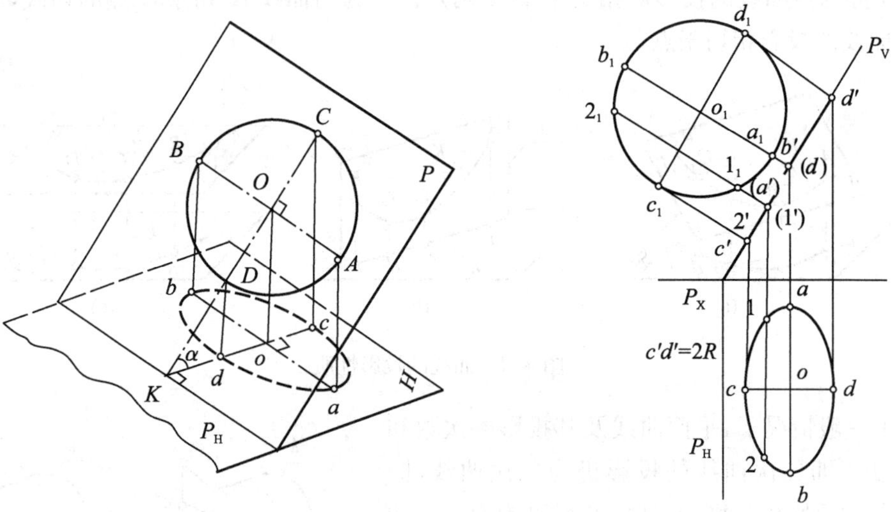

(a) (b)

图 4-4 正垂面上圆的投影

1. 处于特殊位置时圆的投影作法

当圆平行于投影面时,则在该投影面上的投影反映实形,其他两投影积聚为直线。当圆垂直于投影面时,则在所垂直的投影面上的投影积聚为一直线,而另两投影为椭圆(圆的类似形)。如图 4-4 所示圆的所在平面为一正垂面,因此圆的正平投影积聚为一直线,长度为圆的直径 $2R$;它的水面投影为一椭圆,其长轴为圆的正垂面直径 AB 的投影 ab,长度等于圆的直径 $2R$,短轴 cd 的长度由圆的正面直径 CD 的投影 $c'd'$ 根据投影关系作出。求出椭圆长短轴后,圆上其他各点的投影可利用投影变换的方法作出[图中作出了Ⅰ(1, 1′)和Ⅱ(2, 2′)的过程]。如此求得圆上若干个点的投影后,依次光滑连接即可作出椭圆。

求得椭圆的长、短轴后,也可按第 2 章所述作椭圆的方法作出椭圆。

2. 处于一般位置时圆的投影作法

当圆处于一般位置时，它的各个投影均为椭圆，其作图方法如下：

应用最大斜度线方法作图。如图 4-5(a)，(b)所示，半径为 R 的圆处于倾斜面 $MNKL$ 上，它在 V 面和 H 面上的投影均为椭圆。投影面上椭圆的长轴位于过圆心 O 的该投影面平行线的投影上。水平投影中椭圆的长轴位于水平线 AB 的水平投影 ab 上；正面投影中椭圆的长轴位于正平线ⅠⅡ的正面投影 $1'2'$ 上，长轴的大小等于圆的直径，可直接作出。投影面上椭圆的短轴位于过圆心 O 的该投影面最大斜度线的投影上。过 O 点对 H 面的最大斜度线为 CD，由于 $CD\perp AB$，它们的水平投影也互相垂直，即 $cd\perp ab$。同理，过 O 点对 V 面的最大斜度线为ⅢⅣ，ⅢⅣ⊥ⅠⅡ，它们的正面投影也互相垂直，即 $3'4'\perp 1'2'$。短轴的大小，可利用直角三角形法求出。椭圆的长、短轴求出后，椭圆的作图方法如前所述。

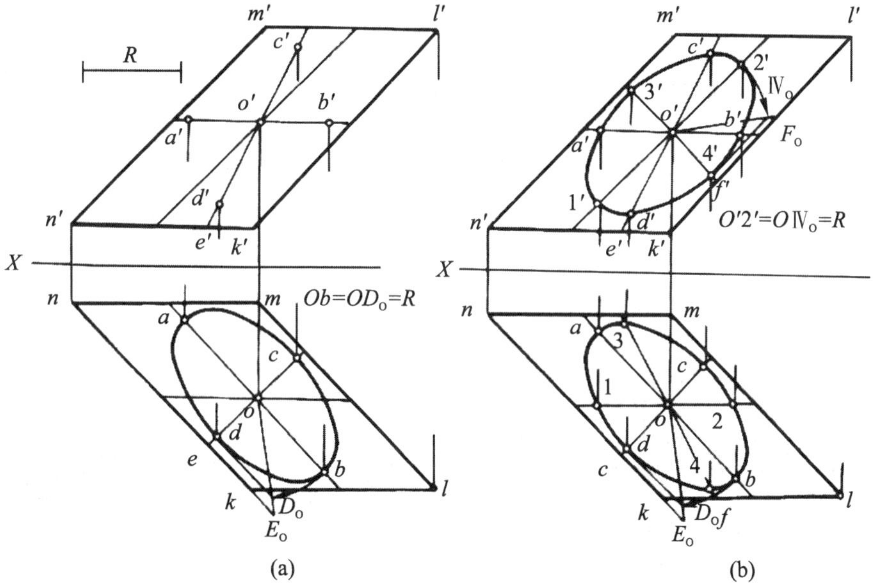

图 4-5 应用最大斜度线方法作圆的投影

上图所示圆的投影也可利用换面法来作出其长、短轴。首先将四边形平面变换成投影面垂直面，可根据圆在投影面垂直面上的作图方法作出其投影。

4.1.6 圆柱螺旋线

圆柱螺旋线是工程上应用最广的空间曲线。本节讨论其形成及投影作图方法。

1. 圆柱螺旋线的形成

一动点在正圆柱表面上绕其轴线作等速回转运动，同时沿圆柱的轴线方向作等速直线运动，则动点在圆柱表面上的轨迹称为圆柱螺旋线。如图 4-6 所示点 A 的轨迹即为圆柱螺旋线。点 A

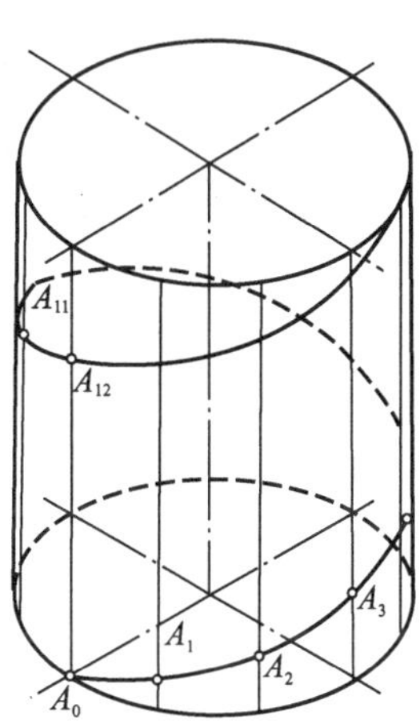

图 4-6 圆柱螺旋线的形成

旋转一周沿轴向所移动的一段距离 A_0A_{12} 称为螺旋线的导程（用 S 标记）。当圆柱的轴线为铅垂线时，我们从前垂直向后看，如螺旋线的可见部分为自左向右上升的则称为右旋螺旋线，反之称为左旋螺旋线。

2. 圆柱螺旋线的投影作图方法

图 4-7(a)所示为一圆柱螺旋线的投影图。设圆柱直径为 d，导程为 S 的右旋螺旋线，其投影的作图步骤如下：

(1) 作出直径为 d 的圆柱面的两投影，然后将其水平投影(圆)和正面投影上的导程分成相同的 n 等分(图中为 12 等分)。

(2) 从导程上各分点作水平线，再从圆周上各分点作 X 轴的垂直线，它们相应的交点，a'_0，a'_1，…，a'_{12} 即为螺旋线上各点的正面投影。

(3) 依次光滑地连接这些点的投影即得螺旋线的正面投影，在可见圆柱面上的螺旋线是可见的，其投影画成实线，在不可见圆柱面上的螺旋线是不可见的，其投影画成虚线。螺旋线的水平投影积聚在圆柱面的水平投影圆周上。显然，圆柱螺旋线的正面投影是一正弦曲线。

将圆柱表面展开，则螺旋线随之展成一直线，该直线为直角三角形的斜边，底边为圆柱面圆周的周长(πd)，高为螺旋线的导程(S)，直角三角形斜边与底边的夹角 α 称为螺旋线的升角，斜边与另一直角边的夹角 β 称为螺旋角。显然螺旋线的一个导程 S 的长度为 $\sqrt{(\pi d)^2 + S^2}$，升角 $\alpha = \arctan S/\pi d$，如图 4-7(b)所示。

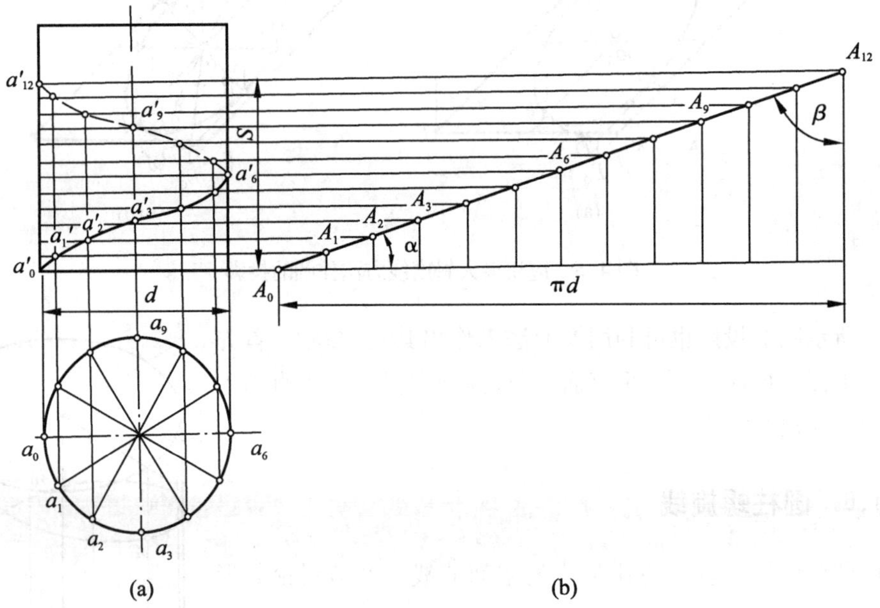

图 4-7　圆柱螺旋线的投影和展开

4.2 曲面的投影

曲面可看作为一动线在空间连续运动的轨迹。该动线称为母线,母线运动的每一位置称为该曲面上的素线,无限接近的相邻两素线称为连续两素线。用来控制母线运动的一些点、线和面称为导点、导线和导面。

当动线按照一定的规律运动时,形成的曲面称为规则曲面;当动线作不规则运动时,形成的曲面称为不规则曲面。形成曲面的母线可以是直线,也可以是曲线。如果曲面是由直线运动形成的则称为直线面(如圆柱面、圆锥面等);由曲线运动形成的曲面则称为曲线面(如球面、环面等)。直线面的连续两直素线彼此平行或相交(即它们位于同一平面上),这种能无变形地展开成一平面的曲面,属于可展曲面。如连续两直素线彼此交叉(即它们不位于同一平面上)的曲面,则属于不可展曲面。

曲面的表示法和平面的表示法相似,最基本的要求是应作出决定该曲面各几何元素的投影,如母线、导线、导面等。此外,为了清楚地表达一曲面,一般需画出曲面的外形线,以确定曲面的范围。

下面介绍几种常见曲面的形成和表示方法。

4.2.1 直线面

直线面的种类很多,本书只介绍常见的柱面和锥面。

1. 柱面

(1) 柱面的形成　一直母线沿着一曲导线运动且始终平行于直导线而形成的曲面称为柱面。曲导线可以是闭合的,也可以是不闭合的。如图 4-8(a)所示,Ⅰ Ⅱ为母线,Q 为曲导线,AB 为直导线,当母线Ⅰ Ⅱ沿着曲导线 Q 运动,且平行直导线 AB 所形成的曲面即为柱面。由于柱面上连续两素线是平行两直线,能组成一平面,因此柱面是一种可展直线面。

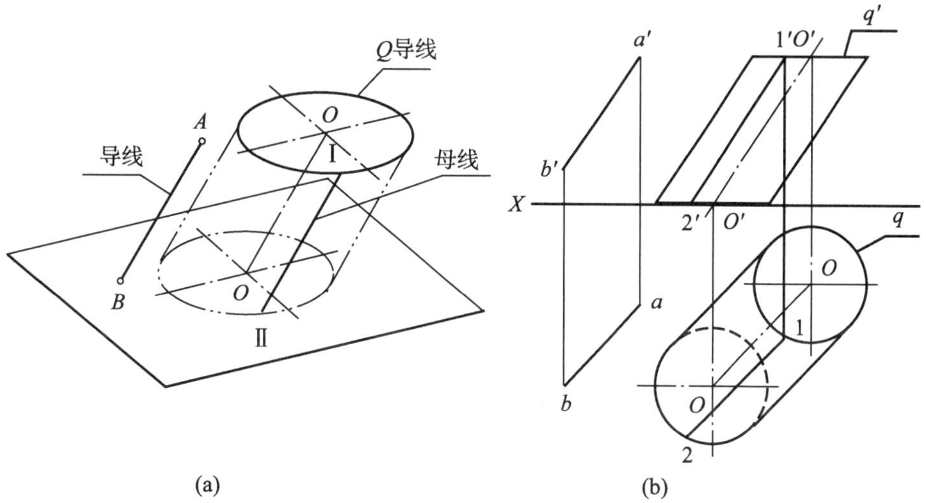

图 4-8　柱面的形成和投影

(2) 柱面的表示法　在投影图上表达柱面一般要画出导线及曲面的外形轮廓线，必要时还要画出若干素线。如图 4-8(b)所示曲导线 Q 为平行于 H 面的圆，直导线 AB 为一般位置直线，表示这一柱面时，可先画出曲导线 Q 的正面投影和水平投影，Q 即为柱面的顶圆，其底圆通常选取平行于顶圆 Q，顶圆和底圆的圆心连线 OO 即为该柱面的轴线，轴线必定平行于直导线 AB。由于素线的方向可由轴线控制，因此直导线 AB 可以不再画出。最后画出柱面的外形轮廓线，如在正面投影上，顶圆和底圆最左、最右点投影的连线，即为前后曲面转向线的投影，在水平投影上为两圆的公切线，它们是上、下曲面转向线的投影。这些外形轮廓线均应平行于轴线的同面投影。

2. 锥面

(1) 锥面的形成　一直母线沿一曲导线运动且始终通过一定点而形成的曲面称为锥面。该定点称为导点，即为锥面顶点。如图 4-9(a)所示，SⅠ为母线，Q 为曲导线，S 为导点。当母线 SⅠ沿着曲导线 Q 运动，且始终通过导点 S 所形成的曲面即为锥面。由于锥面上相邻两素线必定为过锥顶的相交两直线，因此，锥面也是一种可展直线面。

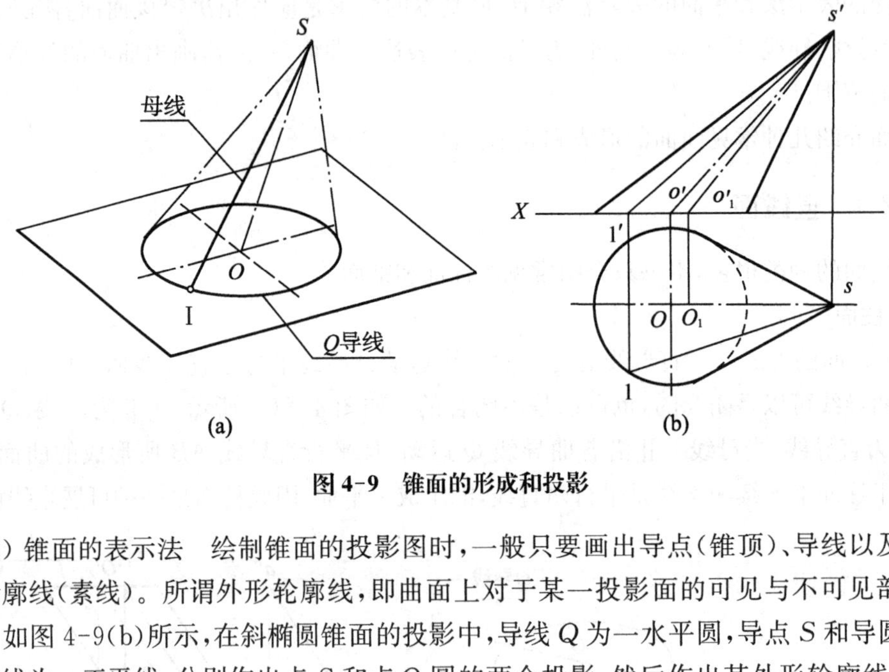

图 4-9　锥面的形成和投影

(2) 锥面的表示法　绘制锥面的投影图时，一般只要画出导点(锥顶)、导线以及曲面的外形轮廓线(素线)。所谓外形轮廓线，即曲面上对于某一投影面的可见与不可见部分的分界线。如图 4-9(b)所示，在斜椭圆锥面的投影中，导线 Q 为一水平圆，导点 S 和导圆的中心 O 的连线为一正平线，分别作出点 S 和点 Q 圆的两个投影，然后作出其外形轮廓线，也就是锥面转向轮廓线的投影。

由于锥面的轴线是锥面两对称平面的交线，在图示情况下，SO 连线并不是锥面的轴线，而其轴线为 SO_1，其投影 so_1，$s'o'_1$ 分别平分水平投影和正面投影两外形轮廓线所形成的夹角。

凡是有轴的曲面，在投影图中需要画出轴线的投影。此外，对投影是圆的图形，还需画出圆的两条相互垂直的中心线。

4.2.2 曲线面

曲线面的种类很多，本书只介绍曲线回转面。

1. 曲线回转面的形成

任意一平面曲线绕一轴线(即导线)回转而形成的曲面称为曲线回转面。如图 4-10(a)所示，平面曲线 *ABCD* 为母线，*OO* 为轴线，回转时曲线两端点 *A*，*D* 形成的圆为曲面的顶圆和底圆，曲线上距离轴线最近的点 *B* 和最远的点 *C* 形成的圆分别为最小圆(喉圆)和最大圆(赤道圆)。

2. 曲线回转面的表示法

在投影图上表示曲线回转面通常要画出其轴线、顶圆、底圆、最小圆和最大圆等的投影及其外形轮廓线。如图 4-10(b)所示，一般在反映轴线的投影图上不必画出最小圆和最大圆的投影。

曲线回转面的形状很多，如球面、环面等在以后的章节中将作详细介绍。

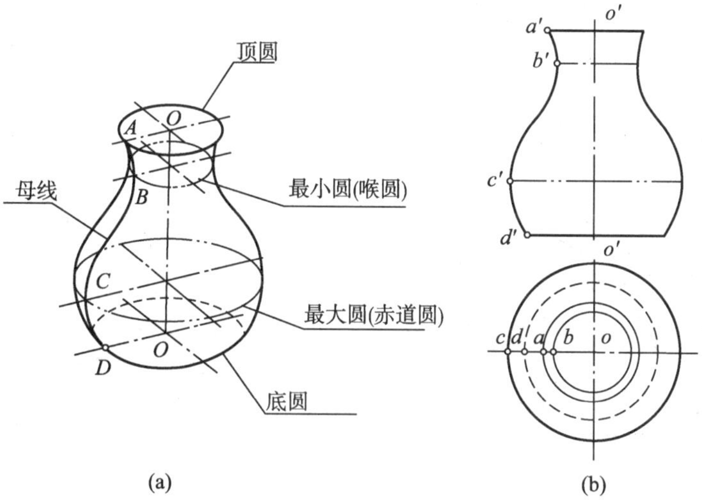

图 4-10　曲线回转面的形成和投影

4.2.3 螺旋面

1. 正螺旋面

(1) 正螺旋面的形成　一直母线沿着曲导线为圆柱螺旋线及直导线为圆柱轴线运动，且始终垂直于轴线所形成的曲面称为正螺旋面，如图 4-11 所示。正螺旋面是一种不可展的直线面。

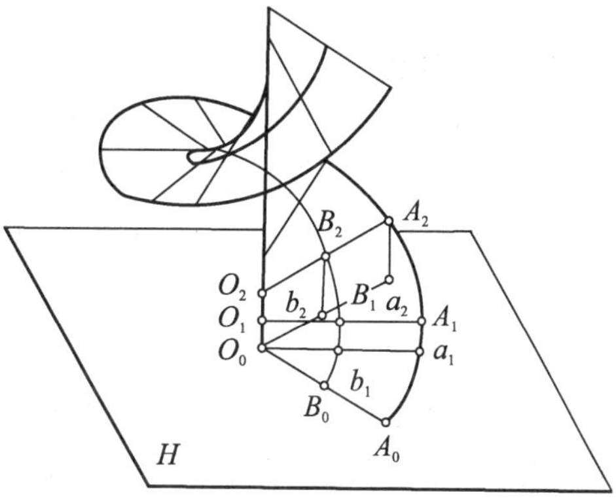

图 4-11　正螺旋面的形成

(2) 正螺旋面的表示法　为了清楚地表示出螺旋面，在投影图上一般要画出曲导线(螺旋线)、直导线(轴线)以及若干直素线。如图 4-12

(a)所示，由于轴线为铅垂线，而素线与轴线垂直相交，因此各素线均是一些水平线。作图时先画出轴线 AA_1 及螺旋线的投影，如螺旋线的导程为 S，母线的长为 AB，然后将导程 S 内的轴线和螺旋线分成相同的若干等分，对应点的连线即为正螺旋面的若干素线的投影，导程为 S 的圆柱螺旋线的投影也是正螺旋面的外形轮廓线。

图 4-12(b)表示了一个正螺旋面与圆柱面相交的图形，显然所得的交线为与原来的螺旋线具有相同的导程的螺旋线。

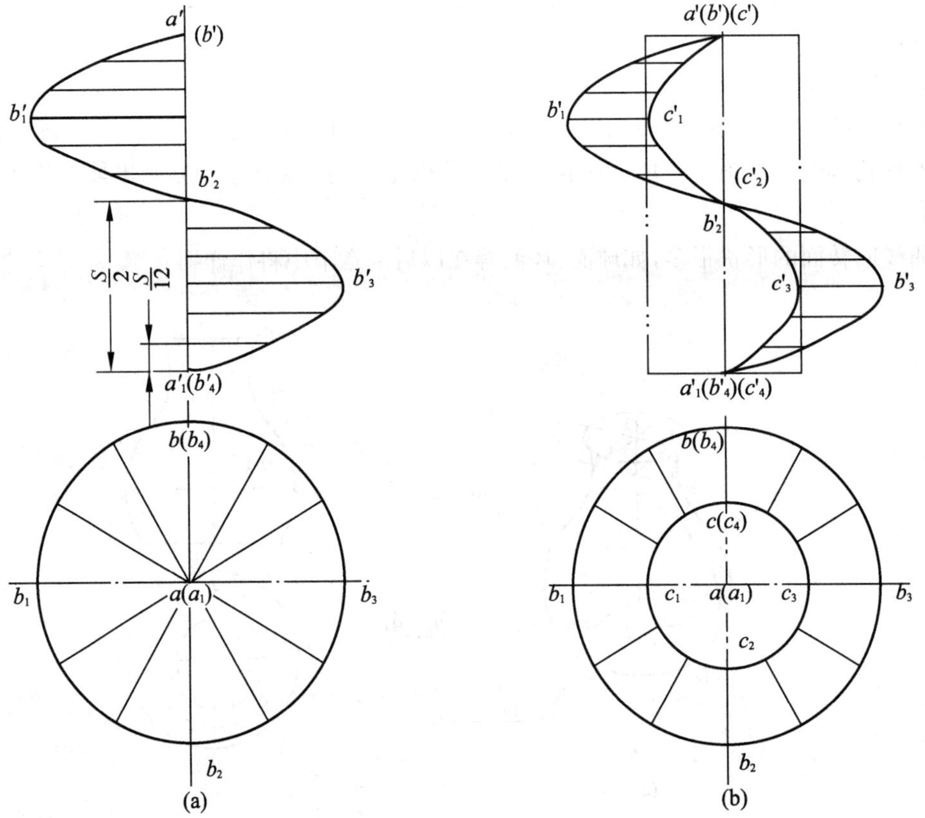

图 4-12　正螺旋面的投影

2. 斜螺旋面

(1) 斜螺旋面的形成　一直母线沿着曲导线为圆柱螺旋线及直导线为圆柱轴线运动，且始终与轴线倾斜某一角度 α 而形成的曲面称为斜螺旋面。由于垂直于轴线的平面与斜螺旋面的交线为阿基米德涡线，故斜螺旋面又称为阿基米德螺旋面。斜螺旋面是一种不可展的直线面。

(2) 斜螺旋面的表示法　斜螺旋面的投影一般首先要画出曲导线(圆柱螺旋线)、直导线(圆柱轴线)以及若干直素线，然后作出一条平行于 V 面的素线 A_0B_0，此时其正面投影 $a'_0b'_0$ 与轴线的正面投影的夹角反映 α 角的实际大小，其水平投影 $a_0b_0 /\!/ X$ 轴。至于其余的素线则可按螺旋面形成的原理来作出，例如：作素线 A_1B_1 时，先在导线(圆柱螺旋线)上定出 $A_1(a_1, a'_1)$，再在轴线的正面投影上自 b'_0 向上依次截取各距离等于 $S/12$(导程分为 12 等分)得点 b'_1，

连 $a'_1b'_1$ 即为素线 A_1B_1 的正面投影。作这些素线投影的包络线即为斜螺旋面的外形轮廓线。如图 4-13(a)所示。

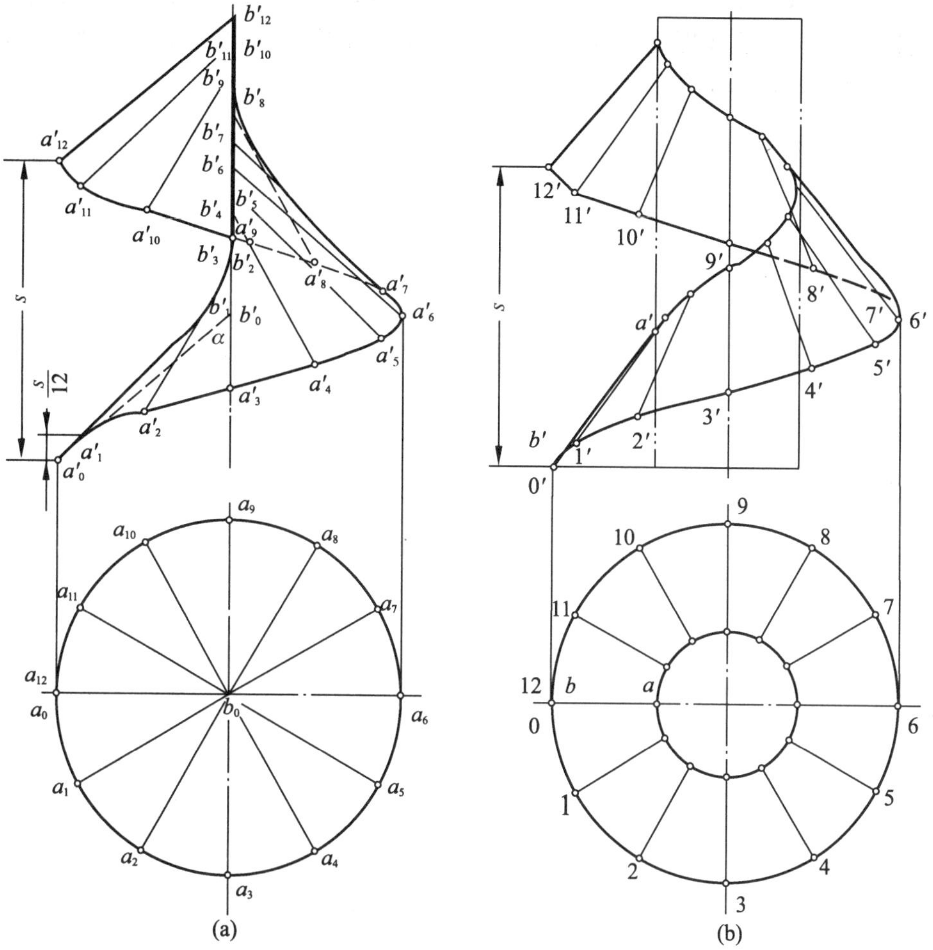

图 4-13 斜螺旋面的形成和投影

图 4-13(b)为一小圆柱与斜螺旋面相交的图形，所得的交线为与导线具有相同导程的螺旋线。

螺旋面在工程中的应用相当广泛，如螺钉、齿轮、蜗轮蜗杆、螺旋弹簧、螺旋输送器等，这些机件都是以螺旋面作为主要工作面。图 4-14 所示为一个螺旋输送机的推进器叶片，它是

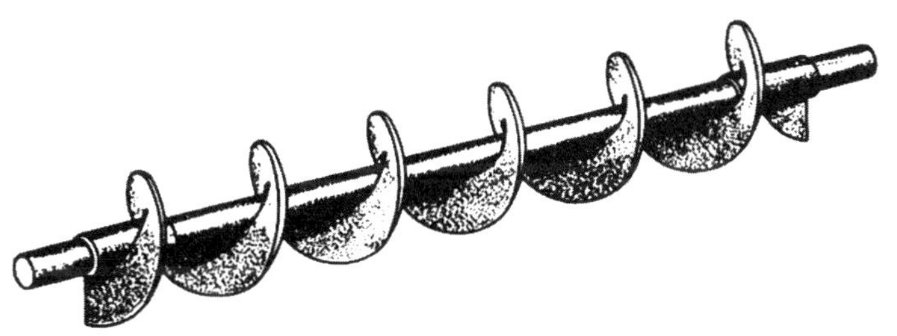

图 4-14 螺旋输送机的推进器叶片

螺旋面的一个应用实例。其中,推进器是正螺旋面和转轴焊接组成。正螺旋面的两条曲导线皆为圆柱螺旋线,连续运动的直母线始终垂直于圆柱轴线。

螺旋面的母线可以是直线或曲线。若母线是直线,则形成直线螺旋面;若母线为曲线,则形成曲线螺旋面。直线螺旋面就包括正螺旋面和斜螺旋面,曲线螺旋面比如常见的圆柱螺旋弹簧的表面在此不作介绍。

第5章 平面立体

任何立体都有一定的范围,确定其范围的是它本身的各个表面。根据这些表面的几何性质,立体可分成两大类:平面立体和曲面立体。平面立体是表面均为平面的立体,如图 5-1 所示为常见的平面立体实例。平面立体主要有棱柱、棱锥等。

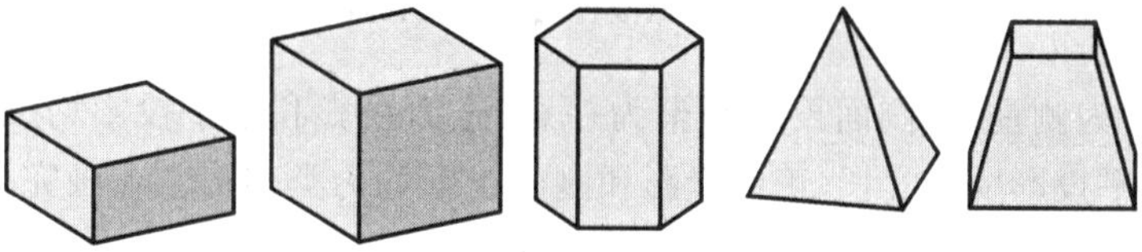

图 5-1 平面立体实例

5.1 平面立体的投影及其表面取点、线

由于平面立体是由平面组成,因此绘制平面立体的投影图,就可归结为绘制各个表面投影得到的图形。由于平面立体投影后的图形由直线段组成,而每条线段可由其两端点确定,因此平面立体的投影,又可归结为绘制其各棱线及各顶点的投影,然后判断其可见性,将棱线的不可见投影在图中须用虚线表示。

5.1.1 棱柱

棱线相互平行的平面立体称为棱柱。根据棱线的多少,棱柱可分为三棱柱、四棱柱……n 棱柱。

1. 棱柱的投影

图 5-2(a)表示一正六棱柱的投影情况,它的顶面及底面为水平面,水平投影反映实形且两面重合为一个正六边形,正面和侧面投影积聚为一直线。棱柱有 6 个侧面,前后棱面为正平面,正面投影反映实形,水平投影和侧面投影积聚为一直线。棱柱的其他 4 个侧面均为铅垂面,其水平投影均积聚为直线,正面投影和侧面投影均为类似形。

各棱线均为铅垂线,水平投影积聚为一点,正面投影和侧面投影均反映实长。顶面和底

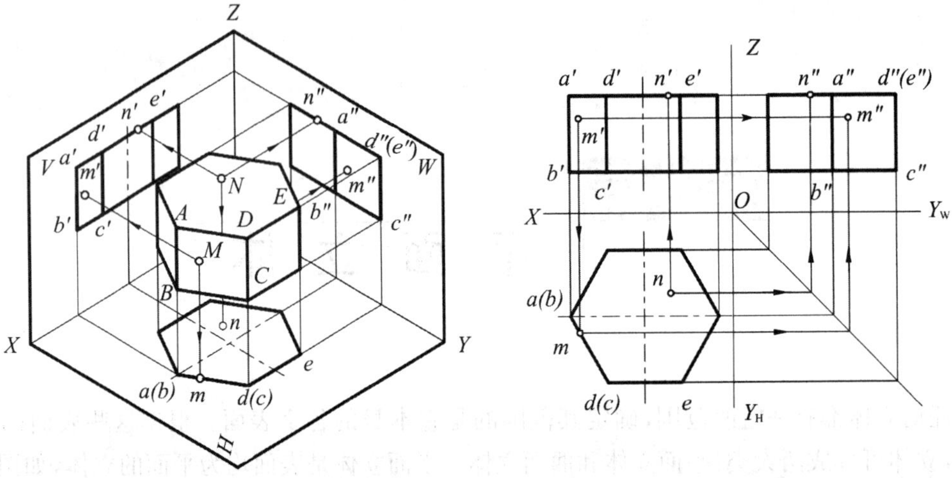

(a)　　(b)

图 5-2　正六棱柱的投影及表面取点

面的前后两条边为侧垂线,侧面投影积聚为一点,正面投影和水平投影均反映实长;其他边均为水平线,水平投影反映实长,正面投影和侧面投影均为类似形。在画完上述面与棱线的投影后,即得正六棱柱的投影图。如图 5-2(b)所示。

作图时,可先画正六棱柱的水平投影正六边形,再根据投影规律作出其他两个投影。

2. 棱柱表面取点

在平面立体表面上取点,其原理和方法与平面上取点相同。如图 5-2(a),(b)所示点 $M(m, m', m'')$ 和点 $N(n, n', n'')$。

3. 棱柱表面取线

在平面立体表面取线,首先求取各端点的另两面投影,然后分别判断各段直线的可见性,最后用相应的线型直线连接。如图 5-3 所示,根据正面投影分析可知,该折线段由ⅠⅡ和ⅡⅢ两段直线组成,分别求取Ⅰ$(1, 1', 1'')$,Ⅱ$(2, 2', 2'')$及Ⅲ$(3, 3', 3'')$;对于水平投影来说,由于面 $ABDE$ 和 $BCEF$ 均具有积聚性,故不讨论可见性,12 和 23 用粗实线连接,对于侧面投影,12 段可见,用粗实线连接,而 23 段不可见,用虚线连接。

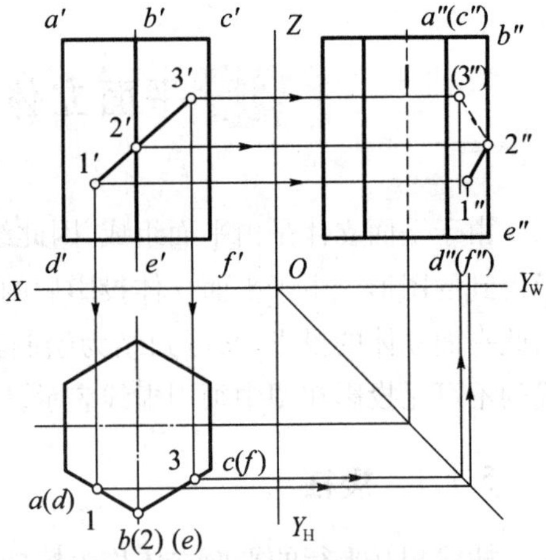

图 5-3　六棱柱表面取线

5.1.2　棱锥

棱线汇交于一点的平面立体称为棱锥。根据棱线的多少,棱锥可分为三棱锥、四棱锥……n 棱锥。

1. 棱锥的投影

图 5-4(a)所示为一正三棱锥的立体图和投影图。锥顶为点 S，底面为△ABC，呈水平位置，底面的水平投影为△ABC 反映实形。棱面△SAB，△SBC 为一般位置平面，它们的各个投影均为类似形。棱面△SAC 为侧垂面，其侧面投影积聚为一直线，其他两个投影为类似形。底边 AB，BC 为水平线，AC 为侧垂线，棱线 SB 为侧平线，SA，SC 为一般位置直线。它们的投影可根据其不同位置直线的投影性质进行分析。

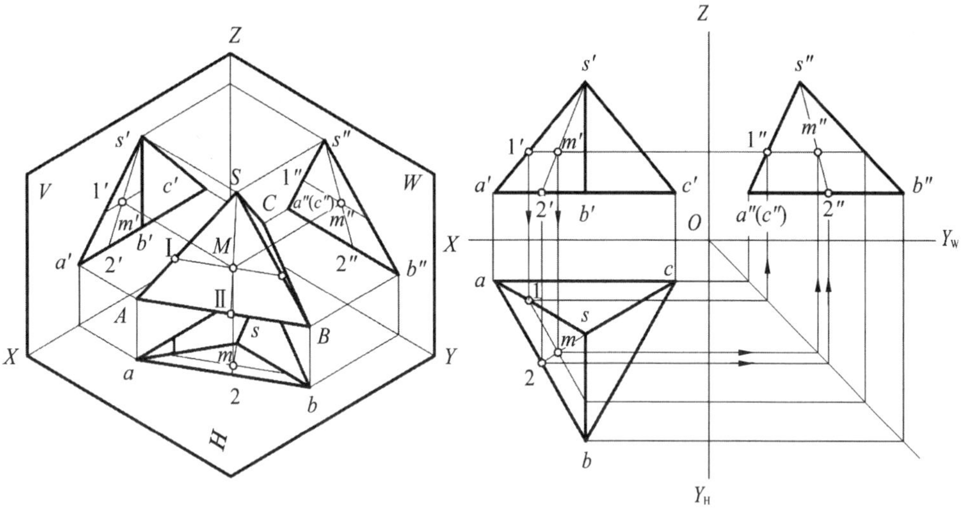

(a) (b)

图 5-4 正三棱锥的投影图及表面取点

如图 5-4(b)所示，要作正三棱锥的投影，首先画出三棱锥底面△ABC 的各个投影，再作出锥顶 S 的各个投影，然后连接 SA，SB，SC 各棱线，即得正三棱锥的投影。

2. 棱锥表面取点

在棱锥表面上取点，其原理和方法与平面上取点相同。如图 5-4(a)，(b)所示点 $M(m, m', m'')$。如已知点 M 的正面投影 m'，M 点在棱面 SAB 上，过点 M 在△SAB 上作辅助线ⅠM 平行 AB，即作 $1'm' /\!/ a'b'$，在水平投影上作 $1m /\!/ ab$，求出 m，再根据 m，m' 求出 m''。也可过锥顶 S 和点 M 在△SAB 上作一辅助线SⅡ，然后根据投影规律求出 m' 和 m''。

3. 棱锥表面取线

在棱锥表面取线，其作图思路与棱柱表面取线相同，如图 5-5 所示。

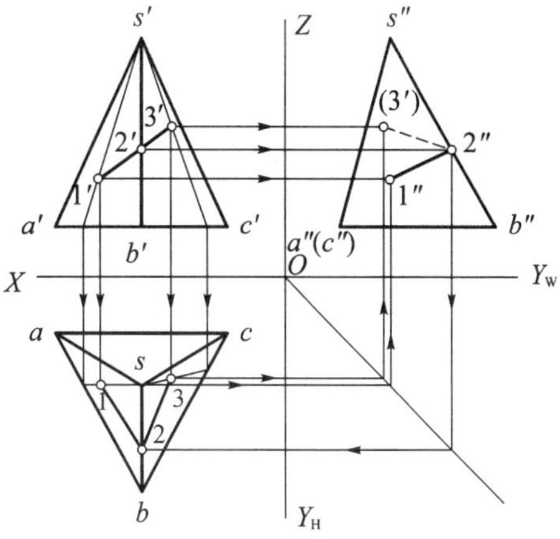

图 5-5 棱锥表面取线

5.2 平面立体的截割

平面与立体相交亦称截交。可以认为是立体被平面截割。该平面通常称为截平面,截平面与立体表面的交线称为截交线。被截切后的断面称为截断面,如图 5-6 所示。研究平面与立体相交,其目的是求截交线的投影和截断面的实形。

1. 截交线的一般性质

(1) 截交线既在截平面上,又在立体表面上,因此,截交线是截平面与立体表面的共有线,截交线上的点是截平面与立体表面的共有点。

(2) 由于立体表面是封闭的,因此截交线必定是封闭的线条,截断面是封闭的平面图形。

(3) 截交线的形状决定于立体表面的形状和截平面与立体的相对位置。

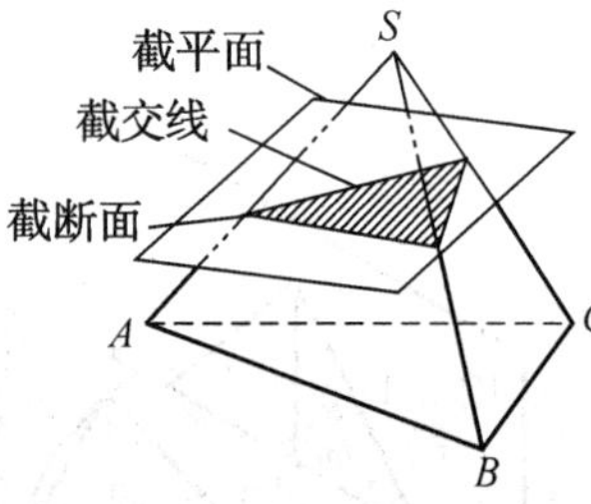

图 5-6 平面与平面立体相交

2. 作图方法

根据截交线的性质,求截交线可归结为求截平面与立体表面的共有点(共有线)的问题。由于物体上绝大多数的截平面是特殊位置平面,因此,可利用积聚性原理来作出其共有点(共有线)。如果截平面为一般位置时,也可利用投影变换方法使截平面成为特殊位置平面,因此,本章只讨论特殊位置平面的截平面。

5.2.1 平面与平面立体相交

平面与平面立体相交,其截交线的形状是由直线围成的多边形。多边形的顶点为平面立体上有关棱线(包括底面边线)与截平面的交点。

求平面立体截交线的方法,可归结为求立体各棱线与截平面的交点,然后依次连接而得,或者求出立体各表面与截平面的交线而围成截交线。

求截交线的步骤:

1. 空间及投影分析

(1) 分析截平面与体的相对位置,确定截交线的形状。

(2) 分析截平面与投影面的相对位置,确定截交线的投影特性。

2. 画出截交线的投影

(1) 求出截平面与被截棱线的交点,并判断可见性。

(2) 依次连结各顶点成多边形,注意可见性。

3. 完善轮廓

如图 5-7 所示正垂截平面 P_V 与六棱柱的 4 个侧棱面均相交,且与顶面也相交,故截交线为五边形。截交线的 V 面投影与截平面的积聚投影重合。H 面投影的 4 条边与 4 个棱面的积聚投影重合,正垂面与顶面的截交线为正垂线其作图步骤如下:

(1) 求交点 A, B, M, N, F 的投影。利用正垂面 P_V的积聚性求出 a'', b'', m'', n'', f''；由于 MN 是正垂线,可直接作出 mn。由于 MN 落在顶面上,且 Y 坐标与 E, C 相同,因此 M, N 侧面投影分别与 e'', c''重合。

(2) 截交线五条边 $ABMNF$ 均在六棱柱的可见棱面或积聚棱面的轮廓上,所以直接将同一棱面的两交点用直线连结起来,得截交线 $ABMNF$ 的三面投影。右侧未被截去的一段棱线在 W 面投影中应画虚线。

如图 5-8 所示为一正三棱锥 S-ABC 被一正垂面 P 所截切,其作图步骤如下:

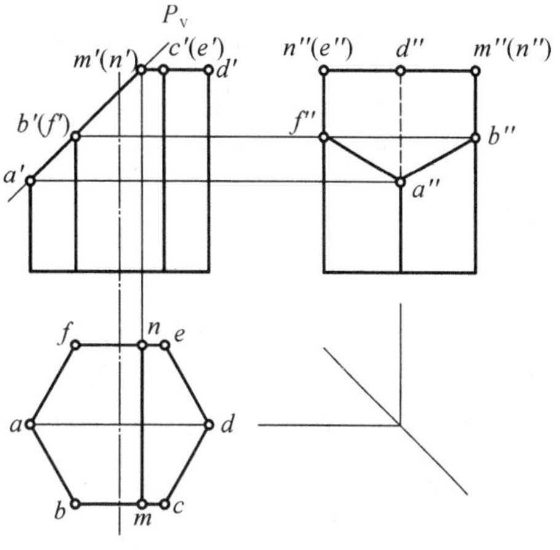

图 5-7 平面与六棱柱相交

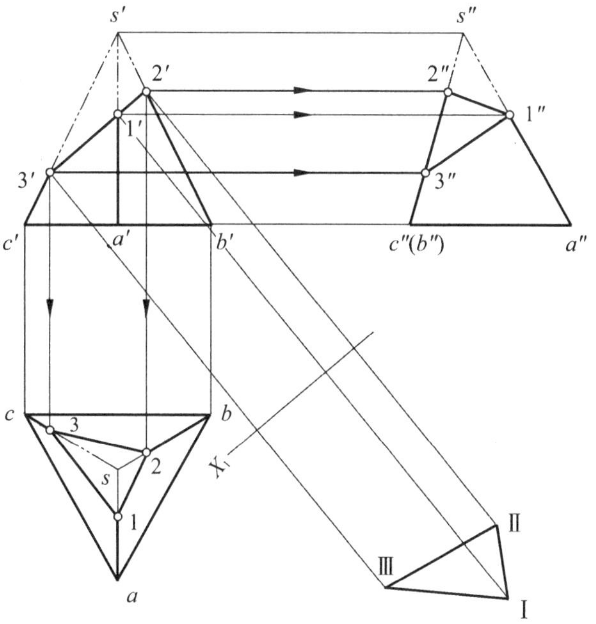

图 5-8 平面与三棱锥相交

(1) 因为截平面为正垂面,所以 P_V具有积聚性。根据截交线的性质,P_V与 $s'a'$, $s'b'$, $s'c'$的交点 $1'$, $2'$, $3'$为截平面与各棱线的交点Ⅰ,Ⅱ,Ⅲ的正面投影。

(2) 根据正面投影 $1'$, $2'$, $3'$作出其水平投影 1, 2, 3 及侧面投影 $1''$, $2''$, $3''$。

(3) 连接各点的同面投影即得截交线的三个投影。

(4) 判断截交线的可见性。因为被截立体为正三棱锥,所以截交线均可见。

(5) 应用换面法求出截断面的实形。

图 5-9 为三棱锥被两个平面截切的情况。截平面由水平截面和正垂截面组成,其正面投影均有积聚性。水平截面与三棱锥的底面平行,因此它与△SAB 棱面的交线Ⅰ,Ⅱ必平

行于底边 AB,与△SAC棱面的交线Ⅰ,Ⅲ必平行于底边 AC。正垂截面分别与△SAB、△SAC棱面交于Ⅱ,Ⅳ和Ⅲ,Ⅳ,两平面交线的端点Ⅱ,Ⅲ称为结合点。求交线的具体作图步骤如下:

(1) 水平截面与三棱锥的交线为三边形,正垂截面与三棱锥的交线亦为三边形,两个三边形具有共有边Ⅱ,Ⅲ。求棱线与截平面的水平交线时,点Ⅰ,Ⅳ易于作出,Ⅱ,Ⅲ可通过Ⅰ点的水平投影 1 分别作 *ab* 边与 *ac* 边的平行线,由 2′, 3′根据投影关系可作出 2, 3。求截交线的侧面投影时,点Ⅰ,Ⅳ在 SA 棱上作出,再由1′2′和 12 作出 1″2″;由 1′3′和 13 作出 1″3″。

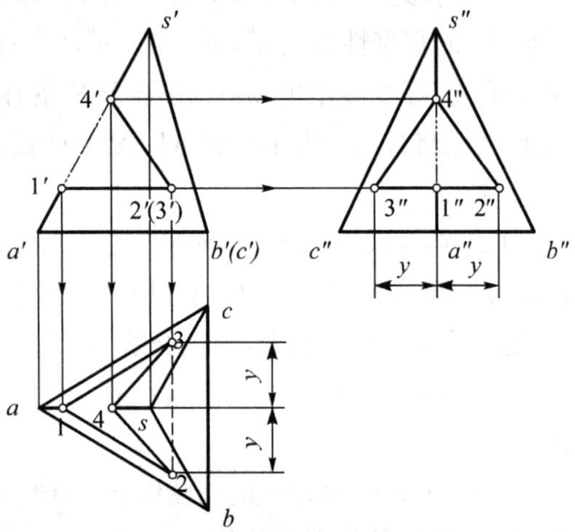

图 5-9 两平面与三棱锥相交

(2) 各交点作出后,应依次连接同一棱面上各点的同面投影即完成截交线投影。得到交线的投影后,特别注意两截平面交线的水平投影 23 应连成虚线。

第6章 曲面立体

6.1 曲面立体的投影及表面取点、线

曲面立体的表面是由曲面或由曲面和平面组成。

工程中常见的曲面立体是回转体，如圆柱、圆锥、圆球等，如图 6-1 所示，在投影图上表示回转体就是把组成立体的回转面或平面和回转面表示出来，然后判别其可见性。

(a) 圆柱　(b) 圆锥　(c) 圆锥台　(d) 圆球

图 6-1　曲面立体实例

6.1.1 圆柱

1. 圆柱的形成

圆柱面是由一直母线 AB 绕与之平行的轴线 OO 回转一周而成，圆柱表面由圆柱面和上下底圆所组成，如图 6-2(a)所示。圆柱面上与直母线 AB 平行的任一直线称为素线。

2. 圆柱的投影

如图 6-2(b)所示圆柱的轴线垂直于 H 面，其上下底圆为水平面，在水平投影上反映实形，其正面和侧面投影积聚为一直线。圆柱面的水平投影也积聚为一圆，在正面与侧面投影上分别画出决定投影范围的转向轮廓线(即为圆柱面可见与不可见部分的分界线的投影)，如正面投影的转向轮廓线就是最左、最右两条素线 AA、BB 的投影 $a'a'$，$b'b'$；在侧面投影上其转向轮廓线则是最前、最后两条素线 CC，DD 的投影 $c''c''$，$d''d''$。

作图时可先画出水平投影的圆，再画出其他两个投影，还必须用点画线画出轴线和圆的中心线。此外需注意，左右两条素线的侧面投影 $a''a''$，$b''b''$与前后两条素线的正面投影 $c'c'$，

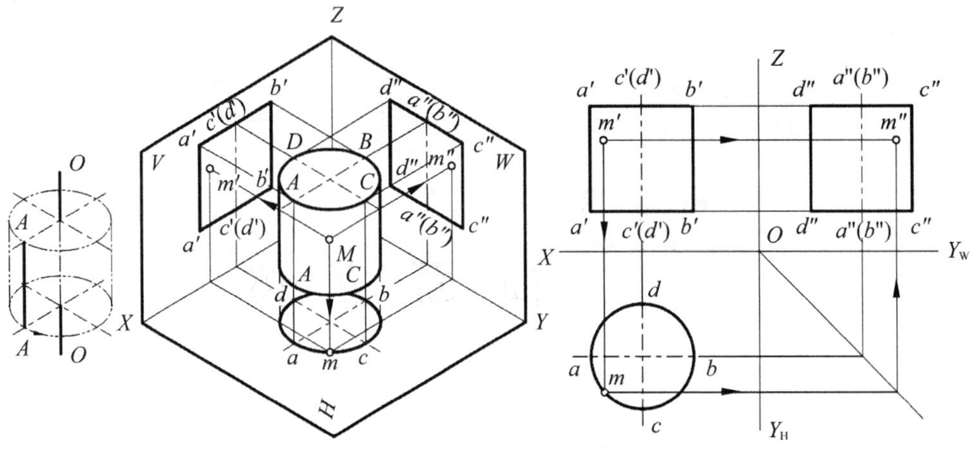

(a) (b) (c)

图 6-2　圆柱的投影及表面取点

$d'd'$，都分别重合于侧面和正面投影的中心线上，且均不画出，如图 6-2(c)所示。显然，相对于正面，转向轮廓线 AA 和 BB 之前的半圆柱面是可见的，其后的半圆柱面是不可见的；相对于侧面，转向轮廓线 CC 和 DD 之左的半圆柱面是可见的，其右的半圆柱面是不可见的。

3. 圆柱表面取点

在圆柱表面上取点，可根据点在圆柱表面上的位置（在上、下底圆上或在圆柱面上）进行判断和作图。如图 6-2(c)所示，已知点 M 的正面投影 m'，由于点 M 在前半圆柱面上，因此是可见的，其水平投影 m 必定落在前半圆柱面具有积聚性的水平投影（圆）上。由 m，m' 可求出 m''。

4. 圆柱表面取线

如图 6-3 所示，正面投影为一直线，在空间是一条曲线，该曲线由左前圆柱面变化到右前圆柱面，中间经过最前转向轮廓素线。起始点Ⅰ，终止点Ⅲ以及曲线与最前转向轮廓素线的交点Ⅱ，是控制该曲线形状的关键点，分别求取Ⅰ(1, 1′, 1″)，Ⅱ(2, 2′, 2″)及Ⅲ(3, 3′, 3″)；对于水平投影来说，由于圆柱面具有积聚性，故不讨论可见性，12 和 23 用粗实线连接，对于侧面投影，12 段可见，用粗实线光滑连接，而 23 段不可见，用虚线光滑连接。为了确定曲线弯曲方向及提高精确度，可在曲线ⅠⅡ，ⅡⅢ上增加适量的点，具体作图读者可自行完成，在此不再叙述。

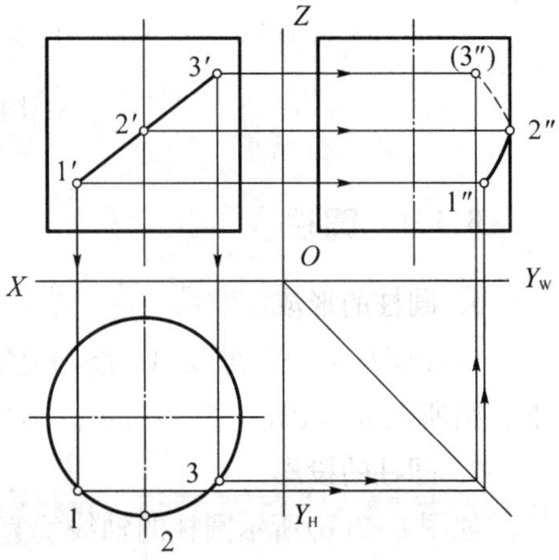

图 6-3　圆柱表面取线

6.1.2　圆锥

1. 圆锥的形成

圆锥面是由一直母线 SA 绕与它相交的轴线 OO 回转一周而成，圆锥表面由圆锥面和底圆所组成，如图 6-4(a)所示。圆锥面上直母线 SA 经过的任一位置称为素线。

2. 圆锥的投影

如图 6-4(b)所示圆锥的轴线垂直 H 面，底面为水平面，它的水平投影反映实形(圆)，其正面和侧面投影积聚为一直线。对圆锥在正面与侧面投影上要分别画出决定投影范围的转向轮廓线(即为圆锥面可见与不可见部分的分界线的投影)，如正面投影的转向轮廓线就是最左、最右两条素线 SA，SB 的投影 $s'a'$，$s'b'$；在侧面投影上其转向轮廓线则是最前、最后两条素线 SC，SD 的投影 $s''c''$，$s''d''$。

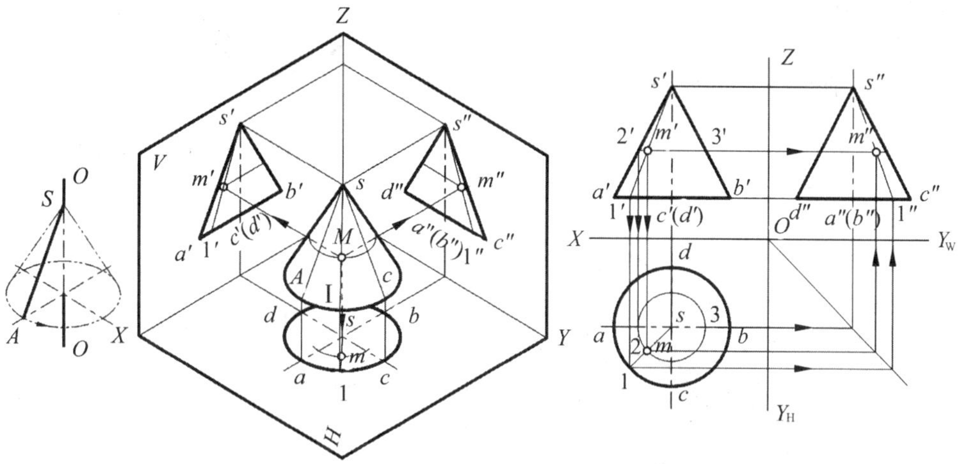

(a)　　(b)　　(c)

图 6-4　圆锥的投影及表面取点

作图时，可先画出底面的各个投影，再画出锥顶的投影，还必须用点划线画出轴线和圆的中心线，然后分别画出其转向轮廓线，即完成圆锥的各个投影，如图 6-4(c)所示。此外需注意，左右两条素线的侧面投影 $s''a''$，$s''b''$与前后两条素线的正面投影 $s'c'$，$s'd'$，都分别重合于侧面和正面投影的中心线上，且均不画出。显然，相对于正面，转向轮廓线 SA 和 SB 之前的半圆锥面是可见的，其后的半圆锥面是不可见的；相对于侧面，转向轮廓线 SC 和 SD 之左的半圆锥面是可见的，其右的半圆锥面是不可见的。

3. 圆锥表面取点

在圆锥表面上取点可根据圆锥面的形成特性来作图。如图 6-4(c)所示，已知圆锥面上点 M 的正面投影 m'，可采用下列两种方法求出点 M 的水平投影 m 和侧面投影 m''。

方法一：辅助素线法

过锥顶 S 和点 M 作一辅助素线 S Ⅰ，根据已知条件可以确定 S Ⅰ 的正面投影 $s'1'$，然后，求出它的水平投影 $s1$ 和侧面投影 $s''1''$，再由 m' 根据点在直线上的投影性质求出 m 和 m''。

方法二：辅助纬圆法

圆锥表面上垂直于圆锥轴线的圆称为纬圆。过点 M 作一平行于圆锥底面的辅助纬圆，该圆在正面投影为过 m' 且垂直于圆锥轴线的直线段 $2'3'$，它的水平投影为一直径等于 $2'3'$ 的圆，m 必在此圆周上，由 m' 求出 m，再由 m'，m 求出 m''。

4. 圆锥表面取线

圆锥表面取线作图思路同圆柱，如图 6-5 所示，读者可自行分析完成。

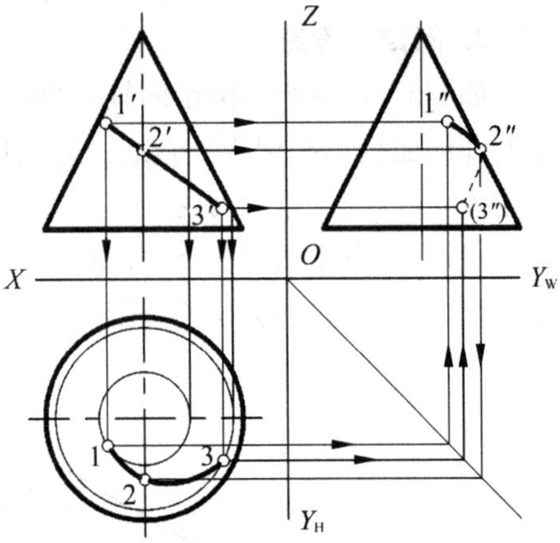

图 6-5 圆锥表面取线

6.1.3 圆球

1. 圆球的形成

球面是由一曲母线(半圆) ABC 绕过圆心且在同一平面上的轴线 OO 回转一周而成的表面。如图 6-6(a)所示。

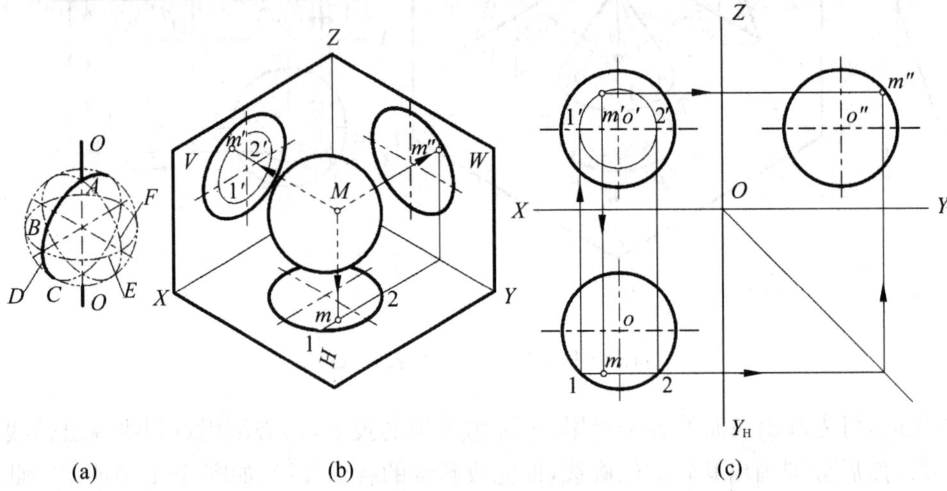

图 6-6 圆球的投影及表面取点

2. 圆球的投影

如图 6-6(b)所示，为一圆球及其三面投影。圆球的三个投影均为圆，且直径与球直径相等，但三个投影面上的圆是不同的转向轮廓线的投影。正面投影上的圆是平行于 V 面的最大圆 D 的投影(区分圆球前、后表面的转向轮廓线)，其水平投影与圆球水平投影的水平中心线重合，侧面投影与圆球侧面投影的垂直中心线重合，但均不画出；水平投影上的圆是平行于 H 面的最大圆 E 的投影(区分圆球上、下表面的转向轮廓线)，其正面投影与圆球正面投影的水平中心线重合，侧面投影与圆球侧面投影的水平中心线重合，但均不画出；侧面投影上的圆是平行于 W 面的最大圆 F 的投影(区别圆球左、右表面的转向轮廓线)，其正面投影与圆球正面投影的垂直中心线重合，水平投影与圆球水平投影的垂直中心线重合，但均不画出。作图时可先确定球心的三个投影，再画出三个与圆球等直径的圆。另外，还应画出各投影上的中心线。如图 6-6(c)所示。

3. 圆球表面取点

如图 6-6(c)所示，已知球面上点 M 的水平投影 m，要求出其 m' 和 m''。可过点 m 作一平行于 V 面的辅助纬圆，它的水平投影为 12，正面投影为直径等于 12 的圆。M 必定在该圆上，由 m 可求得 m'，由 m 和 m' 可求出 m''。因为点 M 在前半球面上，因此，从前垂直向后看是可见的，同理，M 点在左半球面上，从左垂直向右看也是可见的。

当然，也可作平行 H 面或平行 W 面的辅助圆来作图，可以自行分析。

4. 圆球表面上取线

圆球表面取线作图思路同圆柱、圆锥，如图 6-7 所示，读者可自行分析完成。

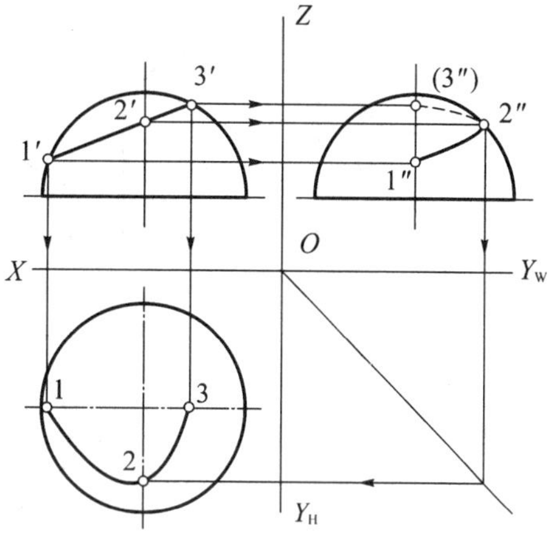

图 6-7　圆球表面取线

6.2 曲面立体的截割

平面与曲面立体相交，其截交线一般为一封闭的平面曲线，如图 6-8 所示，或者是由曲线和直线围成的平面图形，特殊情况为平面多边形(直线)。平面与曲面立体相交，其截交线形状一般为封闭的平面曲线。曲线上的任何一点，都可当作曲面上某一条线(直素线或圆)与截平面的公有点。

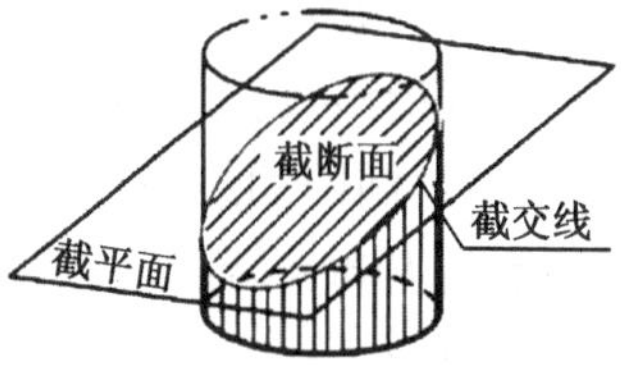

图 6-8　圆柱截割形成的截交线

曲面立体截交线的性质：

(1) 截交线是截平面与回转体表面的共有线。

(2) 截交线的形状取决于回转体表面的形状及截平面与回转体轴线的相对位置。

(3) 截交线都是封闭的平面图形(封闭曲线或由直线和曲线围成)。

求曲面体截交线的基本方法有素线法、纬圆法。求截平面与曲面上被截各素线的交点，然后依次光滑连接，并按其可见与不可见分别用实线和虚线画出。

6.2.1 圆柱的截割

1. 圆柱截割的类型

圆柱截割，按截平面的不同位置，其截交线有圆、椭圆和矩形三种形式，如表 6-1 所示。

6.2.2 圆柱截割的作图方法

图 6-9(a)所示为圆柱被正垂面截切，其具体作图步骤如下。

1. 分析

由于平面与圆柱的轴线斜交，因此截交线为一椭圆。截交线的正面投影积聚为一直线，

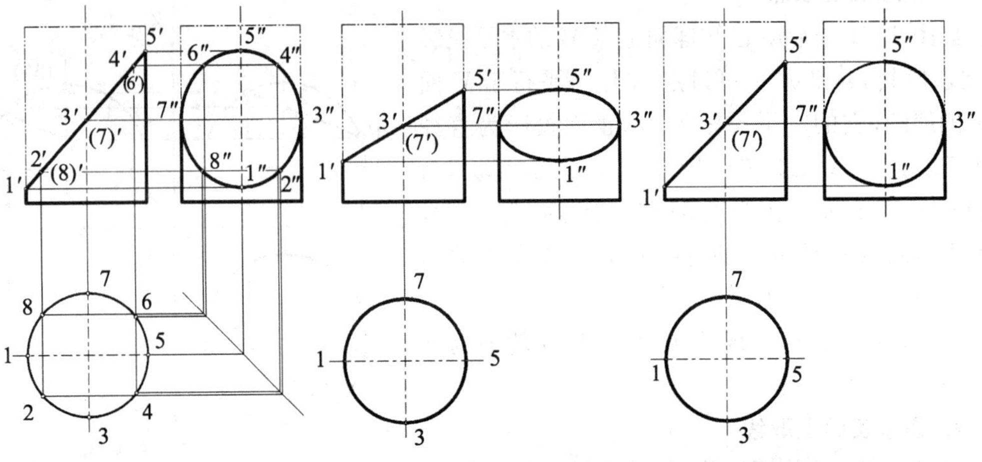

(a) (b) (c)

图 6-9 圆柱被正垂面截切

其水平投影则与圆柱面的投影(圆)积聚。其侧面投影可根据投影规律和圆柱面上取点的方法求出。

2. 求点

即求得截交线上的特殊点和一般点。

(1) 求特殊点。特殊点即截交线上的最高、最低、最前、最后、最左、最右以及轮廓线上的点。特别指出，轮廓线上的点一定要求。对于椭圆首先要找出长短轴的 4 个端点。长轴的端点Ⅰ，Ⅴ是椭圆的最高点和最低点，位于圆柱面的最左最右素线上。短轴的端点Ⅲ，Ⅶ是椭圆的最前点和最后点，分别位于圆柱面的最前最后素线上。这些点的水平投影是 1，5，3，7；正面投影 1′，5′，3′，7′，根据投影规律作出侧面投影 1″，5″，3″，7″，根据这些特殊点即可确定截交线的大致范围。

(2) 求一般点。可适当作出若干个一般点，图中为Ⅱ，Ⅳ，Ⅵ，Ⅷ等点，可根据投影规律和圆柱面上取点的方法作出其各个投影。

3. 连线

将这些点的同面投影依次光滑地连接起来，可见的连成实线(该图中均为实线)，不可见的连成虚线，就得到截交线的投影。

表 6-1　　圆柱截割的类型

截平面	截平面垂直于轴线	截平面倾斜于轴线	截平面平行于轴线
立体图		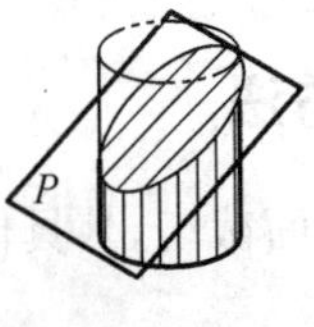	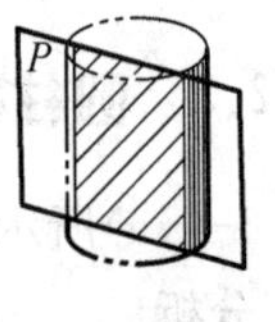

续　表

截平面	截平面垂直于轴线	截平面倾斜于轴线	截平面平行于轴线
投影图	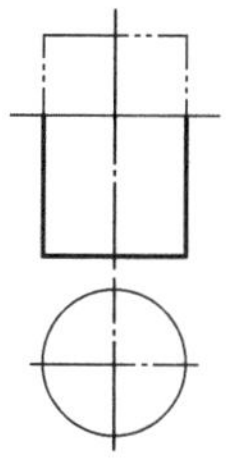	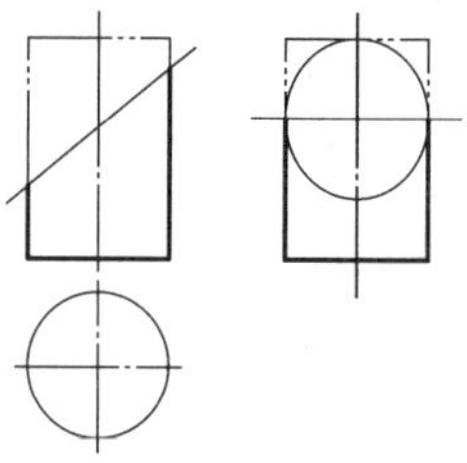	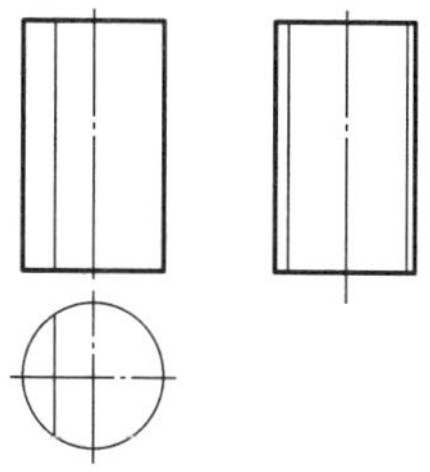
截交线	截交线为圆	截交线为椭圆	截交线为平行两直线

图 6-9(a)所示截平面与 H 面的倾角大于 45°时，因此，侧面投影上椭圆的长轴与圆柱轴线平行。如截平面对 H 面的倾角小于 45°时，则侧面投影上椭圆的长轴与圆柱轴线垂直，如图 6-9(b)所示。如倾角等于 45°时，这时截交线的侧面投影为圆，其半径即为圆柱半径，如图 6-9(c)所示。

6.2.2 圆锥

1. 圆锥截割的类型

圆锥截割，按截平面的不同位置，其截交线有五种形式，即圆、椭圆、抛物线和双曲线，统称为圆锥曲线。如表 6-2 所示。

表 6-2　　圆锥截割的类型

截平面位置	垂直于圆锥轴线	倾斜于圆锥轴线	平行于圆锥轴线	平行于圆锥的一条素线	通过圆锥顶点
立体图	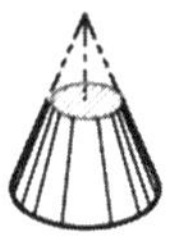	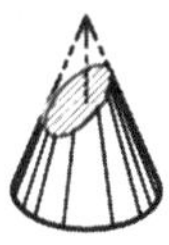	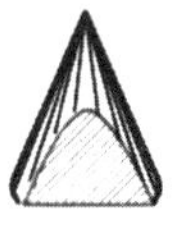		
投影图	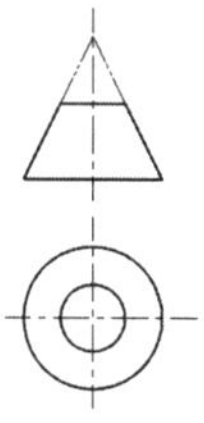	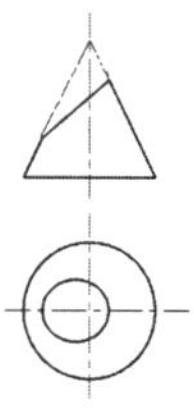	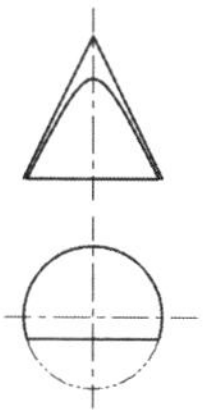	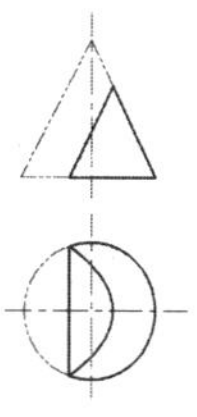	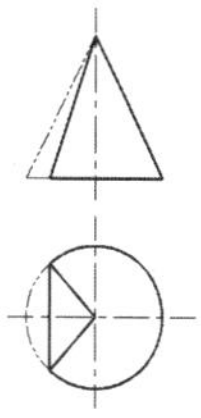
截交线形状	圆	椭圆	双曲线加直线段	抛物线加直线段	等腰三角形

2. 圆锥截割的作图方法

如图 6-10 所示为一正圆锥被正垂面截切。其作图步骤如下：

(1) 分析　该截平面倾斜于圆锥轴线，截交线的正面投影积聚为一直线，因为圆锥素线与

H 面的倾角大于截平面对 H 面的倾角，因此截交线为一椭圆，其水平投影和侧面投影通常亦为一椭圆。由于圆锥前后对称，所以此椭圆也一定前后对称。水平投影椭圆的长轴方向在截平面与圆锥前后对称面的交线（正平线）上，其端点在最左、最右素线上，而短轴则是通过长轴中点的正垂线。侧面投影椭圆长轴的方向则于圆锥轴线垂直，短轴投影在圆锥轴线上。

（2）求点　即求得截交线上的特殊点和一般点。

① 求特殊点。由截交线和圆锥面最左、最右素线正面投影的交点 1′，2′可求出水平投影 1，2 和侧面投影 1″，2″；1′，2′，1，2 和 1″，2″就是水平投影椭圆长轴的三面投影。取 1′，2′的中点，即为水平投影椭圆短轴有积聚性的正面投影 3′，4′。过 3′，4′按圆锥面上取点的方法作辅助水平圆，作出该水平圆的水平投影，根据投影关系求得 3，4 及 3″，4″。而 3′，4′，3，4 及 3″，4″同时为侧面投影椭圆长轴的三面投影，1′，2′，1，2 和 1″，2″就是侧面投影椭圆短轴的三面投影。

② 求一般点。为了准确地画出截交线，需适当找出若干个一般点，如Ⅴ，Ⅵ，Ⅶ，Ⅷ四点。特别注意，Ⅴ，Ⅵ也是圆锥面上最前和最后转向轮廓线上的点。

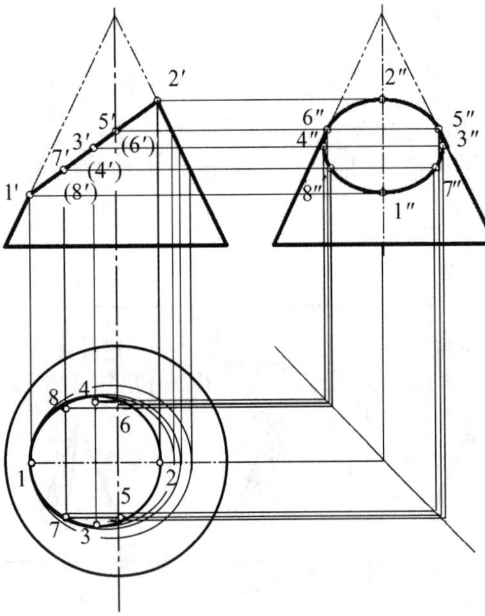

图 6-10　正垂面与圆锥相交

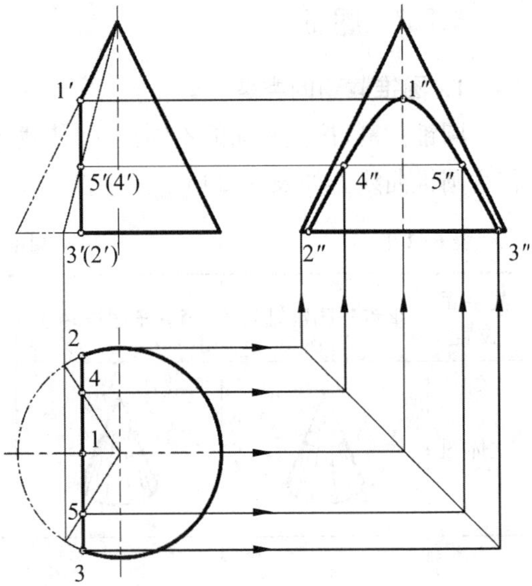

图 6-11　侧平面与圆锥相交

（3）连线　依次连接各点的同面投影即得截交线的水平投影与侧面投影。

图 6-11 所示为一正圆锥被一侧平面所截切。其作图步骤如下：

（1）分析　由于截平面平行于圆锥轴线，所以截交线为双曲线。它的水平投影与正面投影均积聚为一直线，要求作的是截交线的侧面投影。

（2）求点　即求得截交线上的特殊点和一般点。

① 求特殊点。截平面与正面轮廓线的交点Ⅰ是双曲线的最高点，截平面于圆锥底圆的交点Ⅱ、Ⅲ是最低点，这些点都可直接作出。

② 求一般点。一般点可先在截交线的已知投影上选取，然后过点在圆锥面上作辅助线（素

线或纬圆)求出其他投影。图中用素线法求出两个一般点Ⅳ,Ⅴ。同理,可作出其他一般点。

(3) 连线 依次光滑地连接各点即得截交线的侧面投影。

6.1.3 圆球

1. 圆球截割的类型

平面与圆球相交,其截交线都是圆。如果截平面是投影面平行面,在该投影面上的投影为圆的实形,其他两投影积聚成直线,长度等于截交圆的直径。如果截平面是投影面垂直面,截交线在该投影面上的投影积聚成直线,其他两投影均为椭圆,如图 6-12 所示。

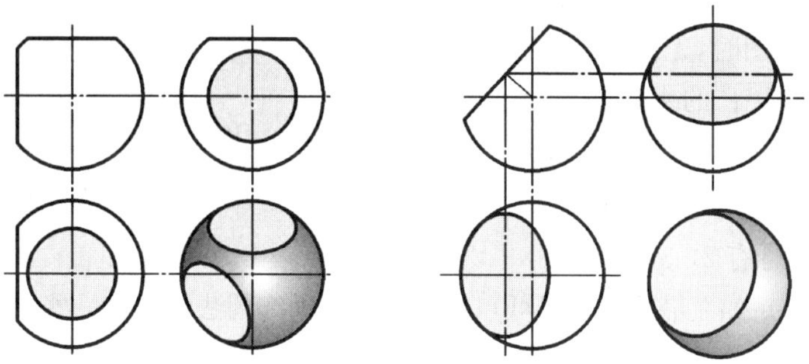

(a) (b)

图 6-12 圆球截割

2. 圆球截割的作图方法

图 6-13 所示为一圆球被正垂面截切,作图步骤如下:

(1) 分析 因为圆球被正垂面截切,所以截交线的正面投影积聚为一直线,且等于截交线圆的直径,水平投影和侧面投影均为椭圆。

(2) 求点 先作水平投影,确定椭圆长短轴的端点。圆的水平直径ⅢⅣ平行于水平投影面,其水平投影 34 为椭圆的长轴,与ⅢⅣ垂直的直径ⅠⅡ对水平面的倾角最大,其水平投影 12 为椭圆的短轴。再求出圆球水平投影转向轮廓线上的点Ⅴ,Ⅵ和圆球侧面投影转向轮廓线上的点Ⅶ,Ⅷ。

(3) 连线 将这些点依次光滑连接起来,即为截交线的水平投影。

同理可作出截交线的侧面投影。

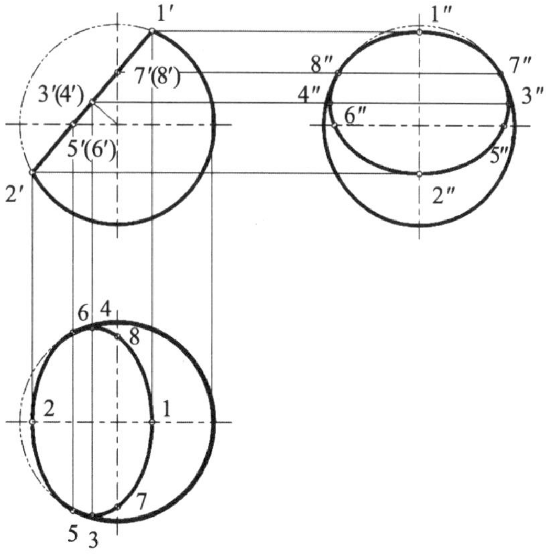

图 6-13 平面与圆球相交

6.1.4 环面

如图 6-14(a)所示为一正平面 P 与圆弧回转面(部分内环面)相交,作图步骤如下:

1. 分析

由于截平面与环面轴线平行，因此截交线为一四次曲线，它的正面投影亦为一四次曲线，其水平投影则积聚为一直线，因此，根据截交线的性质，要求作的截交线是在它的正面投影上。

2. 求点

即求得截交线上的特殊点和一般点。

(1) 求特殊点。根据在回转面上取点的方法，圆弧回转面上的纬圆与截平面的切点Ⅰ是截交线的最高点。作图时，先作出这个纬圆的水平投影，使它与截平面 P 的水平投影相切于点 1，然后作出该纬圆的正面投影和最高点的正面投影 1′；截平面与圆环回转面底面的交点Ⅱ，Ⅲ是截交线的最低点，可有 2，3 直接作出 2′，3′。

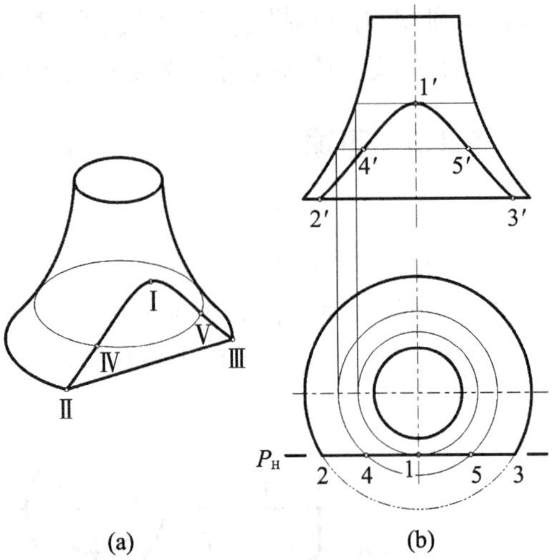

图 6-14 平面与内环面相交

(2) 求一般点。如在最高点和最低点之间利用辅助纬圆法适当作一些一般点，如点Ⅳ，Ⅴ。

3. 连线

将所求得各点依次光滑连线，即得截交线的正面投影，如图 6-14(b)所示。

6.1.5 组合回转体

组合回转体是由若干基本回转体组成。当平面与组合回转体相交时，截交线是由截平面与各个基本回转体的截交线所组成的平面图形。作图时首先要分析各部分的曲面性质，然后，按照它的几何特性确定其截交线形状，再分别作出其投影。

图 6-15 为一拉杆接头，它的表面由轴线为侧垂线的圆柱面、圆锥面和球面组成。前后

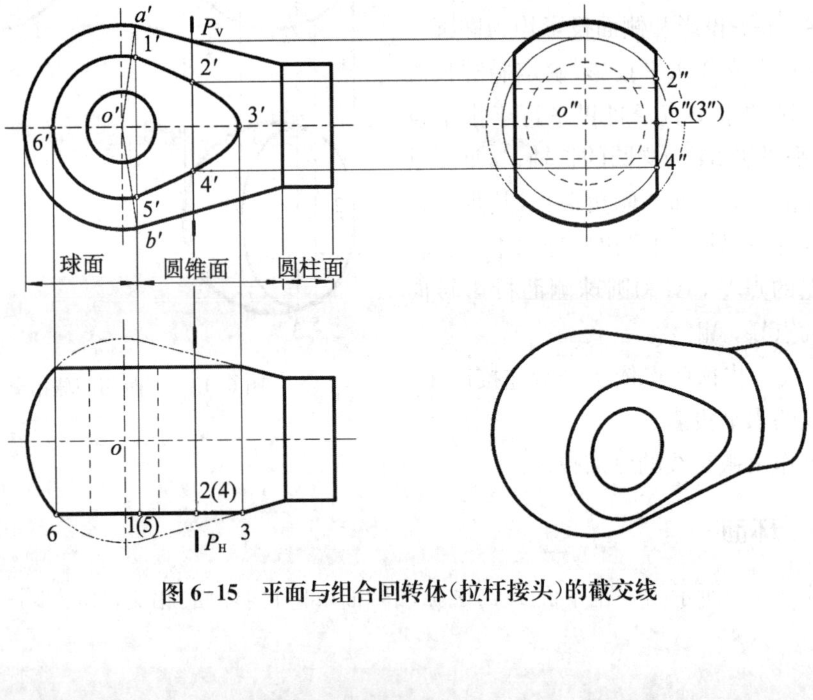

图 6-15 平面与组合回转体（拉杆接头）的截交线

各被正平面截切，球面部分的截交线为圆；圆锥面部分的截交线为双曲线；圆柱面部分未被截切。作图时先要在图上确定球面与圆锥面的分界线，可从球心 o' 作圆锥面正面外形轮廓线的垂线得交点 a'，b'，将 a'，b' 连线即为球面与圆锥面的分界线。以 o' 为圆心，$o'6'$ 为半径作圆，即为球面的截交线，该圆与 $a'b'$ 线相交于 $1'$，$5'$（截交线上圆与双曲线的结合点）点。圆锥面上的截交线可按照图 6-10 的作图步骤及方法画出，即完成拉杆接头截交线的正面投影。

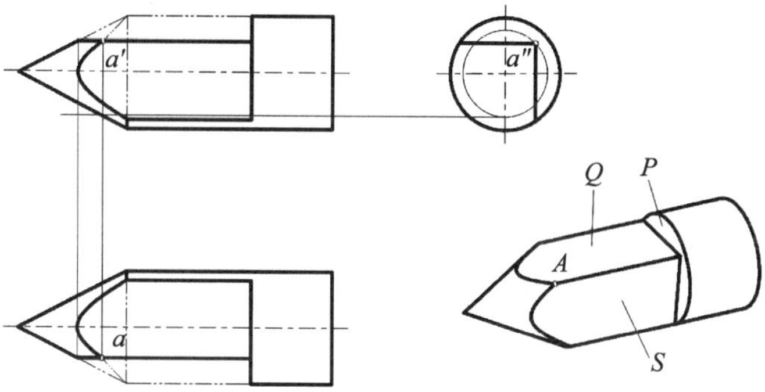

图 6-16 磨床顶尖的截交线

6.1.6 组合截割

如图 6-16 为一磨床顶尖。其头部由圆锥和圆柱两部分组成，为了避免砂轮在进刀、退刀时与顶尖相撞，顶尖的上面和前面都铣去一部分，可以把它分别看作为被侧平面 P，水平面 Q，正平面 S 截切，截平面 P 垂直于顶尖的轴线，因此截交线是圆的一部分；截平面 Q 和 S 平行顶尖的轴线，因此圆柱部分截交线为两条平行直线，圆锥部分的截交线为两条不完整的双曲线，两双曲线的交点 A 的侧面投影 a'' 可首先确定，然后，可根据圆锥面上取点的方法确定 a' 和 a。截交线的作图方法请读者自行分析。

第7章 基本立体相贯

两立体相交,又称相贯,按其立体表面的性质可分为:平面立体与平面立体相交;平面立体与曲面立体相交;曲面立体与曲面立体相交三种情况,如图 7-1(a),(b),(c)所示。

两立体表面的交线称为相贯线。相贯线是立体表面的共有线,相贯线上的点是两立体表面的共有点。相贯线也是两相交立体的分界线。由于立体的表面是封闭的,因此,相贯线在一般情况下是封闭的空间折线或曲线,在特殊情况下可以由平面曲线或直线组成。当两立体的表面处在同一平面上时,相贯线是不封闭的。相贯线的形状决定于参加相交的两立体的本身形状、大小及两立体之间的相对位置。

本章将分别讨论上述三种情况相贯线的性质和作图方法。

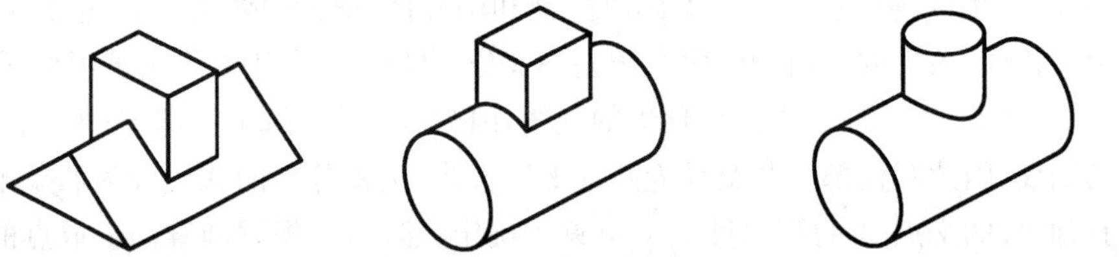

(a) 平面立体与平面立体相交　(b) 平面立体与曲面立体相交　(c) 曲面立体与曲面立体相交

图 7-1　两立体相交的种类

7.1 平面立体与平面立体相贯

平面立体与平面立体相交其相贯线是封闭的空间折线或平面多边形。求相贯线可归结为求两立体相应棱面的交线,或求一立体的棱线与另一立体表面的交点。

如图 7-2 所示,三棱锥与三棱柱相贯。三棱柱各棱面都是铅垂面。三棱锥 S-ABC 从三棱柱 LMN 的 MN 棱面穿进,由 LM 棱面穿出,相贯线是两个三角形。其中一个三角形可看作是 MN 平面与三棱锥的截交线,另一个三角形可看作是 LM 平面与三棱锥的截交线。它们的水平投影分别积聚在 MN,LM 面的水平投影上,因此只需求出相贯线的正面投影。

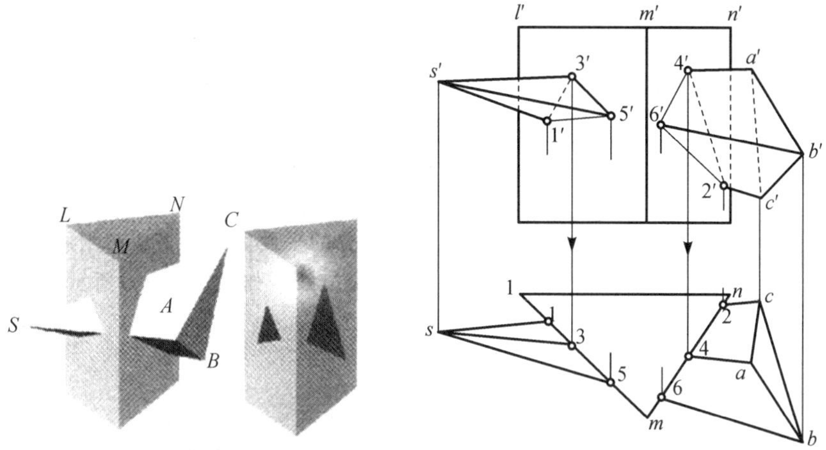

(a) 立体图　　(b) 作图过程

图 7-2　三棱锥与三棱柱相贯

作图步骤

(1) 求 LM 平面与三棱锥的截交线△ⅠⅡⅢ。水平投影 sa，sb，sc 与 ed 交于 1，2，3 三点，由它们求出相应的正面投影 1′，2′，3′，连成△1′2′3′即为所求。$s'b'c'$不可见，所以 2′3′不可见，画成虚线。

(2) 求 MN 平面和三棱锥的截交线ⅣⅤⅥ。水平投影 sa，sb，sc 与 ef 交于三点 4，5，6，由它们求出相应的正面投影 4′，5′，6′，连成△4′5′6′ 即为所求。正面投影 $s'b'c'$不可见，所以 5′6′不可见，画成虚线。

又如图 7-3 所示，已知屋面及屋面上气窗的 V 面、W 面投影，求气窗与坡屋面交线的 H 面投影。

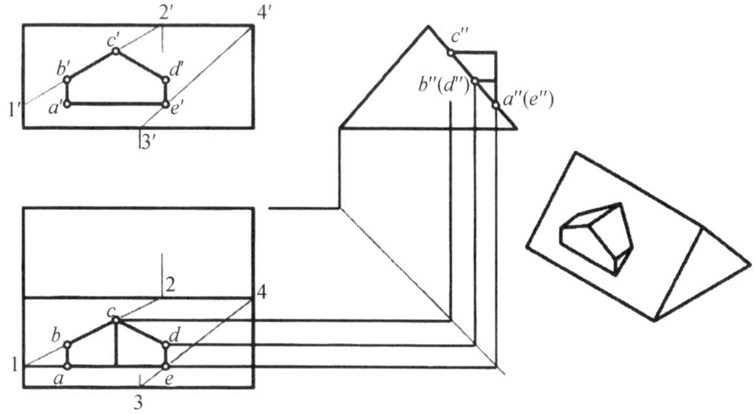

图 7-3　气窗与坡屋面相贯的投影图

气窗可视为侧棱垂直于 V 面的五棱柱，相贯线的 V 面投影与气窗的 V 面投影五边形重合；前屋面是侧垂面，W 面投影积聚成斜线，相贯线的 W 面投影落在此斜线上，只需求出屋面、气窗及它们的相贯线的 H 面投影。

作图步骤

(1) 补绘屋面的 H 面投影。

(2) 补绘气窗的 H 面投影，遵循投影规律，作出 A, B, C, D, E 各点的 H 面投影。

(3) 依次连接各点的 H 面投影成封闭折线。

(4) 判断 H 面投影可见性，并过 c 作气窗正垂线屋脊的 H 面投影。

若无 W 面投影时，可直接通过 BC(或 CD)在屋面上作辅助线来求 bc，即延长 $b'c'$，分别与檐口线和屋脊线交于 $1'2'$，由此求得 12, bc 皆在其上。同理，求出 cd 和点 e，并作出侧垂线 AE(图 7-3)。

7.2 平面立体与曲面立体相贯

平面立体与曲面立体相交，其相贯线一般是若干个部分的平面曲线所组成的封闭的空间曲线，求相贯线可归结为求平面立体上某一表面与曲面立体表面的截交线。

如图 7-4(a)所示是建筑上常见构件柱、梁、板连接的直观图。方梁与圆柱的相贯线具体作图步骤见图 7-4(b)。

(1) 首先根据 H 面、W 面积聚投影，直接标注出相贯线上折点的水平投影 1, 2, 3, 4, 5, 6, 7, 8 和侧面投影 $1''$, $2''$, $3''$, $4''$, $5''$, $6''$, $7''$, $8''$。

(2) 利用点的投影规律求出相贯线的正面投影 $1'$, $2'$, $3'$, $4'$, $5'$, $6'$, $7'$, $8'$。

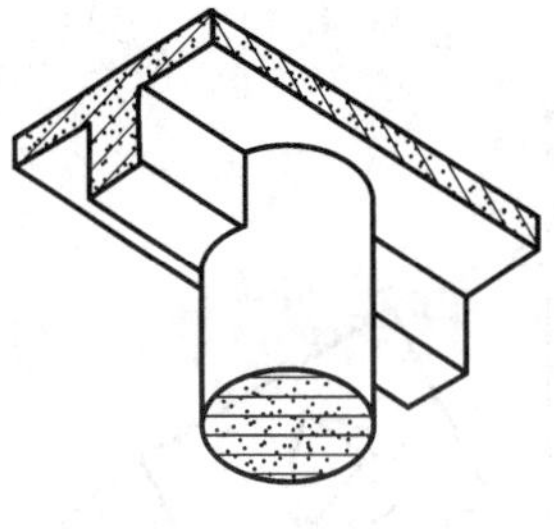
(a) 立体图

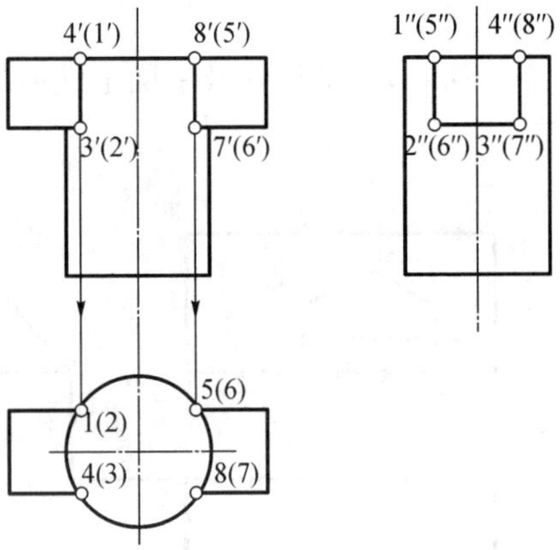

(b) 作图过程

图 7-4 方梁与圆柱相贯

又如图 7-5(a)所示，给出圆锥薄壳的主要轮廓线，求作相贯线。

作图步骤如下：

(1) 求特殊点，先求相贯线的转折点，即 4 条双曲线的联结点 A, B, M, G，可根据已知的 4 个点的 H 面投影，用素线法求出其他投影。再求前面和左面双曲线最高点 C, D。

(2) 同样用素线法求出两对称的一般点 E, F 的 V 面投影 $e'f'$ 和一般点 Ⅰ Ⅱ 的 W 面投

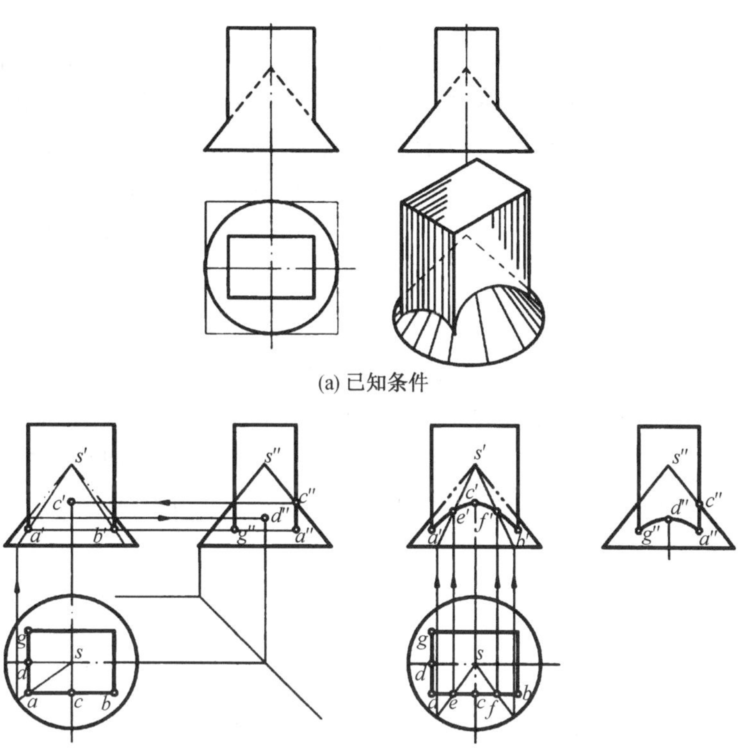

(a) 已知条件

(b) (c)

图 7-5 方柱与圆锥的相贯线

影 1″, 2″。

(3) 连点,V 面投影连接 a'-e'-c'-f'-b', W 面投影连接 a''-1″-d''-2″-g''。

(4) 判别可见性,相贯线的 V 面、W 面投影都可见,相贯线的后面和右面部分的投影,与前面和左面部分重影。

7.3 曲面立体与曲面立体相贯

曲面立体与曲面立体相贯,其相贯线一般是封闭的空间曲线。由于相贯线是两曲面立体的公有线,故可以通过求一系列公有点后连线而成。求公有点时,应先求出相贯线上的特殊点,如最高、最低、员左、最前、最后及轮廓线上的点等,再求其他点。

求作两曲面立体相贯线常用的方法有以下几种。

7.3.1 积聚性法

两曲面立体相交,其中至少有一个为圆柱体,其轴线垂直于某投影面时,则圆柱面在该投影面上的投影积聚为一个圆。其他投影可根据表面上取点的方法作出。

如图 7-6 所示为直立圆柱与水平圆柱相交,其作图步骤如下:

1. 分析

由图不难看出，两圆柱轴线垂直相交，这样相贯线在空间具有三个对称面，即前后、上下和左右对称。同时直立圆柱的轴线垂直于水平面，水平圆柱的轴线垂直于侧面，可知相贯线的水平投影积聚在直立圆柱的水平投影(圆)上，侧面投影积聚在水平圆柱的侧面投影(圆)上，故不需要作图，要求作的是相贯线的正面投影。因已知相贯线的两个投影即可求出其正面投影。又因直立圆柱的直径比水平圆柱的直径小，即小圆柱穿入大圆柱，因此相贯线的正面投影必然是向大圆柱弯曲。

2. 求特殊点

为了作图正确和简捷，首先必须求出相贯线上的特殊点。因相贯线上下对称，对上面一支曲线而言，Ⅰ点是直立圆柱面最前面轮廓线与水平圆柱面的交点，它是最前点也是最低点，1′可根据 1，1″求得；Ⅱ，Ⅲ点为直立圆柱面最左轮廓线和最右轮廓线与水平圆柱面最高轮廓线的交点，它们是相贯线上的最左、右点和最高点，2′，3′可直接在图上作出。

3. 求一般点

一般点可适当求作，如在直立圆柱面的水平投影(圆)上取 4，5 两点，在作出它们的侧面投影 4″，5″，其正面投影 4′，5′可根据投影规律求出。

4. 光滑连线

顺次光滑地连接 2′，4′，1′，5′和 3′等点即为相贯线的正面投影。应当指出，因相贯线前后对称，后半部分不可见的投影与前半部分可见的投影重合，所以只画可见部分(实线)；两圆柱相交成为一个整体，因而水平圆柱最高轮廓线 2′，3′两点之间已不存在，不应画虚线。

由于相贯线上下对称，故下面一支相贯线的正面的投影为上述所求的对称图形。

如直立圆柱向前平移，这时两圆柱在前后位置上不具有公共对称面，因此相贯线的正面投影为空间四次曲线，如图 7-6(a)所示。但相贯线仍在正面投影上，它也可用积聚性法求出。这时Ⅰ点为最前点，Ⅵ点为最后点，Ⅱ，Ⅲ点为相贯线的可见部分与不可见部分的分界

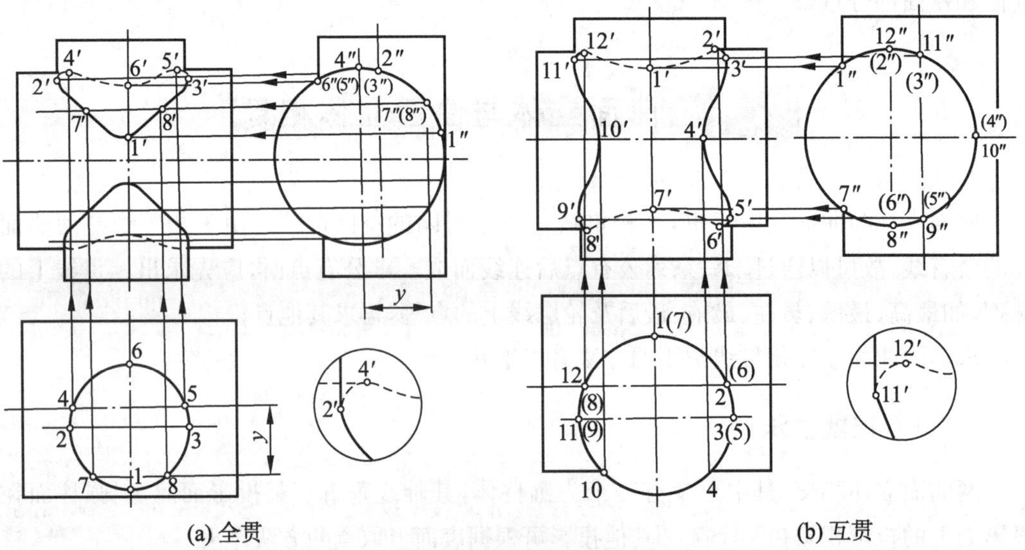

(a) 全贯　　　　(b) 互贯

图 7-6　两圆柱轴线垂直交叉

点，Ⅳ，Ⅴ点为最高点。应当注意，$2'4'$段曲线应为虚线（见右下处局部放大图）。由于直立圆柱贯穿于水平圆柱，这种贯穿称为全贯，所以交线为上下两支对称图形。

如直立圆柱继续向前平移，这时两圆柱互相交贯，称为互贯。其相贯线为一条空间四次曲线，其正面投影上下、左右对称，如图 7-6(b)所示。其作图也可用积聚性法。此处不再赘述，请读者自行分析。

图 7-7 为在水平圆柱上钻一个圆柱孔，其形成原理和作图方法与上述相同。只是在正面投影和侧面投影上需画出圆柱孔的投影轮廓线，因为不可见，所以画成虚线。

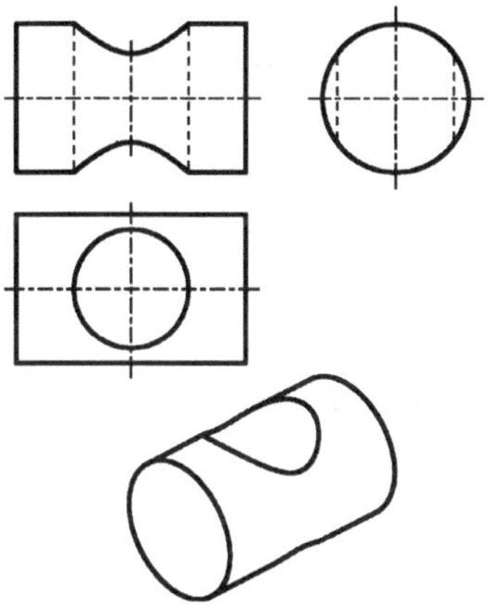

图 7-7 圆柱孔与圆柱相交

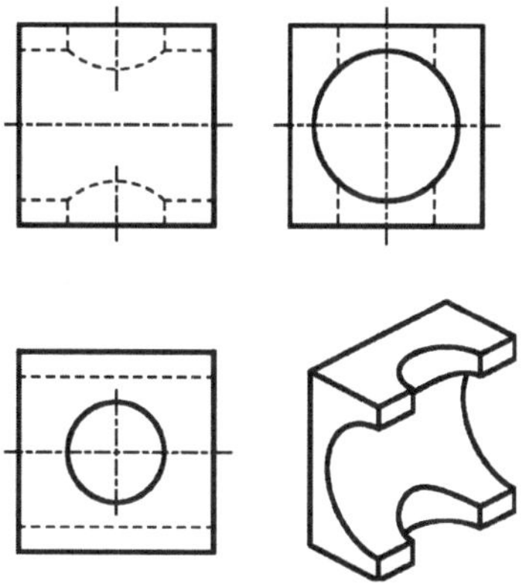

图 7-8 两圆柱孔相交

图 7-8 是两圆柱孔相交，其相贯线在内圆柱面上，因为不可见，所以画成虚线。形成原理和作图方法与上述相同。

7.3.2 辅助平面法

求两曲面立体表面的共有点，可以根据“三面共点”的原理。在相贯线的作图中，用平面作为辅助面时，称为辅助平面法。

当用辅助平面法求作相贯线时，一般应根据两相交曲面立体的形状和他们的相对位置来选择辅助平面，以作图简便为出发点，选择的原则是辅助平面与两曲面立体的交线的投影都是最简单的线条（直线或圆）。现分别举例说明辅助平面法的具体应用。

如图 7-9 所示为水平圆柱与半圆球相交，其作图步骤如下。

1. 分析

两立体相交后具有平行于正面的公共对称面，故相贯线的正面投影前后对称。侧面投影积聚于水平圆柱的侧面投影（圆）上，不必求作。图形左右不对称，水平投影为四次曲线。其辅助平面可以选择与圆柱轴线平行的水平面，这时平面与圆柱面相交为一对平行直线，与圆球面相交为圆，也可选择与圆柱轴线相垂直的侧平面作为辅助平面，这时平面与圆柱面、圆球面相交均为圆。

2. 求特殊点

Ⅰ，Ⅳ点为相贯线上的最高点和最低点，也是最右点和最左点，可以直接求出。最前和

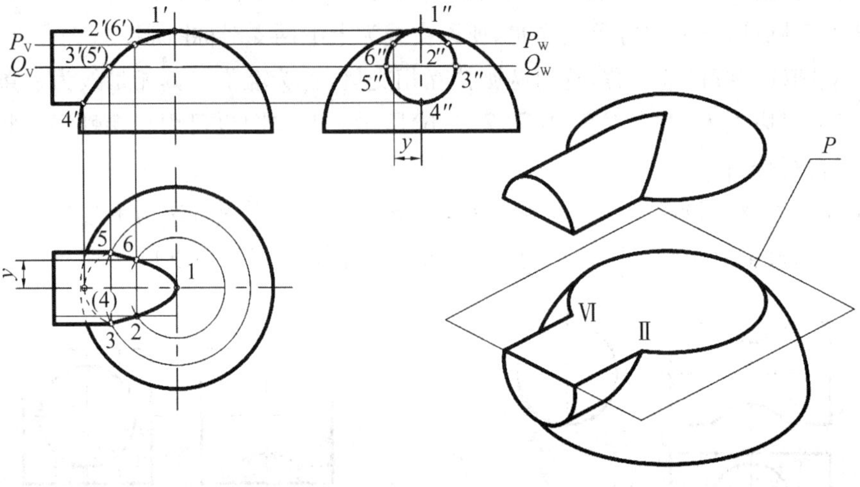

图 7-9　圆柱与圆球相交

最后点应在圆柱面的最前和最后的转向轮廓线上，可过圆柱面轴线作水平面 Q，该平面与圆球面相交为圆，与水平圆柱相交为两条直线（前后两条转向轮廓线），它们的水平投影相交于 3，5 点，即为相贯线上的最前和最后点，也是相贯线水平投影的可见部分与不可见部分的分界点，其正面投影和侧面投影分别为 3′，5′和 3″，5″。

3. 求一般点

可作辅助平面，如取水平面 P，它与圆柱面相交为一对平行直线，与圆球面相交为圆，直线与圆的水平投影的交点 2，6 即为共有点Ⅱ，Ⅵ的水平投影，由此可求出正面投影 2′，6′。用同样的方法还可求得一系列其他一般点，请读者自行分析。

4. 连线

依次连接各点的同面投影，即得相贯线的各个投影。如图所示其连接顺序为Ⅰ-Ⅱ-Ⅲ-Ⅳ-Ⅴ-Ⅵ-Ⅰ。

5. 判别可见性

判别可见性的原则是：两曲面立体的表面同时可见，交线才可见，否则不可见。Ⅲ，Ⅴ点为可见与不可见的分界点，所以Ⅲ，Ⅴ点以上部分可见，以下部分不可见，其水平投影Ⅲ，Ⅳ，Ⅴ点为不可见，画成虚线，其余线段画成实线。在正面投影上，相贯线前后对称，只画实线，而不画虚线。

6. 将两立体作为整体处理

圆柱与圆球相交成为一个整体，因而水平圆柱最前和最后两条轮廓线与圆球的贯穿点为Ⅲ，Ⅴ两点，所以水平投影 3，5 两点左面的圆柱轮廓线应画出。

如图 7-10 所示为圆锥台与四分之一圆柱相交，其作图步骤如下。

1. 分析

圆台与圆柱的轴线交叉垂直，且分别垂直于于水平面和正面。图形前后对称，所以相贯线前后对称。由于圆柱的轴线垂直于正面，所以相贯线的正面投影积聚在圆柱面的正面投影上。相贯线的侧面投影与水平投影为四次曲线。根据选择辅助平面的原则，可选取水平面作为辅助平面。

2. 求特殊点

圆锥台的最左、最右、最前、最后四条轮廓线和圆柱相交于Ⅰ，Ⅲ，Ⅱ，Ⅳ四点，而点Ⅰ，Ⅲ同时为相贯线上是最低点和最高点。这些点的正面投影可直接求出，根据投影规律即可求出它们的水平投影和侧面投影。

3. 求一般点

可作水平辅助面 P，它与圆台相交为圆，水平投影反映圆的实形，与圆柱面相交为直线，该直线在正面投影上积聚为一点。在正面投影上的共有点为Ⅴ，Ⅵ，由此再求出其水平投影 5，6 及侧面投影 5″，6″。

4. 连线

依次连接各点的同面投影即得相贯线的各个投影。

5. 判别可见性

水平投影两立体的表面均可见，所以相贯线画成实线。侧面投影Ⅱ，Ⅳ点为可见与不可见的分界点，所以Ⅱ，Ⅳ点以下部分可见，画成实线，以上部分不可见，画成虚线。

6. 将两立体作为整体处理

圆锥台与圆柱相交成为一个整体，因圆台最前和最后两条轮廓线与圆柱面的贯穿点为Ⅱ，Ⅳ两点，所以侧面投影 2″，4″以上的圆台轮廓线应画出。

如图 7-11 所示为圆柱与圆锥相交，其作图步骤如下。

1. 分析

相贯线的水平投影积聚于圆柱面的水平投影(圆)上，其正面投影为空间四次曲线，且不封闭。因图形前后、左右、上下均不对称，所以相贯线亦不对称。其辅助平面可选择过锥顶的铅垂面，它与两曲面的交线均为直线。也可以选择垂直于轴线的水平面，它与两曲面的交线均为圆。

2. 求特殊点

两曲面的底面都在同一平面上，它们的交点Ⅰ，Ⅱ为相贯线上的最低点，同时Ⅰ点又是最前点，Ⅱ点是最左点，可以直接在图上作出。水平投影 9 在圆柱

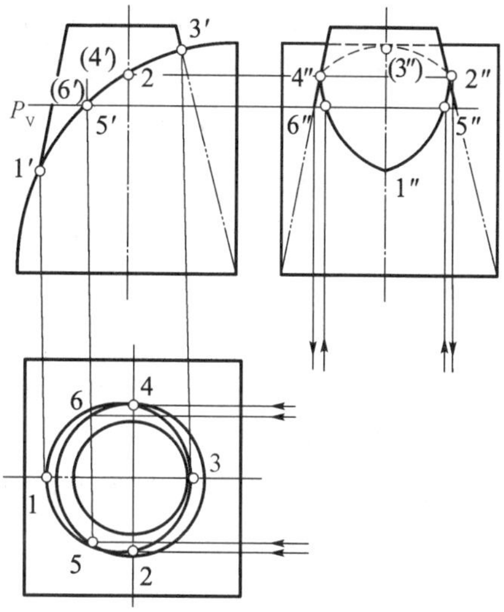

图 7-10 圆台与圆柱相交

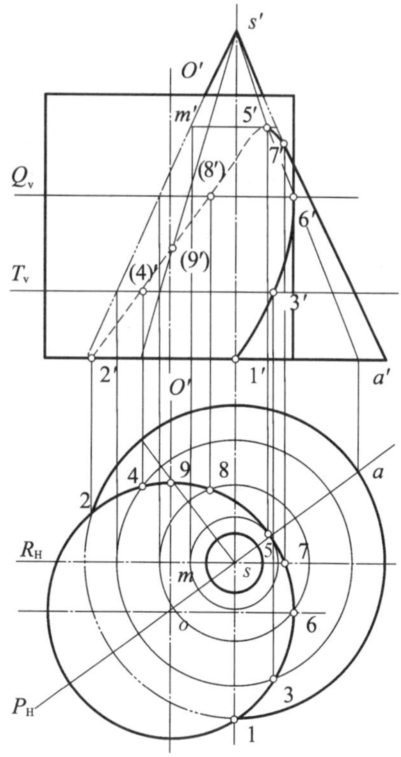

图 7-11 圆柱与圆锥相交

表面的最后轮廓线上，为相贯线上的最后点，可利用圆锥表面上取点的方法求得 9′。当水平辅助面截切圆锥面得到的圆和截切圆柱面得到的圆相切时，这时辅助平面的高度是在最高位置，因此 V 点是最高点，水平投影 5 为两圆的切点，由圆锥表面上取点的方法求出正面投影 5′。V 点也可过圆柱轴线 o 与锥顶 S 作辅助铅垂面 P 求出。

圆柱面的最右轮廓线与圆锥表面的交点Ⅵ，为相贯线上的最右点，其水平投影 6 可直接作出，其正面投影 6′可通过作辅助平面 Q 求出，用该辅助平面同时可求得点Ⅷ。点Ⅵ也可利用圆锥表面上取点的方法求得。

圆锥面的最右轮廓线与圆柱表面的交点Ⅶ，可作过锥顶 S 的正平面 R 作为辅助面求出，它是正面投影上圆锥转向轮廓线与圆柱面的贯穿点。

3. 求一般点

作水平辅助面 T，截切两曲面的交线为两圆，它们的水平投影的交点 3，4 即为共有点Ⅲ，Ⅳ的水平投影，由此可求出 3′，4′。

4. 连线

依次连接各点即得相贯线的投影。

5. 判别可见性

点Ⅰ，Ⅲ，Ⅵ同时在圆柱和圆锥的前表面上，均为可见，所以 1′-3′-6′画为实线。点Ⅵ，Ⅶ，Ⅴ，Ⅷ，Ⅸ，Ⅳ，Ⅱ在圆柱的后表面上，均为不可见，所以 6′-7′-5′-8′-9′-4′-2′画为虚线。

6. 将两立体作为整体处理

圆柱与圆锥相交成为一个整体，圆柱最右轮廓线与圆锥面的贯穿点为Ⅵ点，所以正面投影 6′以上的圆柱轮廓线应画出。圆锥最右轮廓线与圆柱面的贯穿点为Ⅶ点，所以正面投影 7′以下的圆锥轮廓线应画出。但点Ⅶ在圆柱后表面上，所以被圆柱面遮挡的部分圆锥轮廓线应画成虚线。又因圆锥从圆柱上顶穿出，所以圆柱上顶与圆锥面交线的水平投影（圆）还须画出。

7.3.3 相贯线投影的特殊情况

在求作两曲面立体的相贯线时，掌握相贯线投影的一些特殊情况尤为必要，可直接画出相贯线，不必选择辅助面求解。

两曲面立体的相贯线，一般情况下是空间四次曲线，在特殊情况下可以是平面曲线或直线。

1. 相贯线是平面曲线

这里不加证明地介绍蒙若定理：当两个二次曲面同时切于第三个二次曲面时，则相贯线为平面曲线。如图 7-12 所示。

（1）当两直径相同的圆柱轴线正交时，两者必同时外切于一球，相贯线为两个大小相等的椭圆。其正面投影为两段直线，水平投影与直立圆柱的水平投影重合，如图 7-12(a)所示。

（2）当两直径相同的圆柱轴线斜交时，两者必同时外切于一球，相贯线仍为两椭圆，不过大小不等，其正面投影仍为两段直线，水平投影与直立圆柱的水平投影重合，如图 7-12(b)所示。

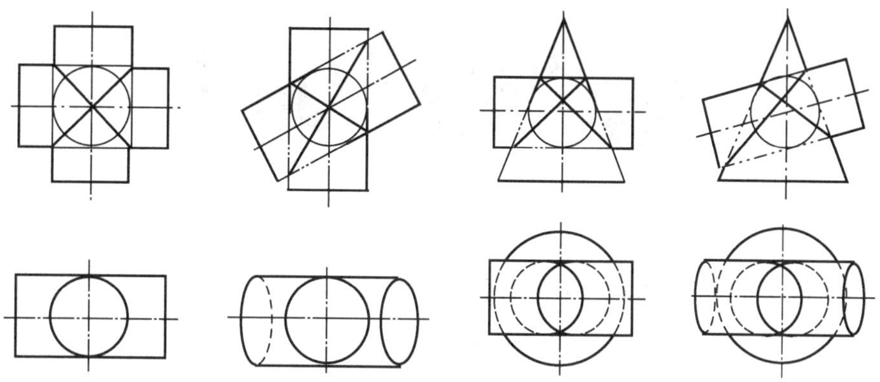

图 7-12 相贯线为平面曲线

(3) 当一圆锥轴线与一圆柱轴线正交时,若两者同时外切于一球,则相贯线也是两个大小相等的椭圆,其正面投影为两线段,水平投影为两相交的椭圆,如图 7-12(c)所示。

(4) 当一圆锥轴线与一圆柱轴线斜交时,若两者同时外切于一球,则相贯线也是两个大小相等的椭圆,其正面投影为两线段,水平投影为两相交的椭圆,如图 7-12(d)所示。

2. 相贯线为直线

(1) 两圆柱的轴线平行时,相贯线是直线,如图 7-13(a)所示。

(2) 两圆锥共顶时,相贯线是直线,如图 7-13(b)所示。

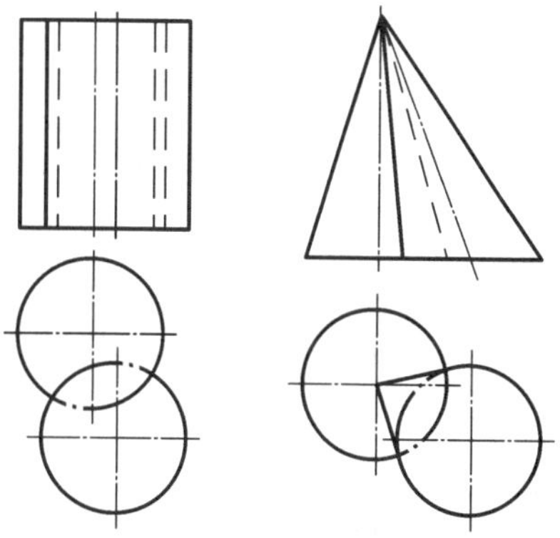

图 7-13 相贯线为直线

7.3.4 相贯线的变化趋势

相贯线的空间形状取决于两立体的形状、大小及它们的相对位置;而相贯线的投影形状还取决于它们对投影面的相对位置。

(1) 尺寸大小变化对相贯线形状的影响如图 7-14 所示。

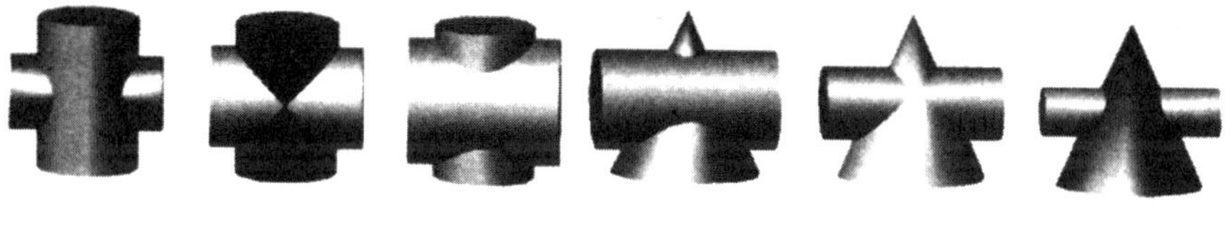

图 7-14 尺寸大小变化对相贯线形状的影响

(2) 相对位置变化对相贯线形状的影响,如图 7-15 所示。

图 7-15　相对位置变化对相贯线形状的影响

7.3.5　多个曲面立体相交时相贯线的求法

以上所述皆为两个曲面立体相交时相贯线的求法，但在工程实际中，三个或三个以上的曲面立体相交的情况也是常见的。多个曲面立体相交时相贯线的求法，基本上和两个曲面立体相交时相贯线的求法一样，只是在求相贯线以前，首先要进行认真分析，再用求两个曲面立体相贯线的方法，把它们彼此相交部分的相贯线分别求出来，且合并为一条封闭的线。这样即可求出多个曲面立体相交的相贯线。

图 7-16 所示为机器零件外形的相贯线，作图步骤如下。

1. 分析

该零件主要由圆环、直立圆柱和水平圆柱三个曲面立体组成。由于直立圆柱面的水平投影具有积聚性，所以相贯线的水平投影积聚在圆上，正面投影和侧面投影为：

(1) 直立圆柱与圆环相交，形成相贯线Ⅲ-Ⅳ-Ⅴ。

(2) 直立圆柱与水平圆柱相交，形成相贯线Ⅰ-Ⅱ。

(3) 水平圆柱端面与直立圆柱相交，得交线Ⅰ-Ⅲ（直线），是属于截交线。作图时不应忽略。

2. 作图

具体作图步骤如图 7-16 所示，请读者自行阅读。

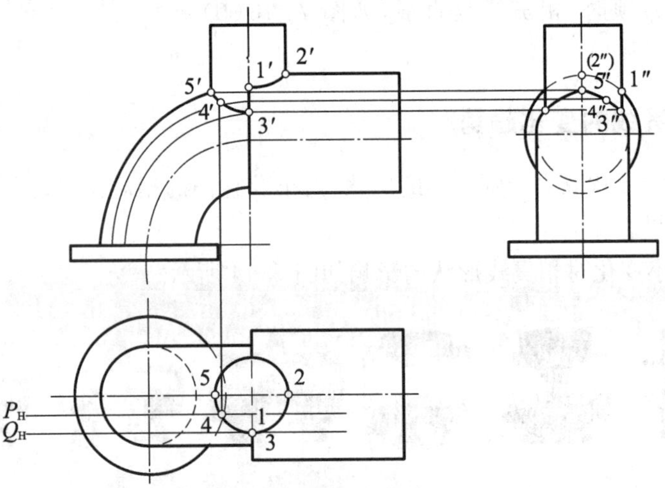

图 7-16　求多个曲面立体的相贯线

7.4 同坡屋面交线

为了排水需要，建筑屋面均有坡度，当坡度大于10%时称坡屋面。坡屋面分单坡、二坡和四坡屋面。当各坡面与地面（H 面）倾角 α 都相等时，称为同坡屋面。坡屋面的交线是两平面立体相交的工程实例，但因其特性，与前面所述的作图方法有所不同，坡屋面各种交线的名称如图7-17所示。

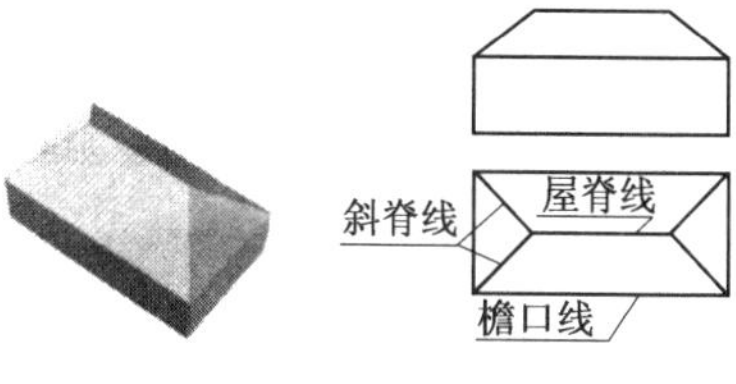

图7-17 同坡屋面

同坡屋面有如下特点：

(1) 坡屋面如前后檐口线平行且等高时，前后坡面必相交成水平的屋脊线，屋脊线的 H 投影，必平行于檐口线的 H 面投影，且与檐口线等距。

(2) 檐口线相交的相邻两个坡面，必相交于倾斜的斜脊线或天沟线。

(3) 在屋面上如果有两斜脊、两天沟或一斜脊一天沟相交于一点，则必有第三条屋脊线通过该点。

作同坡屋面的投影图，可根据同坡屋面的投影特点，直接求得水平投影，再根据各坡面与水平面的倾角求得 V 面投影以及 W 面投影。

如图7-18(a)所示，已知屋面倾角 $\alpha=30$。和屋面的平面形状，求屋面的 V 面、W 面投影和屋面交线。

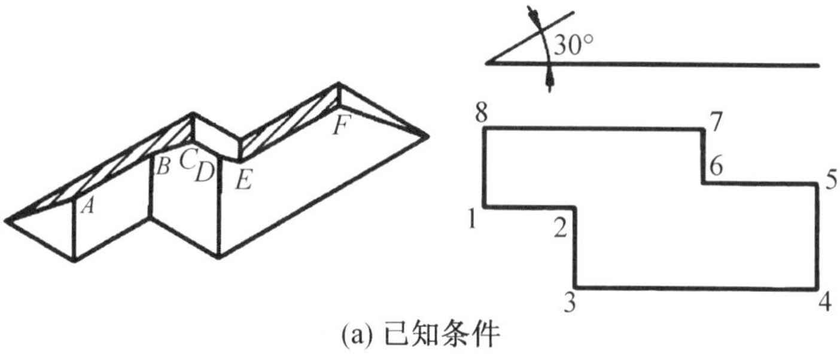

(a) 已知条件

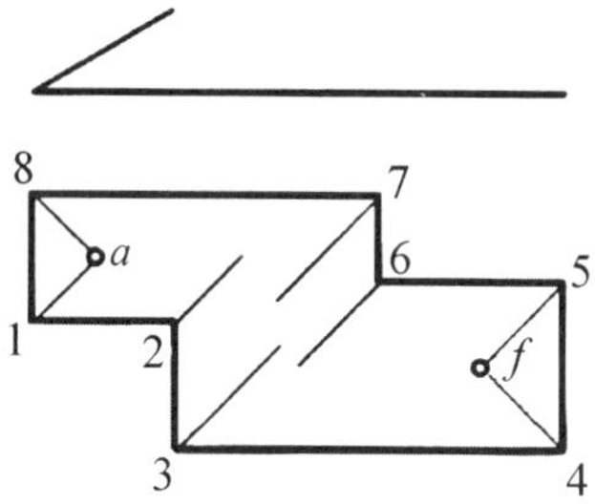

(b) 求同坡屋面的交线步骤一

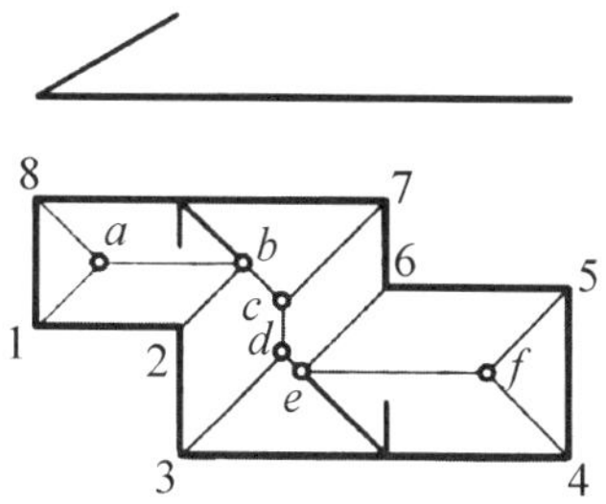

(c) 求同坡屋面的交线步骤二

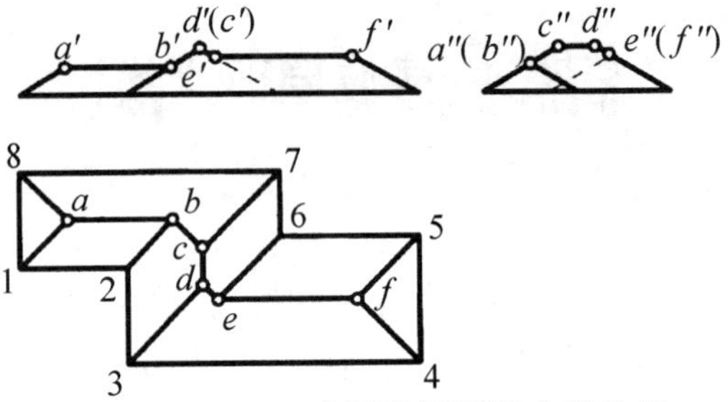

(d) 求同坡屋面的交线结果

图 7-18　求同坡屋面的交线

作图步骤

(1) 在屋面平面图形上经每一屋角作 45°分角线。在凸墙角上作的是斜脊,在凹角上作的是天沟,其中两对斜脊分别交于点 *a* 和点 *f*,如图 7-18(b)所示。

(2) 作每一对檐口线(前后和左右)的中线,即屋脊线。通过点 *a* 的屋脊线与墙角 2 的天沟线相交于 *b*,过点 *f* 的屋脊线与墙角 3 的斜脊线相交于 *e*。对应于左右檐口(23 和 67)的屋脊线与墙角 6 的天沟线和墙角 7 的斜脊线分别相交于点 *d* 和点 *c*,如图 7-18(c)所示。

(3) 连接 *bc* 和 *de*,折线 *a*-*b*-*c*-*d*-*e*-*f*,即所求屋脊线。*a*-1,*a*-8,*c*-7,*e*-3,*f*-4,*f*-5,*b*-*c*,*d*-*e* 为斜脊线,*b*-2,*d*-6 为天沟线。

(4) 根据屋面倾角 α 和投影规律,做出屋面的 *V* 面和 *W* 面投影,如图 7-18(d)所示。

第8章 组合体

从构形的角度来讲，不论物体的复杂程度如何，它们都可以视为由若干基本立体所组成。这些由若干基本立体按照一定的方式组合而成的空间形体称为组合体。组合体是反应工程物体（如机器零件）主要形状的复杂几何形体。一方面组合体具有三维空间形体的一般特性，即由点、线、面等几何元素反应其形体的轮廓特征；另一方面组合体是抽象与理想化的工程形体模型，反映工程物体的主要形状特点。

本章要求在学习了正投影基本理论与制图基本知识的基础上，熟悉组合体三视图的形成及其投影规律，熟练掌握并且可综合运用形体分析的方法解决组合体的画图、看图、标注尺寸及构形设计等问题。进一步培养观察问题、分析问题和解决问题的能力。

8.1 三视图的形成及其投影规律

8.1.1 三视图的形成

传统的工程图样是采用正投影法来绘制的。在绘制工程图样时，将物体向投影面作正投影所得到的图形称为视图。将物体置于三投影面体系中，分别向三个投影面投影，可得到物体的三个视图，其正面投影称为主视图、水平投影称为俯视图、侧面投影称为左视图。三视图的形成如图 8-1(a)所示。

将三视图展开至同一平面时其配置关系如图 8-1(b)所示。在工程图样中视图主要用来表达物体的形状，而没有必要表达物体与投影面间的距离，因此在绘制视图时不必画出投影轴。为了使图形清晰，也不必画出投影间的连线。视图间的距离通常可根据图纸幅面、尺寸标注等因素来确定。

8.1.2 三视图的位置关系和投影规律

虽然在画三视图时取消了投影轴和投影间的连线，但是三视图间仍应保持正投影基本理论中所述的各投影之间的位置关系和投影规律。如图 8-1(b)所示，三视图的位置关系为：俯视图在主视图的下方、左视图在主视图的右方。按照这种位置配置视图时，国家标准规定

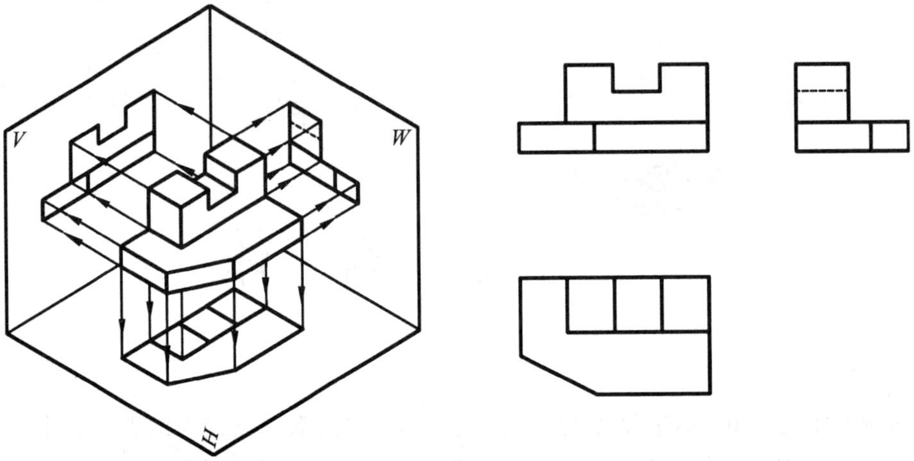

(a) 三视图的形成　　　　(b) 三视图的配置

图 8-1　物体的三视图的形成及其配置关系

一律不标注视图的名称。

从图 8-1(b)和图 8-2 还可以看出：

主视图反映了物体上下、左右的位置关系，即反映了物体的高度和长度。

俯视图反映了物体左右、前后的位置关系，即反映了物体的长度和宽度。

左视图反映了物体上下、前后的位置关系，即反映了物体的高度和宽度。

由此可以得出三视图之间的投影规律为：

主、俯视图——长对正；

主、左视图——高平齐；

俯、左视图——宽相等。

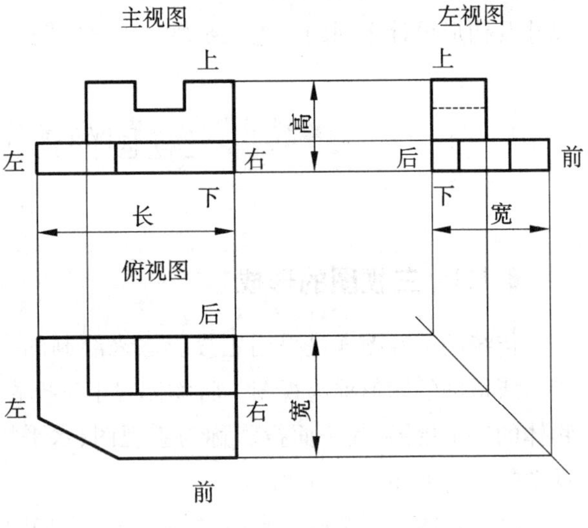

图 8-2　三视图的位置关系和投影规律

“长对正、高平齐、宽相等”是画图和看图必须遵循的最基本的投影规律。不仅整个物体的投影要符合这个规律，而且物体的局部结构（如形体上的点、线、面）的投影也必须符合这个规律。在应用这个投影规律作图时，要注意物体的上、下、左、右、前、后六个部位与视图的关系（图 8-2）。特别要注意俯视图与左视图靠近主视图的一侧为物体的后方，远离主视图的一侧为物体的前方。因此在俯、左视图上量取宽度时，不但要注意量取的起点，还要注意量取的方向。

8.2 组合体的形体分析

8.2.1 形体分析的概念

组合体的形体分析先是将组合体由整体分解为部分，或复杂形体转化为简单形体，再具体考察各个部分的形状特征和它们在组合体中的位置关系，最后把各个部分综合起来，以便获得完整组合体的空间概念。这种对组合体进行形体分析的方法就是形体分析法。以下通过两个例子来说明形体分析法的思路。如图 8-3(a)左侧所示组合体为支座，它可以分析为由底板Ⅰ、竖板Ⅱ和凸台Ⅲ所组成，如图 8-3(a)右侧所示。竖板Ⅱ中间的孔可以看成是从中挖出一个圆柱 B；底板Ⅰ的下部挖出一个四棱柱 A，一般称为开槽；底板Ⅰ和凸台Ⅲ结合后，

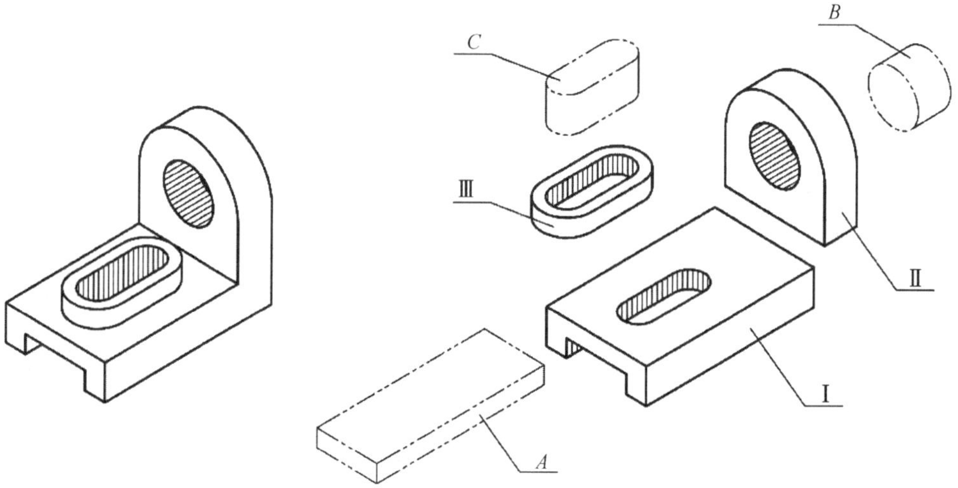

(a) 支座及其形体分析

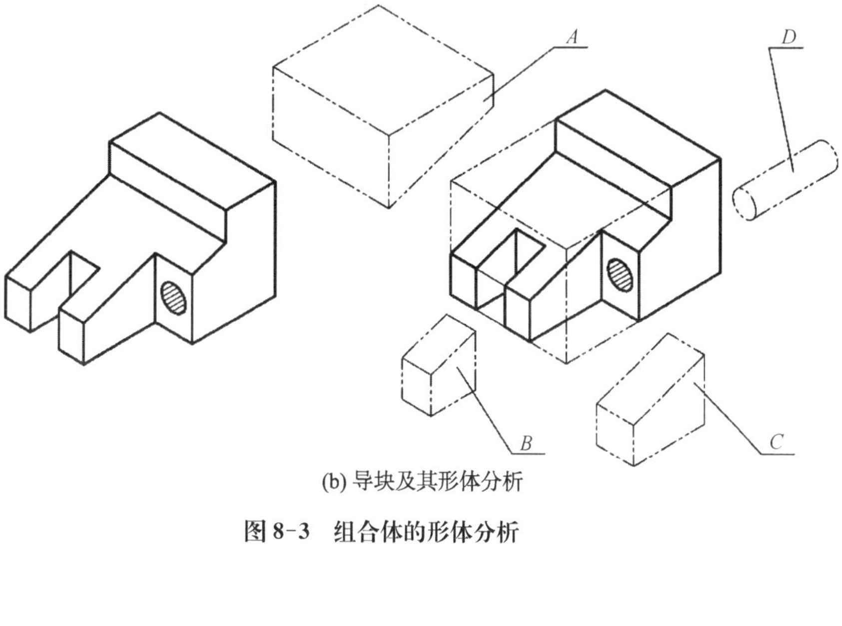

(b) 导块及其形体分析

图 8-3　组合体的形体分析

从中挖出一个圆头长方体 C 而形成长圆形孔。如图 8-3(b)左侧所示组合体为导块，它可以分析为由一个四棱柱被挖切所形成。如图 8-3(b)右侧所示，四棱柱先在上部被正垂面与侧平面组合截切掉 A 部分，接着在左后部被前后两个正平面与侧平面组合截切掉 B 部分，之后在左前部被正平面与侧平面组合截切掉 C 部分，同时，从侧平面开始从左往右打通圆柱孔 D。学习画图、看图和标注尺寸时，经常要运用形体分析法，使复杂问题变得较为简单。应该注意形体分析是认识形体、表达形体、想象形体和几何造型的基本思维方法，实际上物体仍然是一个整体。

8.2.2 形体分析的内容

1. 基本立体的组合形式

大多数的机器零件都可以抽象为是由一些基本立体（如棱柱、棱锥、圆柱、圆锥、圆球、圆环等）经过叠加、挖切和共有三种基本组合形式而形成的组合体。如图 8-4 所示为基本立体经过不同的组合形式所形成组合体的示例。叠加是实形体和实形体进行组合。挖切是从实体中挖去一个实体，被挖去的部分就形成孔或槽（称为虚体）；或者是在实形体上用平面或曲面切去一部分。共有是由两个以上实体的共有部分形成的组合体。

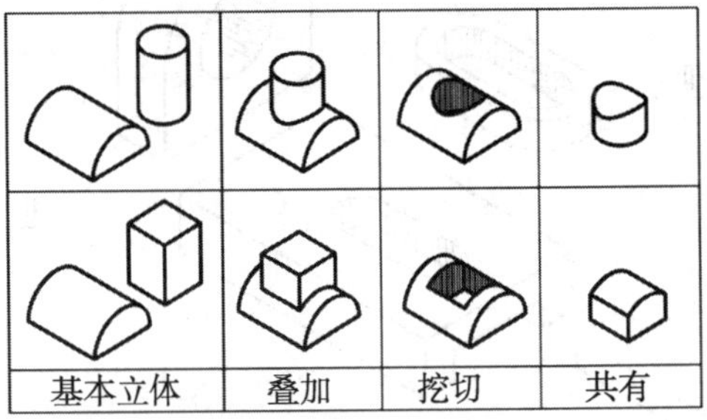

图 8-4　基本立体的组合形式图

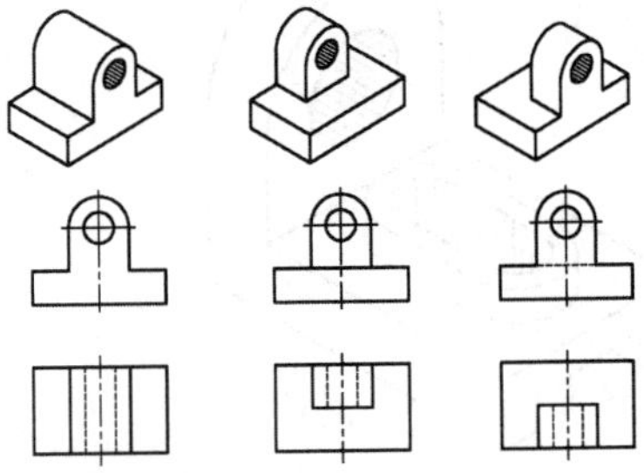

图 8-5　邻接表面间的相对位置—平齐

2. 各形体邻接表面间的相对位置

基本立体经过叠加、挖切和共有组合后，所形成组合体的邻接表面间可能产生共面、相交和相切三种情况。下面分别讨论在不同情况下，它们的投影特征及作图方法。

(1) 平齐

当相邻两基本形体的某些表面平齐时，说明此时两立体的这些表面共面，共面的表面在视图上没有分界线隔开（不画线）。当相邻两基本形体的表面在某方向不平齐时，说明它们在相互连接处不存在共面情况，在视图上不同表面之间应有分界线隔开（画线），如图 8-5 所示。

(2) 相交

当相邻两基本形体的表面相交时，必然产生交线，如图 8-6 所示。作图时应先在俯视图上找到交点 a 和 b，从而作出交线在主视图上的投影 $a'b'$。

无论是两实形体邻接表面相交，还是实形体与虚形体或虚形体与虚形体的邻接表面相交，其实质都是前章所研究的相贯问题，其交线的求解过程就是求解相贯线的过程。图 8-8 列出了典型形体表面相交的实例。

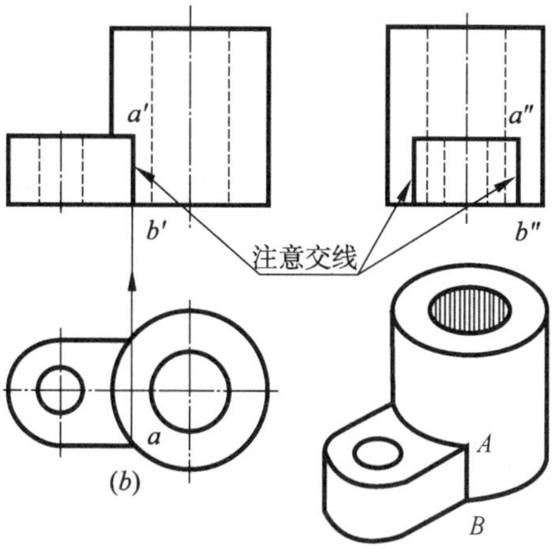

图 8-6 邻接表面间的相对位置——相交

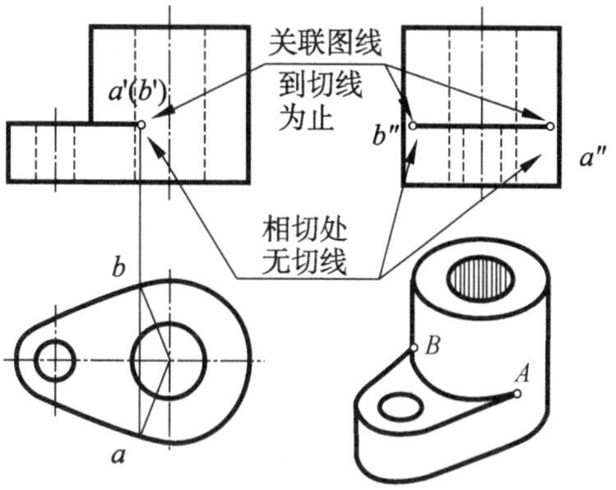

图 8-7 邻接表面间的相对位置——相切

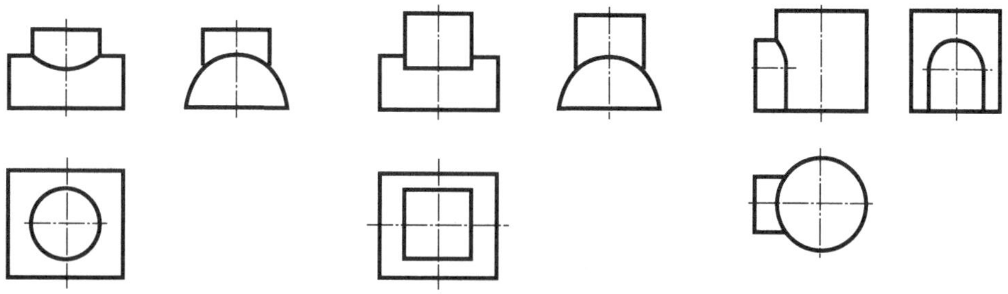

(a) 典型实体与实体相交

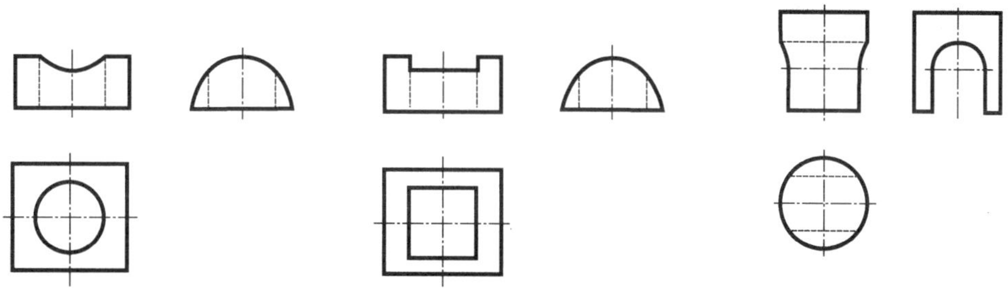

(b) 典型实体与虚体相交

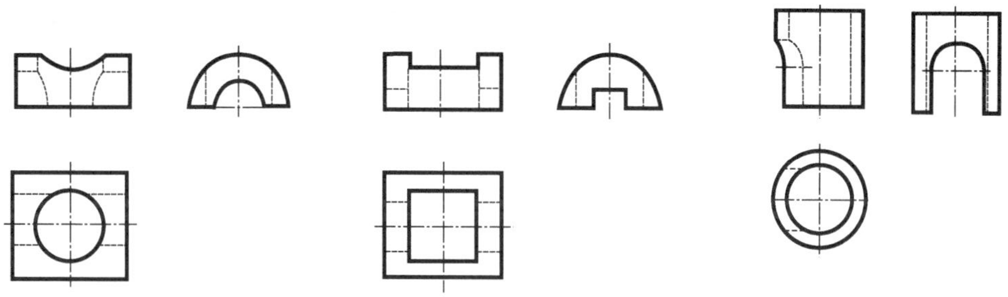

(c) 典型虚体与虚体相交

图 8-8 典型形体表面相交的实例

(3) 相切

相切是指两个基本形体的邻接表面(平面与曲面或曲面与曲面)光滑过渡。两形体的邻接表面相切时,切线的投影一般不画出,而与切线有关的投影画到切点处。如图 8-7 所示。作图时应先在俯视图上找到切点 a 和 b,在主、俯视图上的相切处不要画线,物体左下方底板的顶面在主、左视图上的投影,应画到切点 A 和 B 的投影为止。

当曲面与曲面相切时必须考虑公切平面与投影面的位置关系。若公切平面平行或倾斜于投影面,则相切处的切线在该投影面上的投影不必画出,若公切平面垂直于投影面,则相切处的切线在该投影面上的投影需画出。图 8-9 所示的阀杆是一个组合回转体,它上部的圆柱面和环面相切,环面又与圆锥顶部平面相切,因此,在视图上的相切处均不能画切线。图 8-10(a)所示压铁的左侧面由两圆柱面相切而成,因此,在主视图上积聚成两相切的圆弧。可以通过该两圆弧的切点作切线,则该切线即表示两圆柱面公切平面的投影,所以压铁在俯、左视图上不应该画线。而图 8-10(b)所示压铁在俯视图上应该画切线,而左视图上不应该画切线。

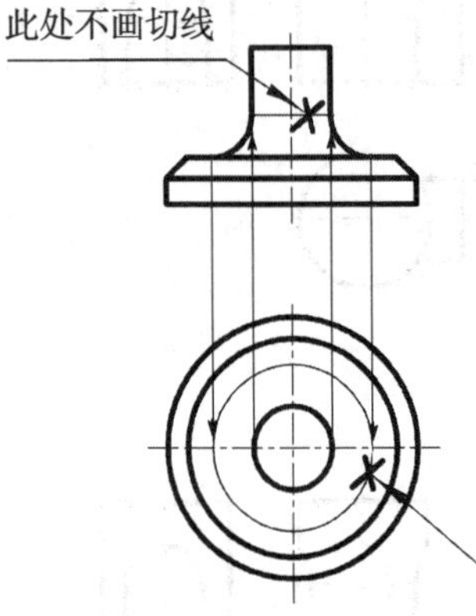

图 8-9　阀杆上相切处的画法

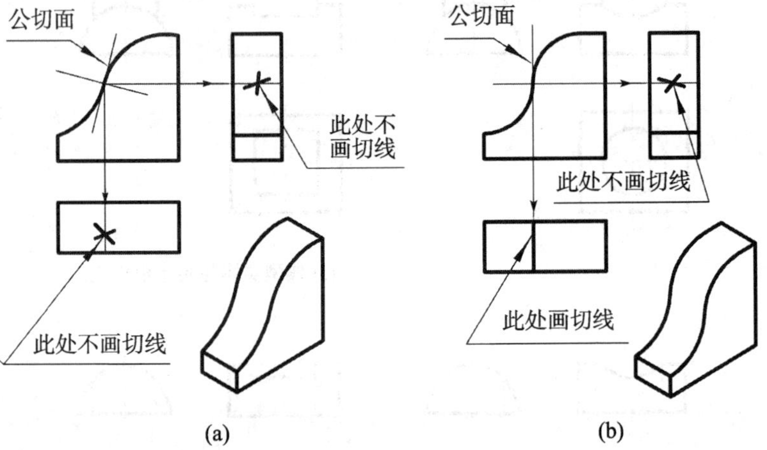

图 8-10　压铁上相切处的画法

8.2.3　形体分析法的应用

常见的组合体中叠加与挖切两种形式最为常见,并且会在同一个组合体中并存。随着组合体构形特点的不同其形式变化也相对较多,在形体分析时可以将组合体大致分为以叠加型为主和以切割型为主两种,现举例说明两类常见组合体的形体分析方法。

1. 以叠加型为主的组合体

图 8-11 为轴承盖的形体分析图。图 8-11(a)所示轴承盖是由实形体大半圆柱Ⅰ、Ⅱ圆锥台、Ⅲ半圆头和虚形体 B 长圆柱、A 短圆柱、C 小半圆柱组成。圆锥台Ⅱ在大半圆柱Ⅰ上方叠加(锥柱相贯),同时在大半圆柱Ⅰ的两边叠加半圆头Ⅲ(平曲相贯);短圆柱 A 是从半圆头Ⅲ中挖切出的虚形体,小半圆柱 C 是从大半圆柱Ⅰ中挖切出的虚形体,长圆柱 B 是从大半圆柱Ⅰ和圆锥台Ⅱ中挖出的虚形体,挖切后长圆柱 B 和小半圆柱 C 虚虚相交。以上所分析中基本形体所产生的表面交线及其投影如图 8-11(b)所示。

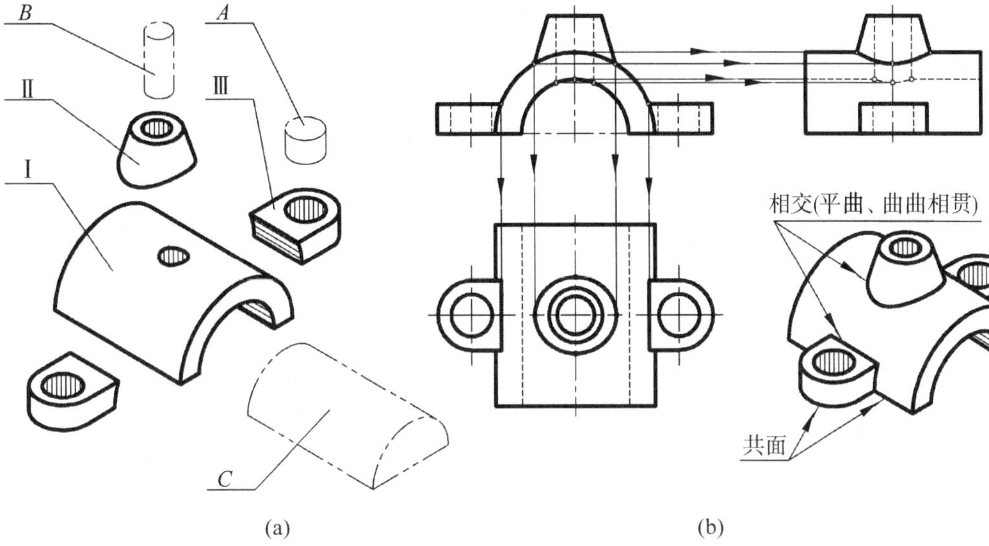

图 8-11　轴承盖的形体分析

图 8-12 为支座的形体分析图。图 8-12(a)所示支座是由实形体Ⅰ底板、Ⅱ支承板、Ⅲ大圆柱、Ⅳ肋板和虚形体 *A* 横置小圆柱、*B* 竖置小圆柱、*C* 四棱柱所组成。支承板Ⅱ和肋板Ⅳ在底板Ⅰ上方叠加,同时,支承板Ⅱ与底板Ⅰ在后部共面,大圆柱Ⅲ叠加于支承板Ⅱ和肋板Ⅳ上方,圆柱面与支承板Ⅱ侧面相切,与肋板Ⅳ上部相交(平曲相贯)。横置小圆柱 *A* 是从大圆柱Ⅲ中挖切出的虚形体,竖置小圆柱 *B* 和四棱柱 *C* 是从底板Ⅰ中挖切出的虚形体,以上所分析中基本形体所产生的表面交线及其投影如图 8-12(b)所示。

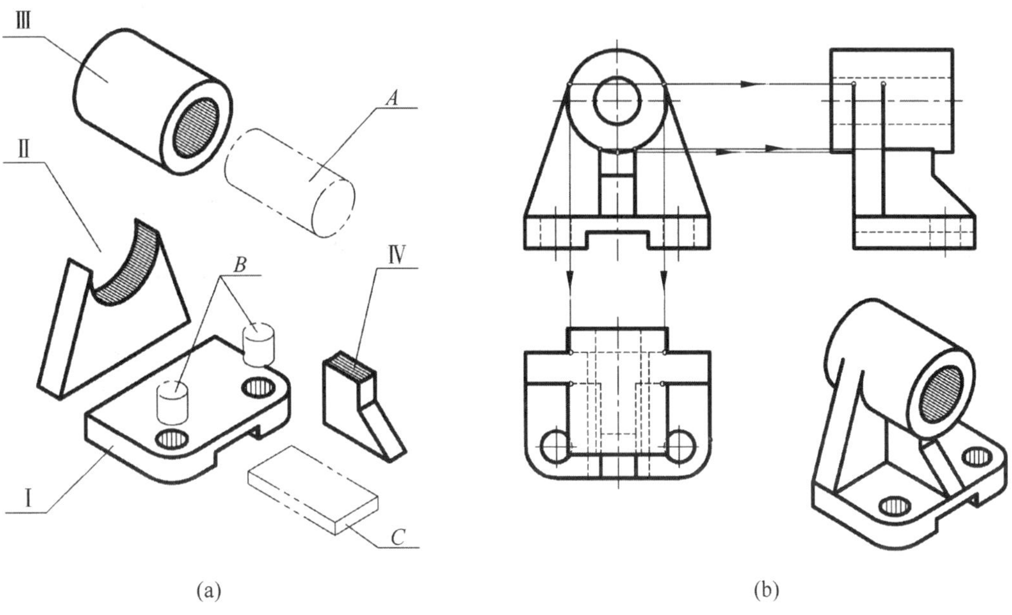

图 8-12　支座的形体分析

2. 以挖切型为主的组合体

挖切型的组合体多为基本立体或基本立体的简单组合被平面或曲面切割、开槽与穿孔，随着截切面位置的不同，变化很多，现举例如下。

(1) 平面立体被切割、开槽与穿孔

图 8-13 至 8-16 所示组合体的基本形体皆为四棱柱，其前后都被侧垂面 P 所切。图 8-13 所示四棱柱还被水平面 Q 和侧平面 R 组合切割。水平面 Q 与前、后侧面 P 的交线 AB 和 CD 均为侧垂线，应该先找出在左视图上的投影 $a''(b'')$ 和 $c''(d'')$，再按宽相等的投影规律，作出交线在俯视图上的投影 ab 和 cd。

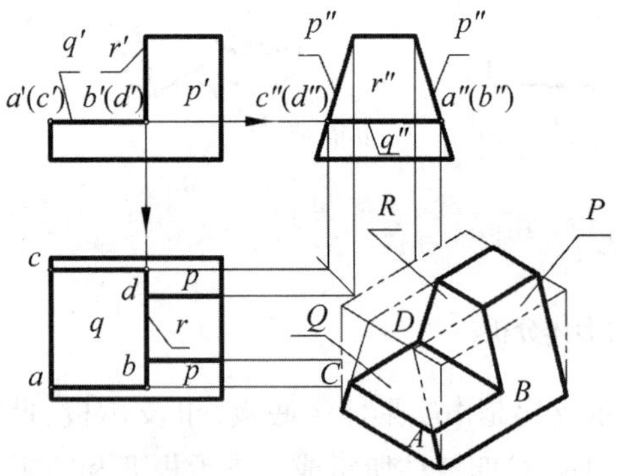

图 8-13 四棱柱被切割(一)

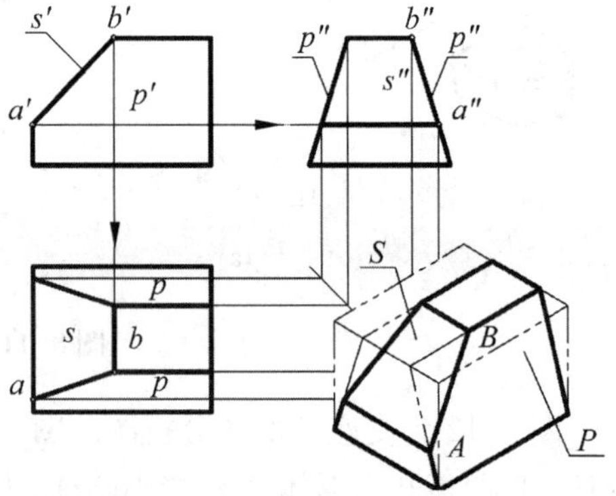

图 8-14 四棱柱被切割(二)

图 8-14 所示四棱柱被正垂面 S 所截切。由于平面 S 和 P 分别在主、左视图上具有积聚性，因此它们的交线 AB 在主、左视图上的投影 $a'b'$ 和 $a''b''$ 分别与 s' 和 p'' 积聚。按投影规律便能作出该交线在俯视图上的投影 ab。

如果切割的部位在四棱柱的中上方，如图 8-15 所示，习惯上称之为开槽。如果切割部位在四棱柱的中部，如图 8-16 所示，习惯上称之为穿孔。其形体分析及其交线的作法与如图 8-15 与 8-16 所示。

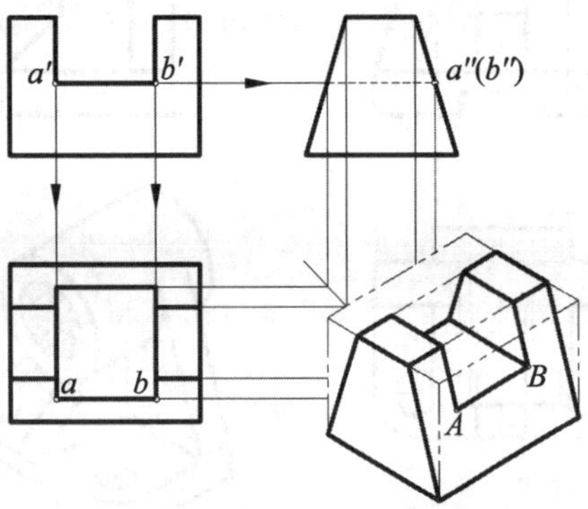

图 8-15 四棱柱被开槽图

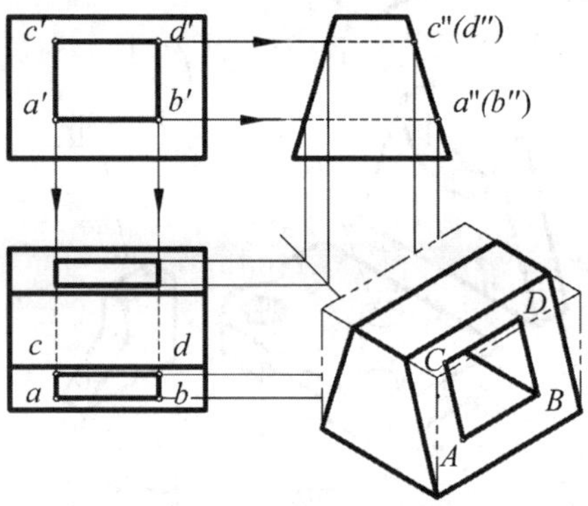

图 8-16 四棱柱被穿孔

(2) 圆柱体被切割、开槽与穿孔

图 8-17(a)所示空心圆柱体的左、右两侧被侧平面与水平面组合切割，可先作出切割后的主视图与俯视图。之后确定侧平面与空心圆柱外表面交线的水平投影 $a(b)$，与内表面交线的水平投影 $c(d)$，最后按投影规律作出交线 AB 与 CD 在左视图上的投影 $a''b''$，$c''d''$，从而完成空心圆柱体被切割后的左视图。

图 8-17(b)，(c)，(d)分别表示空心圆柱体被开槽和穿孔，其交线 AB 与 CD 的作法与图 8-17(a)基本相同。必须注意的是，在左视图上的开槽与穿孔部位处，圆柱的外形轮廓线由于开槽和穿孔而不存在了。

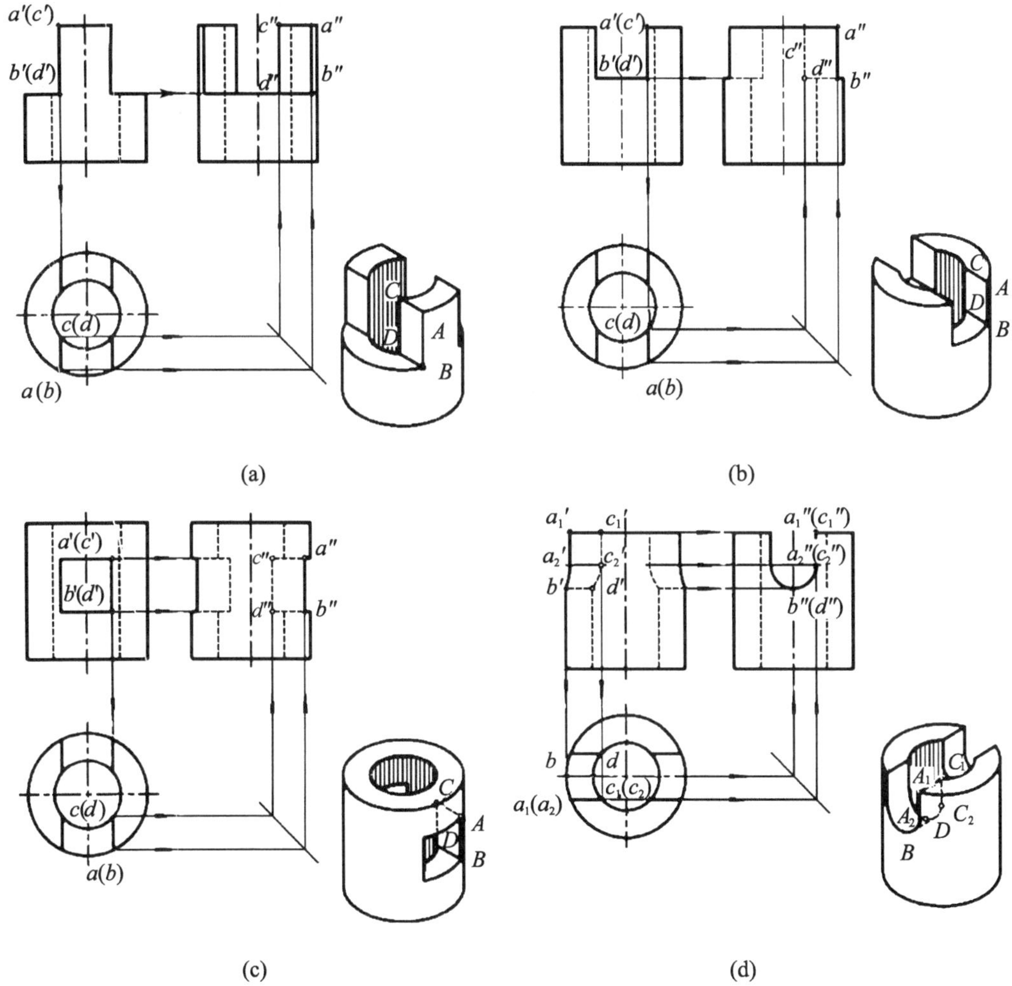

图 8-17 空心圆柱体被切割、开槽与穿孔

3. 形体分析的注意事项

(1) 运用形体分析法假想分解组合体时，分解的过程并非是唯一的和固定的。如图 8-18(a)所示的开槽柱体，可以分解为一个大四棱柱和两个与其等长的小四棱柱，如图 8-18(b)所示；也可看成是一个大四棱柱挖去一个与其等长的小四棱柱，如图 8-18(c)所示；随着投影

分析能力的提高，该形体还可以直接分析为开槽柱体。尽管分析的中间过程各不相同，但其最终结果都是相同的。

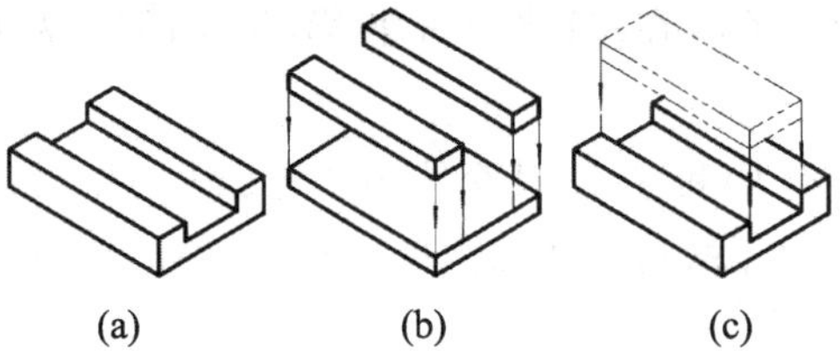

图 8-18　形体分析的不同思路

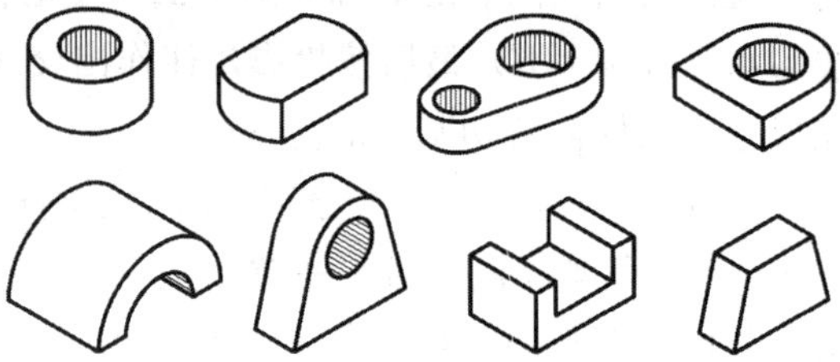

图 8-19　常见基本立体的简单组合形式

(2) 对一些常见基本立体的简单组合，可以直接把它们作为构成组合体的基本形体，不必作过细的分解，但须注意其投影图的绘制。图 8-19 为一些常见的基本立体的简单组合形式。

8.3　组合体三视图的画法

8.3.1　组合体三视图画法的基本思路

1. 形体分析

在绘制组合体三视图之前，首先运用形体分析法把组合体分解为若干个基本形体，确定它们的组合形式，判断形体间邻接表面的位置关系。其次逐个画出形体的三视图；最后对组合体中的垂直面、一般位置面、邻接表面处于共面、相切或相交位置的面、线进行投影分析，完成整个组合体的投影。这是形体分析法画图的基本要求，必须熟练掌握。

2. 选择主视图

画组合体三视图时，主视图是最主要的视图，主视图一经确定，俯、左两视图亦随之确定。要选择主视图应首先确定组合体的摆放位置和主视图的投影方向。组合体的摆放位置一般按照自然位置摆放，即使使物体的主要平面(或轴线)平行或垂直于投影面。主视图的投影方向应选择最能反映组合体的形状特征及结构特征(各基本形体的相互位置关系)的那个方向，并尽可能减少俯、左两视图上的虚线。

3. 选比例、定图幅

画图前，先根据实物的大小和组成形体的复杂程度，选定画图的比例和图幅的大小。尽可能将比例选成 1∶1。然后就是布图，即根据组合体的总长、总宽、总高确定各视图在图框内的具体位置，使三视图分布均匀，并在视图之间留出标注尺寸的位置和适当的间距，据此选用合适的标准图幅。

4. 布图、画基准线

根据各视图的大小确定各视图的位置，应首先画出基准线，基准线确定后，每个视图在图纸上的具体位置就确定了。基准线是指画图时测量尺寸的基准，每个视图需要确定两个方向的基准线。一般常用对称中心线、轴线和较大的平面作为基准线。

5. 逐个画出各基本形体的三视图，并分析其邻接表面的位置关系

根据各基本形体的投影规律，逐个画出各基本形体的三视图。画形体的顺序：一般先画主要形体，后画次要形体；先画实形体，后画虚形体；先大后小；先画轮廓后画细节。画基本形体时，要三个视图联系起来画，并从反映该基本形体形状特征的视图画起。

6. 标注尺寸界线和尺寸线（参见"8.4 组合体的尺寸标注"）

7. 检查、描深并填写标题栏

底稿画完后，按基本形体逐个仔细检查。对形体表面中的垂直面、一般位置面以及形体邻接表面处于共面、相切、相交等特殊位置的线、面，用线面分析法，即线、面的投影规律重点校核，纠正错误和补充遗漏。最后按标准图线描深、画箭头、填写尺寸数值及标题栏。

8.3.2 以叠加型为主的组合体的三视图画法

下面以图 8-20(a)所示的支架为例，说明以叠加型为主的组合体的三视图画法。

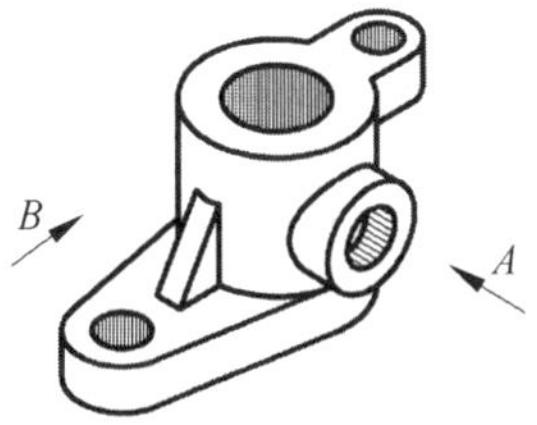

(a)

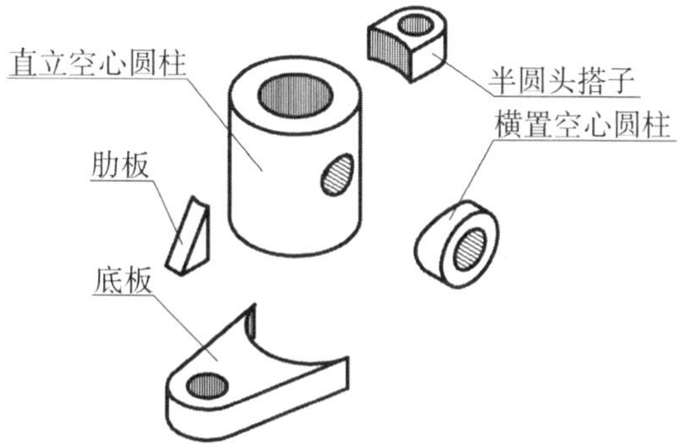

(b)

图 8-20 支架及其形体分析

1. 形体分析

图 8-20(b)所示为支架的形体分析图。该零件可以分成五个部分：直立空心圆柱、肋板、底板、横置空心圆柱和半圆头搭子。支架左下方底板的侧面与直立空心圆柱外表面相切。左下方的肋板与底板间简单叠加，肋板和右上方的搭子的侧面均与直立空心圆柱外表面相交而产生交线（平曲相贯）。前方的横置空心圆柱与直立空心圆柱垂直相交，两孔穿通，在两空心圆柱内表面产生相贯线（虚虚相贯）。画支架的三视图时，必须注意本章 5.2 中所述的各种组合形式的投影特性。

2. 选择主视图

如图 8-20(a)所示的支架，通常将直立空心圆柱的轴线放成铅垂位置，并把肋、底板、半圆头搭子的对称平面放成平行于投影面的位置。显然，选取 *A* 方向作为主视图的投影方向最好，因为组成该支架的各基本形体及它们间的相对位置关系在此方向表达得最为清晰，因而最能反映该物体的结构形状特征。如果选取 *B* 方向作为主视图的投影方向，则搭子全部变成虚线；底板、肋的形状以及它们与直立空心圆柱间的位置关系也没有像 *A* 方向那样清晰,故不应该选取 B 方向的投影作为主视图。

3. 画三视图的步骤

开始画视图的底稿时,按照基本要求确定图幅的大小、采用适当的比例并进行布图。布图与绘制底图时应按形体分析法,从主要的形体(如直立空心圆柱)着手,按各基本形体之间的相对位置,逐个画出它们的视图。为了提高绘图速度和保证视图间的投影关系,对于各个基本形体,应该尽可能做到三个视图同时画。完成底稿后,必须经过仔细检查,修改错误或不妥之处,然后按规定的图线加深。具体作图步骤如图 8-21 所示。

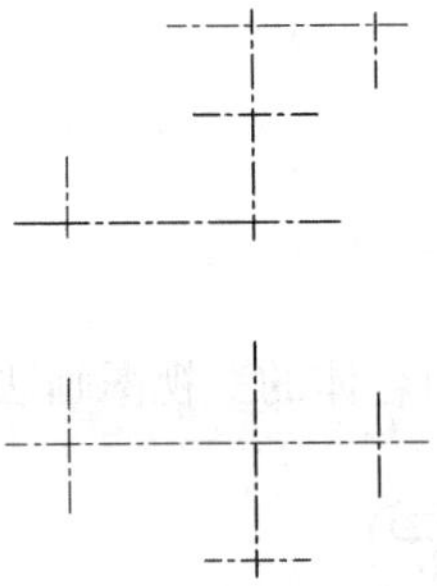

(a) 画出各视图的主要基准线

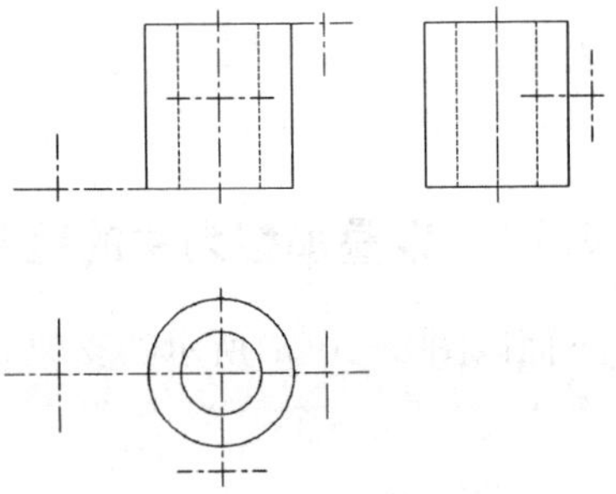

(b) 画出主要形体(直立空心圆柱)的三视图

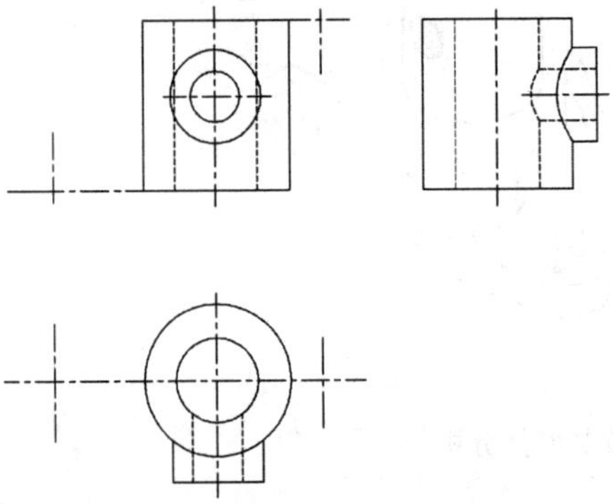

(c) 依次画出其他形体的三视图——横置空心圆柱

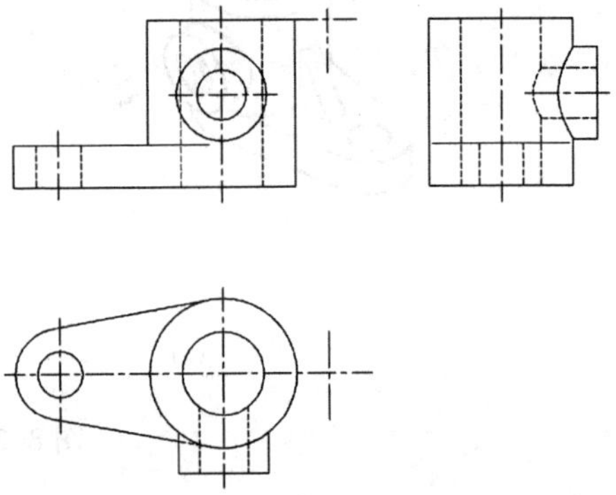

(d) 依次画出其他形体的三视图——底板

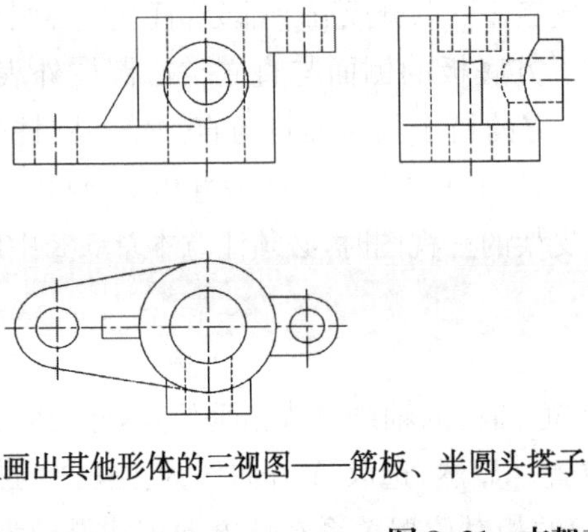

(e) 依次画出其他形体的三视图——筋板、半圆头搭子

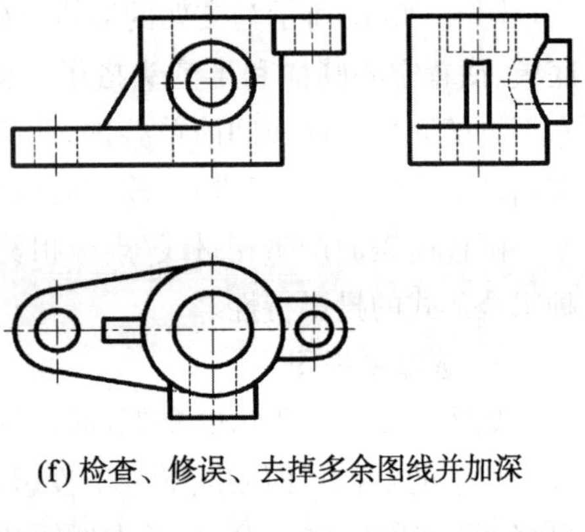

(f) 检查、修误、去掉多余图线并加深

图 8-21 支架三视图的绘制

8.3.3 以切割型为主的组合体的三视图画法

下面以图 8-22(a)所示的组合体为例,说明以切割型为主的组合体的三视图画法。

1. 形体分析

图 8-22(b)所示为以切割型为主的组合体的形体分析图。该组合体可以分析为由一个四棱柱被挖切所形成。四棱柱先在上部被正垂面与侧平面组合截切掉Ⅱ部分,接着在左侧中部被前后两个铅垂面与侧平面组合截切掉Ⅰ部分,之后在右部先被从上至下切掉半圆柱Ⅲ,又被前后两个正平面与水平面从左至右组合截切掉Ⅳ部分。

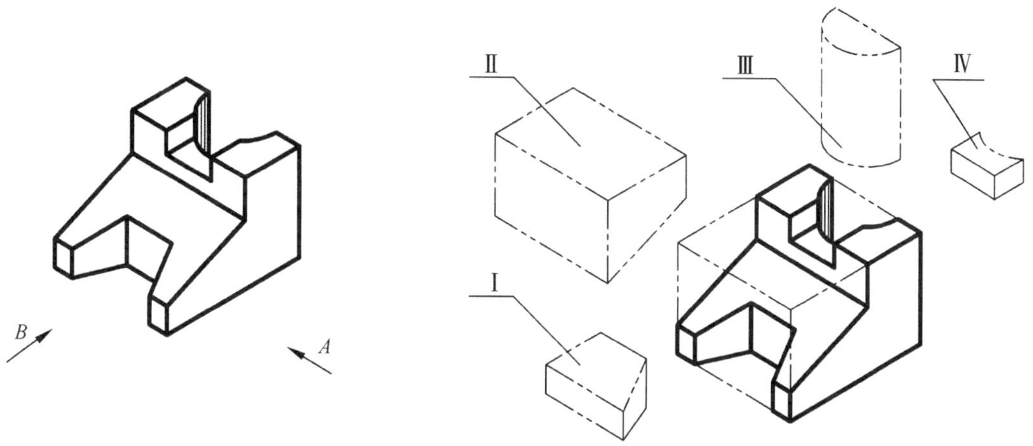

(a) (b)

图 8-22 以切割型为主的组合体及其形体分析

2. 选择主视图

如图 8-22(a)所示,以切割型为主的组合体在放置时基本形体的表面应尽量平行于投影面,同时,需注意各特殊位置截平面的积聚性投影。图中若选取 A 方向作为主视图的投影方向,则可在主视图上清晰地看出组合截切掉Ⅱ部分的正垂面与侧平面的积聚性投影。俯视图上可看出组合截切掉Ⅰ部分的前后两个铅垂面与侧平面的积聚性投影,同时,也可看出切掉半圆柱Ⅲ部分圆柱面的积聚性投影。左视图上可看到开矩形槽的前后两个正平面与水平面的积聚性投影。若选取 B 方向的投影作为主视图亦能得到相类似的结果。

3. 画三视图的步骤

以切割型为主的组合体与以叠加型为主的组合体的三视图的画法步骤基本相同。绘图时注意先绘制基本形体的三视图,然后分步骤进行挖切处理,每进行一次挖切都需仔细分析所形成的交线及其投影。具体作图步骤如图 8-23 所示。

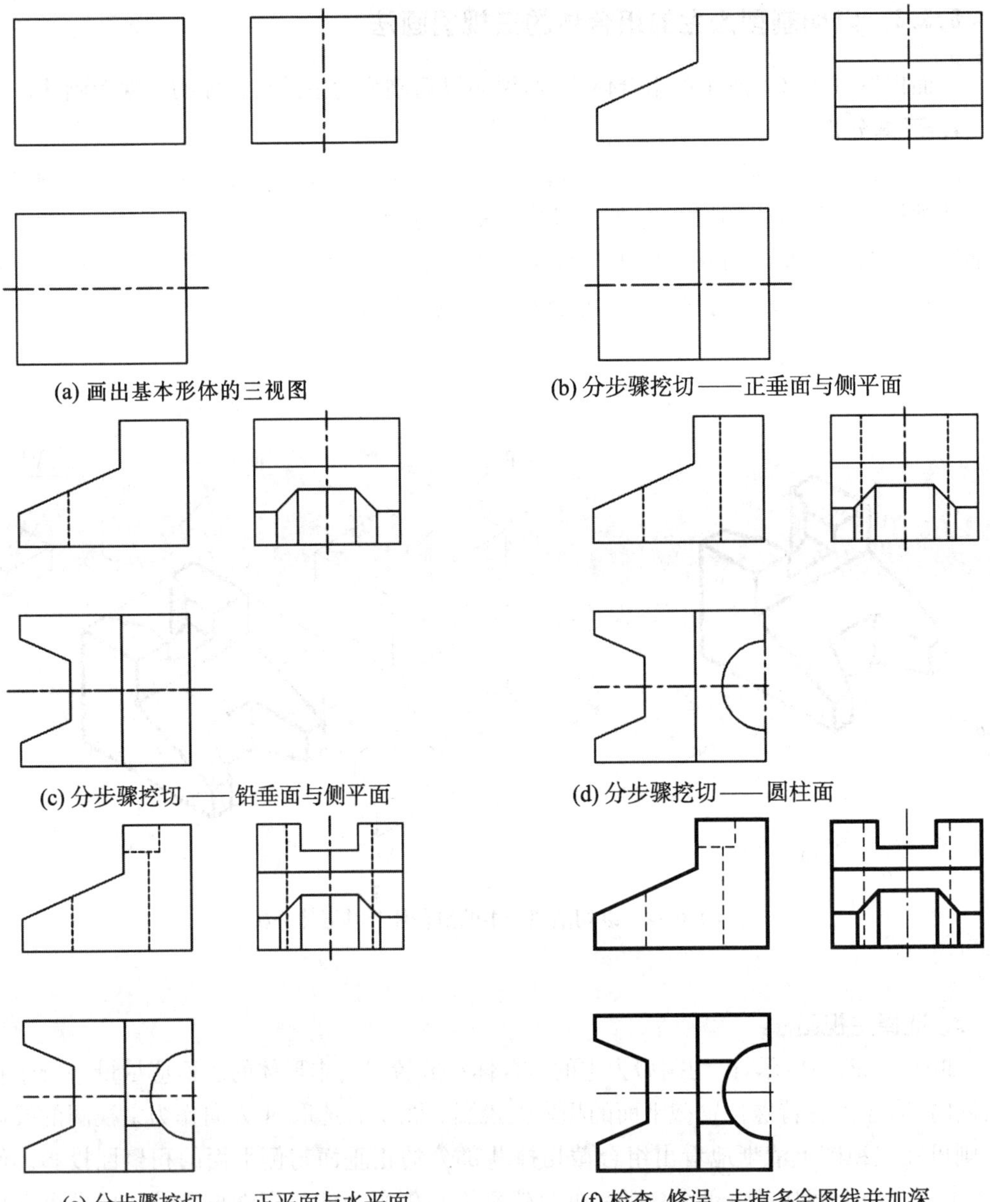

(a) 画出基本形体的三视图　(b) 分步骤挖切——正垂面与侧平面

(c) 分步骤挖切——铅垂面与侧平面　(d) 分步骤挖切——圆柱面

(e) 分步骤挖切——正平面与水平面　(f) 检查、修误、去掉多余图线并加深

图 8-23　以切割型为主的组合体的三视图绘制

8.4 组合体的尺寸标注

物体的形状、结构是由视图来表达的，而物体的大小则是由图上所标注的尺寸来确定的，加工时也是按照图上的尺寸来制造的。尺寸标注与绘图的比例和作图误差无关。尺寸标注的基本要求是“正确、完整、清晰”。

正确——所注尺寸应符合国家标准中有关尺寸注法的规定。

完整——所注尺寸能唯一地确定物体的形状大小和各组成部分的相对位置。尺寸既无遗漏，也不重复或多余，且每一个尺寸在图中只标注一次。

清晰——尺寸的安排应恰当，以便于看图、寻找尺寸和使图面清晰。

在第2章中已介绍了国家标准有关尺寸注法的规定，本节主要阐述如何使尺寸标注完整和清晰。另外关于标注尺寸"合理"的问题，将在后续章节中给予介绍。

8.4.1 基本形体的尺寸标注

1. 平面立体

图8-24表示三个常见的平面立体的尺寸标注，如图8-24(a)所示的长方体必须标注其长、宽、高三个方向的尺寸；图8-24(b)所示的正六棱柱应标注其高度及正六边形的对边距离；图8-24(c)所示的三棱柱应标注其长、宽、高三个尺寸；图8-24(d)所示的四棱锥台应标注其上、下底面的长、宽及高度尺寸；图8-24(e)所示的四棱锥台应标注上、下底面为正方形时，其上、下底面的尺寸可标注成图中形式。

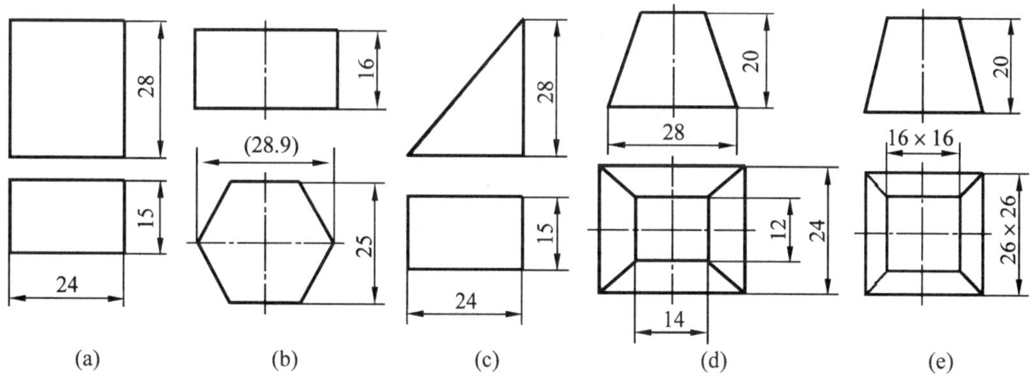

图8-24 平面立体的尺寸标注

2. 曲面立体

图8-25表示四个常见的曲面立体的尺寸标注，如图8-25(a)所示的圆柱体应标注其直径及轴向的长度；8-25(b)所示的圆锥台应标注两底圆直径及轴向长度；8-25(c)所示的球体只需标注一个直径；8-25(d)所示的圆环只需标注两个尺寸，即母线圆及中心圆的直径。

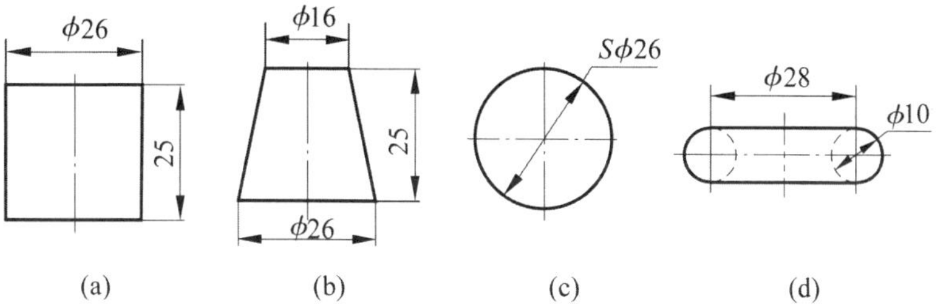

图8-25 曲面立体的尺寸标注

3. 基本形体相贯、截割

如图 8-26 所示,当在基本形体上遇到切割、开槽或当基本形体相贯时,除标注出其基本形体的尺寸外,对切割与开槽,还应标注出截平面位置的尺寸;对相贯的两回转面形体,应以其轴线为基准标注两形体的相对位置尺寸。根据上述尺寸,其截交线及相贯线便自然形成,因此不应在这些交线上标注尺寸。如图 8-26 中在尺寸线上画有"×"的,既是多余,且又是与其他尺寸发生矛盾的尺寸,因此均不应该注出。

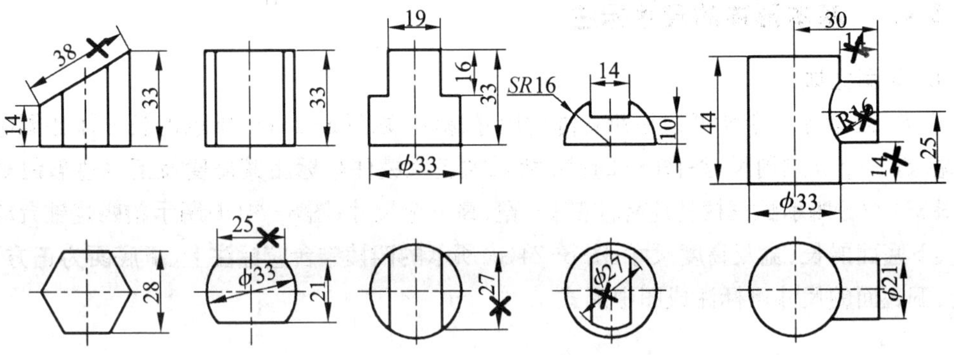

图 8-26　基本形体相贯、截割时的尺寸标注

8.4.2　组合体的尺寸标注

1. 尺寸类型

组合体的尺寸,应在进行形体分析的基础上标注以下三类尺寸。

(1) 定形尺寸:确定组合体中各基本体大小的尺寸。

(2) 定位尺寸:确定组合体各基本体之间相对位置的尺寸。

(3) 总体尺寸:确定组合体的总长、总宽和总高的尺寸。

2. 标注尺寸的步骤

(1) 形体分析:将组合体分解成若干基本体,并分析各基本体的组合形式及相对位置。

(2) 确定尺寸基准,即标注定位尺寸的起点:组合体一般在长、宽、高三个方向上至少各有一个基准。通常以组合体较重要的端面、底面、对称面和回转体的轴线作为基准。

(3) 标注每个基本体的定形尺寸。

(4) 标注各基本体相互间的定位尺寸。

(5) 标注组合体的总体尺寸。

(6) 按尺寸标注的要求检查、校核、调整、完成尺寸标注。

3. 尺寸配置应注意的问题

为了便于看图,使图面清晰。安排尺寸时应考虑以下各点:

(1) 尺寸应尽量标注在表示形体特征最明显的视图上。

(2) 同一形体的尺寸应尽量集中标注在一个视图上。

(3) 尺寸应尽量标注在视图的外部,以保持图形清晰。为了避免尺寸标注零乱,同一方向连续的几个尺寸尽量放在一条线上。

(4) 同轴回转体的直径尺寸尽量注在反映轴线的视图上。

(5) 尺寸应尽量避免注在虚线上。

(6) 尺寸线与尺寸界线,尺寸线、尺寸界线与轮廓线应尽量避免相交。

(7) 尺寸的排列是从小到大,从内到外依次排列,尺寸线与轮廓线、尺寸线与尺寸线之间的间距不得小于 7 mm。

(8) 圆弧 R 不能标注个数,也不能标注在非圆弧视图上,只能标注在圆弧的视图上。

(9) 当图线穿过尺寸数字时,图线应该断开。

(10) 对称图形的尺寸,只能标注一个尺寸,不能分成两个尺寸标注。

在标注尺寸时,有时会出现不能兼顾以上各点的情况,必须在保证尺寸正确、完整、清晰的前提下,根据具体情况,统筹安排,合理布置。

标注尺寸是很细致的工作,考虑的因素也很复杂。除满足上述要求外,工程形体的尺寸标注还应满足设计、加工(施工)工艺的要求,这需要具备一定的专业知识和实际经验,大家在后续学习和工作中应逐步理解与掌握。

8.4.3 组合体标注实例

为了帮助大家掌握组合体尺寸标注的方法,以下给出机械工程领域和土木建筑工程领域的组合体标注的实例供大家分析学习。

1. 支架的尺寸标注(机械工程领域)

(1) 支架的形体分析

支架可以分成五个部分:直立空心圆柱、肋板、底板、横置空心圆柱和半圆头搭子。其组合形式及相对位置在绘制其三视图时已经分析,在此不再赘述。如图 8-27(f)所示。

(2) 确定支架的尺寸基准

支架的尺寸基准选择如图 8-27(a)所示。

(3) 标注支架的每个基本体的定形尺寸

将支架分成五个基本形体后,分别注出其定形尺寸,如图 8-27(b)所示。

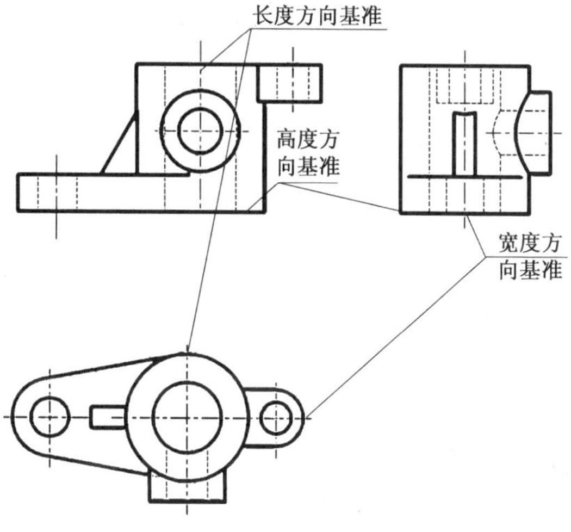

(a)

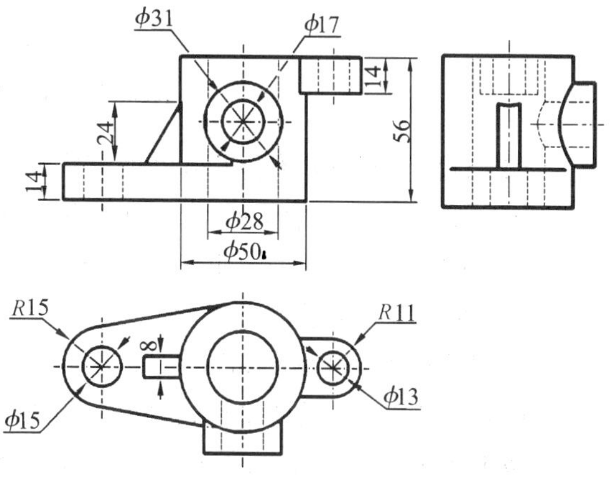

(b)

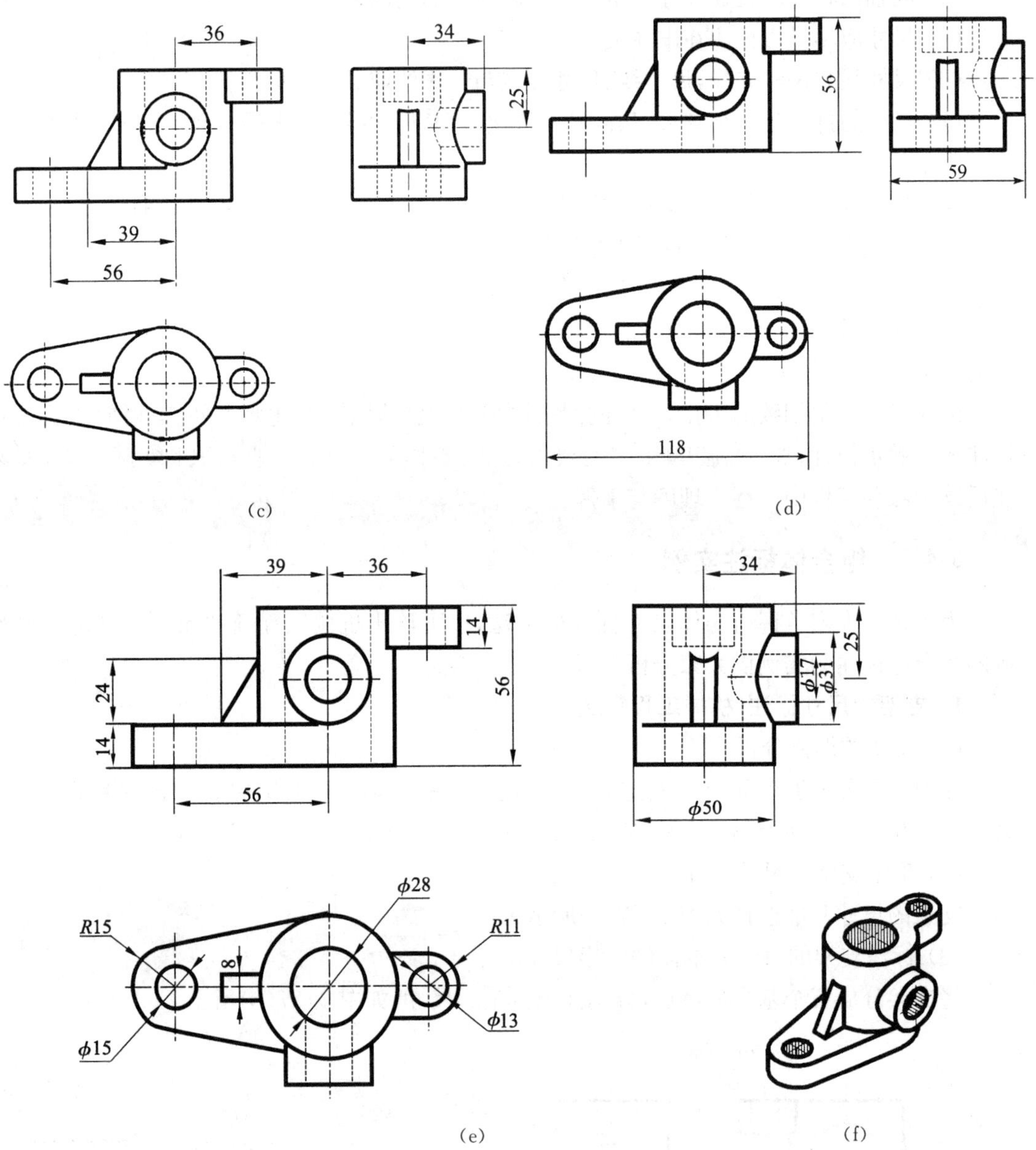

图 8-27 支架尺寸标注的步骤

(4) 标注支架各基本体相互间的定位尺寸

图 8-27(b)中虽然标注了各基本形体的定形尺寸，但对整个支架来说，还必须再加上定位尺寸，这样尺寸才完整。图 8-27(c)表示了这些基本形体之间的 5 个定位尺寸。

(5) 标注支架的总体尺寸

支架的总体尺寸标注如图 8-27(d)所示。

(6) 按尺寸标注的要求检查、校核、调整、完成支架的尺寸标注

按上述步骤标注后，为了避免重复，还应作适当的调整。在机械图样中，同一方向上应避免形成封闭的尺寸链。物体的端部为同轴线的圆柱和圆孔，则有了定位尺寸后，一般就不

再注其总体尺寸。如图 8-27(e)中注了 56 和 36,以及圆弧半径 $R15$ 和 $R11$ 后,就不要注总长尺寸。

2. 涵洞口的尺寸标注(土木建筑工程领域)

(1) 涵洞口的形体分析

涵洞口分解成基础、台身和缘石三个组成部分。

(2) 确定涵洞口的尺寸基准

涵洞口的定位基准选择如图 8-28(a)所示。

(3) 标注涵洞口每个基本体的定形尺寸

图 8-28(b)-(d)中所注尺寸是各基本体的定形尺寸。

(4) 标注涵洞口各基本体相互间的定位尺寸

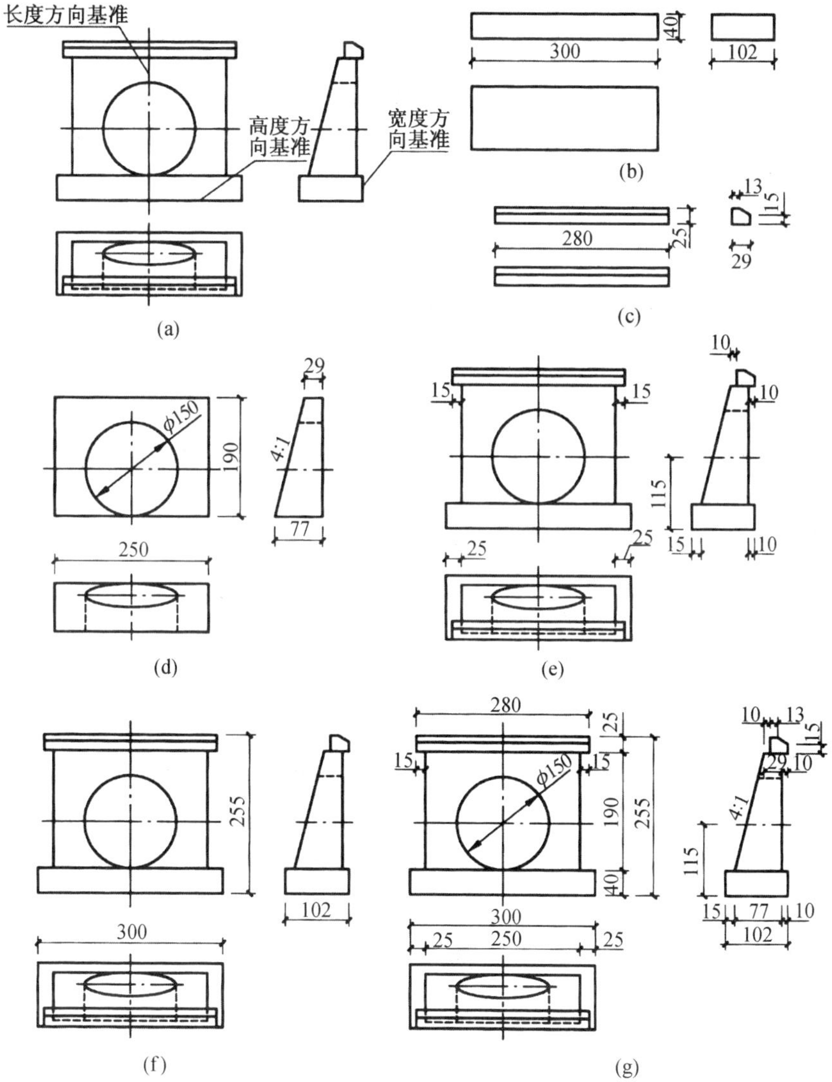

图 8-28 涵洞口尺寸标注的步骤

图 8-28(e)中所注的尺寸是缘石、台身及其圆孔的定位尺寸。

(5) 标注涵洞口的总体尺寸

如图 8-28(f)中所注的尺寸。

(6) 按尺寸标注的要求检查、校核、完成涵洞口的尺寸标注

如图 8-28(g)所示。由于总长 300,总宽 102 在标注定形尺寸时已经标注,不必重复;有的尺寸需作调整,如缘石宽度 29 可由台身顶宽 29 及定位尺寸 10 得出,因此可以不标注。

8.5 组合体三视图的识读

画组合体的视图是运用形体分析法把空间的三维物体,按照投影规律画成二维的平面图形的过程,是三维形体到二维图形的过程。组合体的识读是根据已给出的二维的投影图在投影分析的基础上,运用形体分析法和线面分析法想象出空间物体的实际形状,是从二维图形到建立三维形体的过程。画图和看图是不可分割的两个过程。要正确、迅速地看懂视图,想象出物体的空间形状,必须掌握一定的读图方法。

8.5.1 读图的要点

1. 熟悉基本形体的投影特性,多做形体积累

通过前面学习基本立体及组合体的投影,应熟悉常见平面立体(如正四棱柱)、曲面立体(如圆柱体和圆锥体)以及由其组成的简单基本组合形体的投影特性,并能随时根据其投影反映出立体形状来。熟悉基本形体的投影特性以及形体积累越多,越能增进空间立体感,就能很快提高投影分析能力和形体识别能力。

2. 把几个视图联系起来看,注意反映形状特征的视图

通常,一个视图不能确定物体的形状和相邻表面间的相互位置。图 8-30(a),(b),(c)的主视图都是等腰梯形,但它们却是不同的三种形体——四棱锥台、三棱锥台和圆锥台。图 8-30(c),(d),(e),(f),(g)的俯视图都是两个同心圆,但它们却是五种不同的形体。由此可见,必须几个视图联系起来看,切忌看了一个视图就下结论。

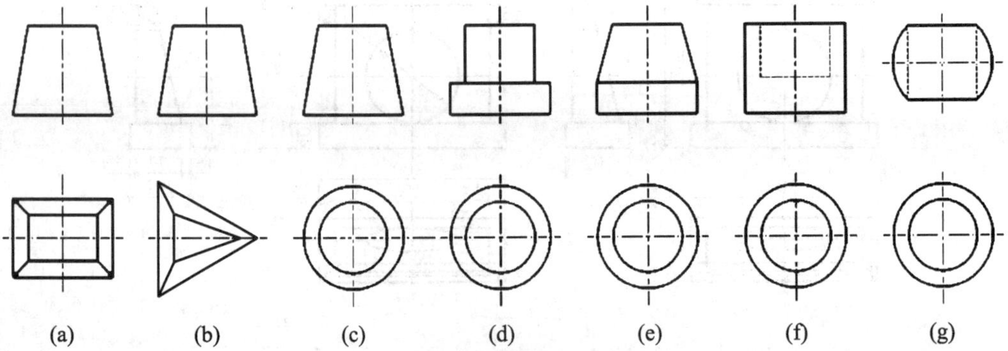

图 8-30 两个视图联系起来看

图 8-31 的主视图能确切地表示某一组合体吗？显然不能，只可表示图 8-31(a)至(d)中的任何一个(还有许多)。若想唯一确定为其中的一个，必须由另外的视图决定。在看图的过程中，各个视图要反复对照，直至都符合投影规律时，才能最后下结论。

因为主视图通常反映出组合体的形状特征，所以，看图时，一般从主视图看起。了解了形状特征，识别形体就容易了。虽然组成组合体的各形体的形状特征，不一定全集中在主视图上，但只要能弄清楚各视图的关系，形体的形状就能识别出来，如图 8-31 所示。如果没有给出形状特征的视图，形状就不能确定，将会产生多解现象。

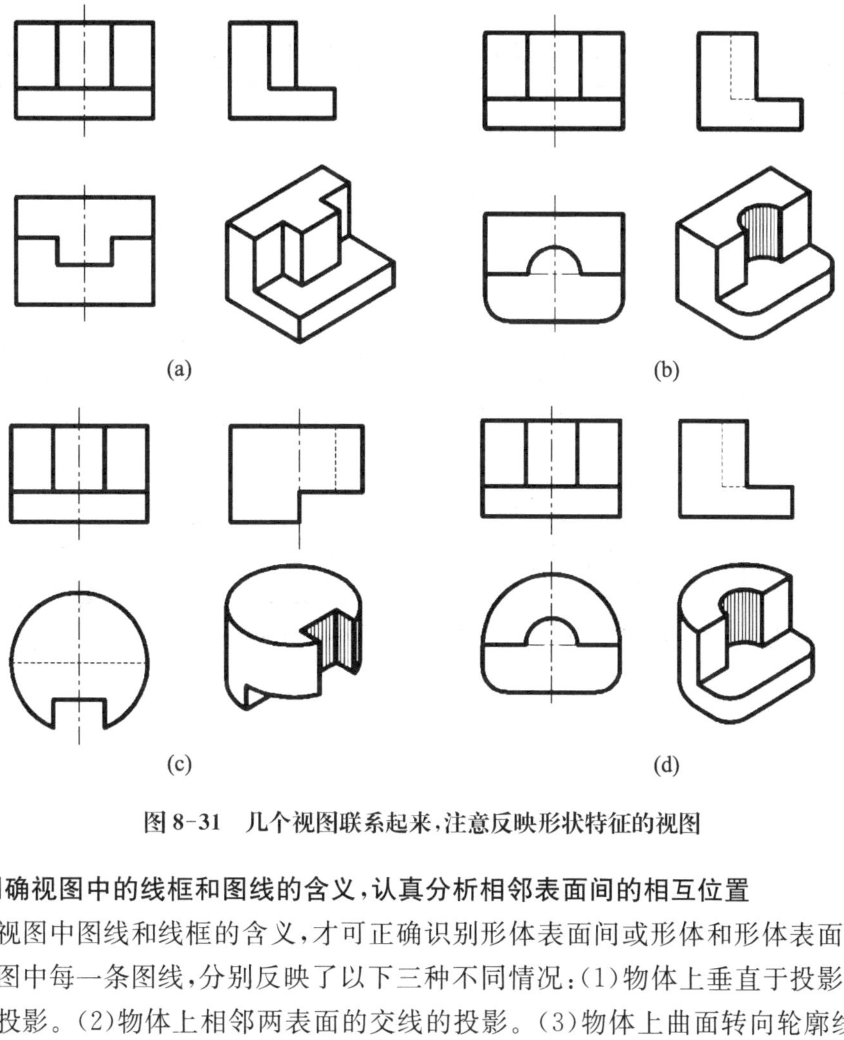

图 8-31　几个视图联系起来，注意反映形状特征的视图

3. 明确视图中的线框和图线的含义，认真分析相邻表面间的相互位置

明确视图中图线和线框的含义，才可正确识别形体表面间或形体和形体表面间的相对位置。视图中每一条图线，分别反映了以下三种不同情况：(1)物体上垂直于投影面的平面或曲面的投影。(2)物体上相邻两表面的交线的投影。(3)物体上曲面转向轮廓线的投影。如图 8-32(a)所示。视图中的每一个封闭线框，分别反映了以下四种情况：(1)平面的投影。(2)曲面的投影。(3)平面与曲面相切的投影。(4)孔、洞的投影。如图 8-32(b)所示。

一个有限的面(曲面或平面)在视图中，或表现为线(积聚)，或表现为平面图形(简称线框)。视图中相连的线框或重叠的线框，则表示了物体上不同位置的面。并反映了形体之间的连接关系。看图时须通过对照投影关系，区分出它们的前后、上下、左右和相交、相切等连接关系，帮助想象物体，如图 8-33 所示。

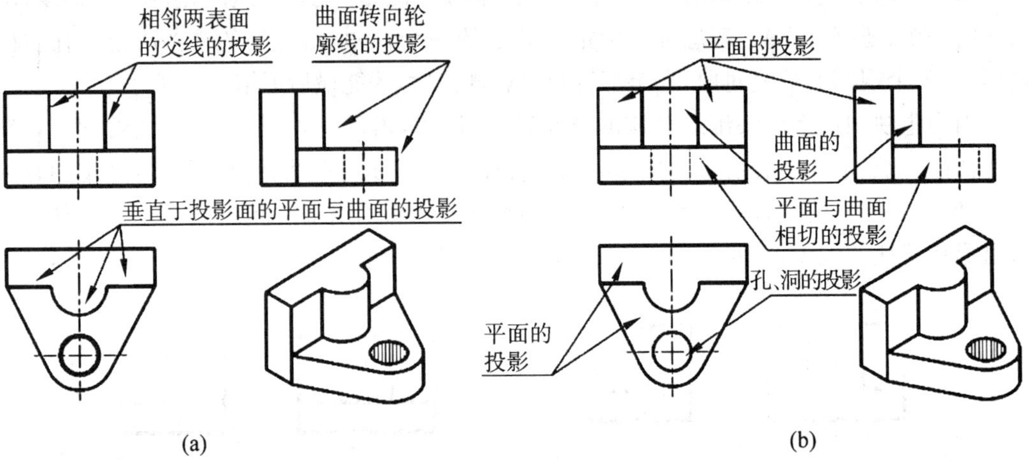

图 8-32　视图中的线框和图线的含义

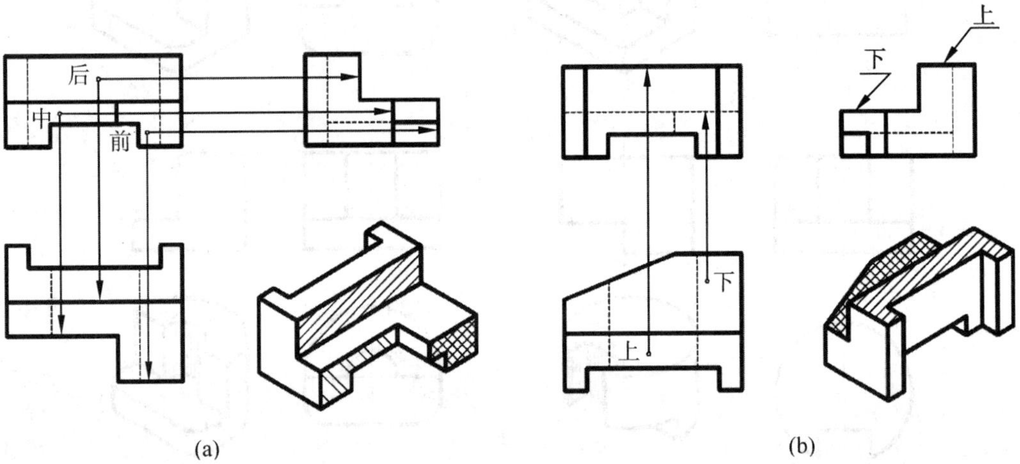

图 8-33　相邻表面间的相互位置

4. 空间形体的积极想象

看图的过程就是根据视图不断修正想象中组合体的思维过程。无论是整体还是局部，首先要对照视图合理地设想空间形体，再通过对想象形体的投影视图与已知视图进行对比即可判断设想是否成立，同时也修正了对已有视图的认识。在组合体三视图的识读过程之中这个环节是必不可少的。

8.5.2　看图的基本方法

1. 形体分析法

形体分析法是看视图的最基本方法。通常从最能反映物体特征的主视图着手，分析该物体是由哪些基本形体所组成以及它们的组合形式；然后运用投影规律，逐个找出每个形体在其他视图上的投影，从而想象出各个基本形体的形状以及各形体之间的相对位置关系，最后想象出物体的形状。

在学习看图时，常采用给出两视图，在想象出物体形状的基础上，补画出第三个视图，这是提高看图能力的一种重要学习手段。图 8-34 所示为一支座的主、俯视图，要求看懂后并补画出其左视图。运用形体分析法看图的过程如图 8-35 所示。

图 8-35 表示支座看图与补图的分析过程。结合主、俯视图大致可看出它由三个部分组成，图 8-35(a)表示该支座的下部为一长方板，根据其高度和宽度可先补画出长方板的左视图。图 8-35(b) 表示在长方板的上、后方的另一个长方块的投影并画出它的左视图。图 8-35(c)表示在上部长方块前方的一个顶部为半圆形的凸块的投影及其左视图。图 8-35(d)为以上三个形体组合，并在后部开槽，凸块中间穿孔后，该支座完整的三视图。

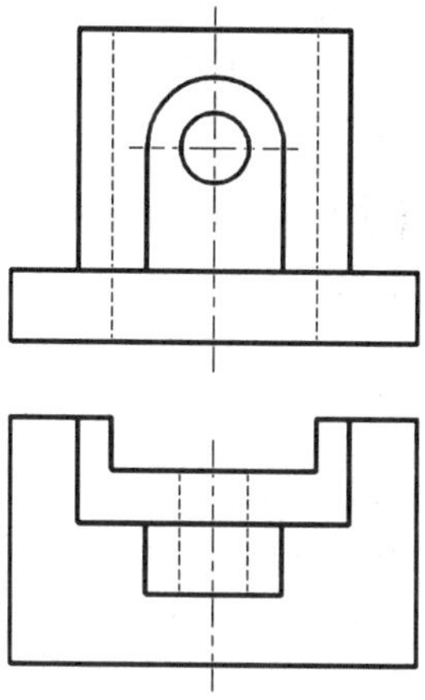

图 8-34 支座的主、俯视图

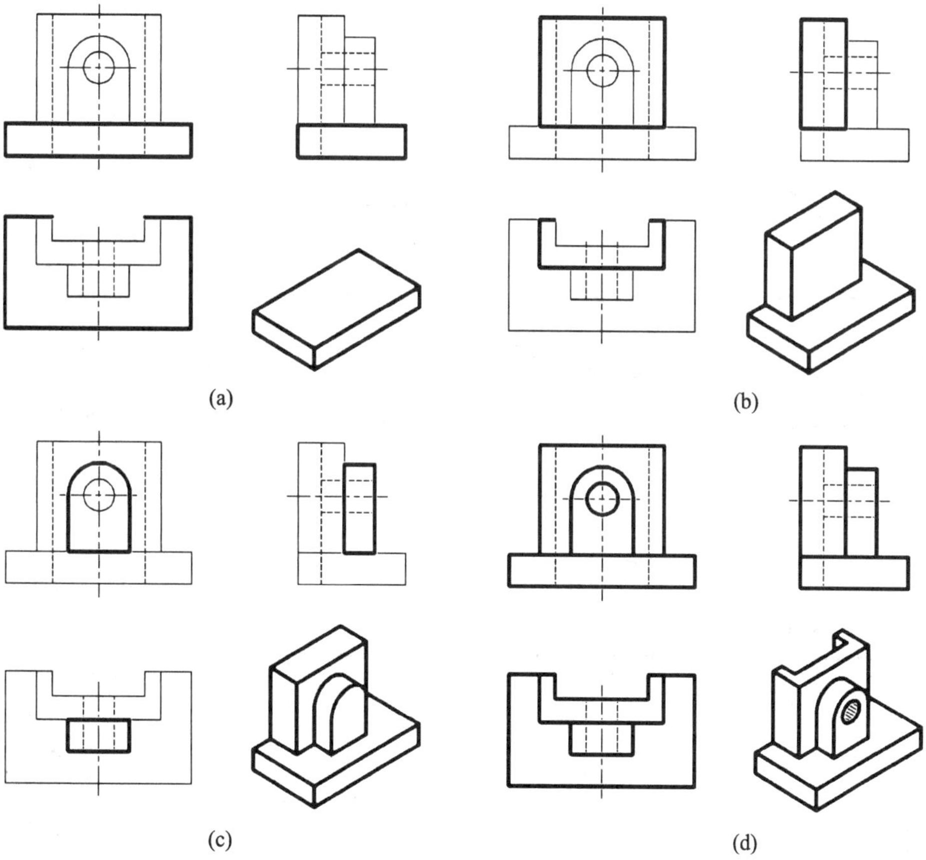

(a) (b) (c) (d)

图 8-35 支座的看图及补图分析——形体分析法

图 8-36 所示为一轴承座的三视图，它的形状比较复杂，必须结合其三个视图才能将它看懂。图 8-37 所示为轴承座看图与补图的分析过程。图 8-37(a)表示其下部底板的投影。它是一个左端带圆角的长方形板，底部开槽，槽中有一个半圆形搭子，中间有一个圆孔；底板

的左边还有一个长圆形孔。8-37(b)表示其右上方是一个空心圆柱，从俯、左视图可看出它偏在底板的后方。图8-37(c)表示在底板和空心圆柱之间加进一个竖板，它们结合成一整体。在图中用箭头表明了连接处原有线条的消失以及相切和相交处的画法与投影关系。图8-37(d)表示在空心圆柱、竖板和底板间增加一块肋板，最后它们结合成一个完整的整体。这样逐个分析形体，最后就能想象出轴承座的整体形状。

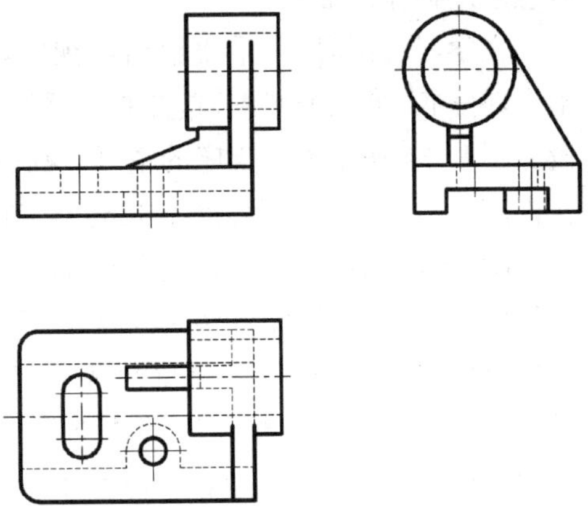

图8-36　轴承座的三视图

2. 线面分析法

看图时，在采用形体分析法的基础上，对局部较难看懂的地方，还经常需要运用画法几何中的线面分析方法来帮助看图。现举例说明如下。

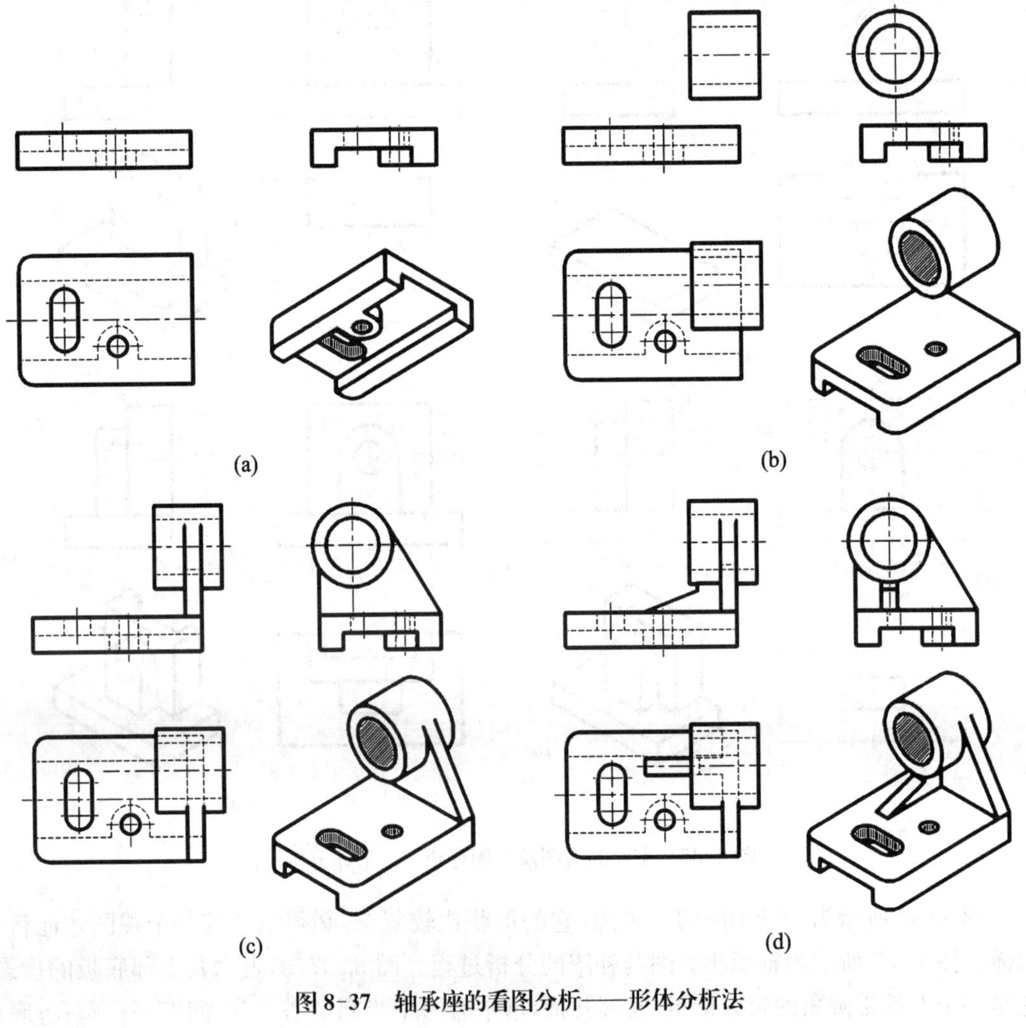

(a)　(b)　(c)　(d)

图8-37　轴承座的看图分析——形体分析法

(1) 分析面的相对关系

前面已分析过视图上任何相邻的封闭线框必定是物体上相交的或有前、后的两个面的投影;但这两个面的相对位置究竟如何,必须根据其他视图来分析。

在图 8-38 中,为了便于读者在看图时分析面的关系,在这里的分析中均用字母 *A*, *B*, *C*, *D* 等表明同一个面在各个视图上的投影。在图 8-38(a)中,先比较 *A*, *B*, *C* 和 *D* 面,由于在俯视图上都是实线,故只可能是 *D* 面凸出在前,*A*, *B*, *C* 面凹进在后。再比较 *A*, *C* 和 *B* 面,由于左视图上出现虚线,故只可能 *A*, *C* 面在前,*B* 面凹进在后。由于在左视图的右边是条斜线,因此面是斜面(侧垂面),虚线是条垂线,因此它表示的 *B* 面为正平面。弄清楚了面的前后关系,即能想象出该物体的形状。图 8-38(b)中,由于俯视图左、右出现虚线,中间为实线,故可断定 *A*, *C* 面相对 *D* 面来说是向前凸出,*B* 面处在 *D* 面的后面。又由于左视图上出现一条斜的虚线,可知凹进的 *B* 面是一斜面(侧垂面),并与正平面 *D* 相交。

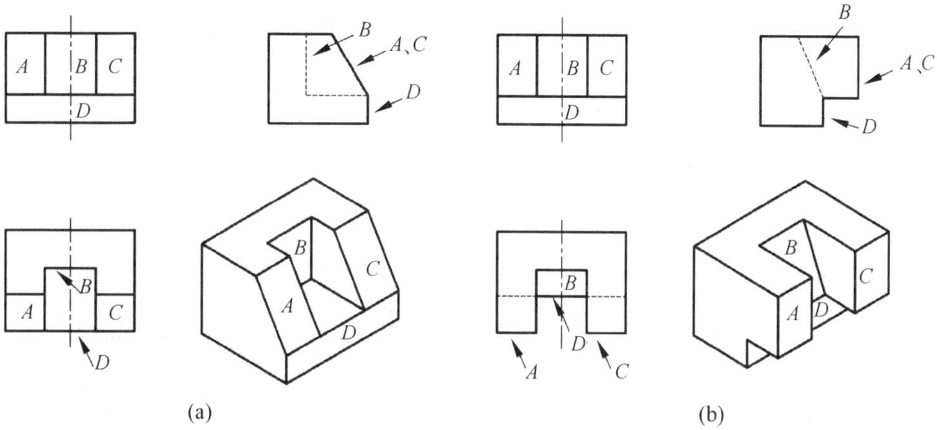

图 8-38　分析面的相对位置关系

(2) 分析面的形状

当平面图形与投影面平行时,它的投影反映实形;当倾斜时,它在该投影面上的投影一定是一个类似形。在图 8-39 中,4 个物体上带网点平面的投影均反映此特性。图 8-39(a)中有一个 *L* 形的铅垂面、图(b)中有一个凹字形的正垂面、图(c)中有一个凸字形的侧垂面,除在一个视图上积聚成直线外,其他两个视图上仍相应地反映 *L* 形、凹字和凸字形的特征。图 8-38(d)中有一个四边形的倾斜面,它在三个视图上的投影均为四边形。

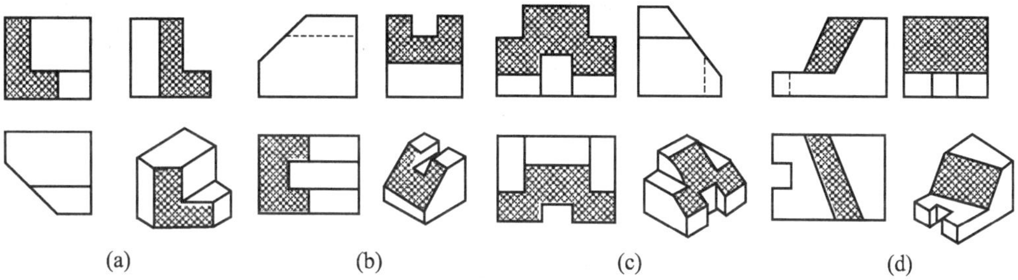

图 8-39　分析面的形状

(3) 分析面与面的交线

当视图上出现较多面与面的交线时,会给看图带来一定困难,这时只要运用画法几何方法,对交线性质及画法进行分析,从而看懂视图。下面举两个例子说明怎样通过分析交线来帮助看图和补图。

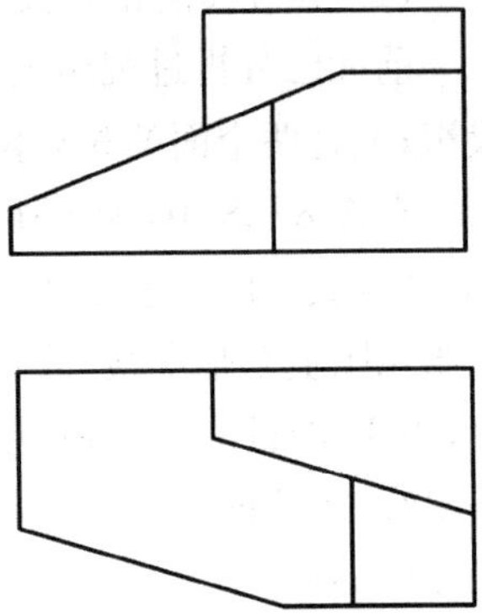

图 8-40　撞块的主、俯视图

图 8-40 为撞块的主、俯视图,要求补画出其左视图。图8-41表示其补图的分析过程。图 8-41(a)分析了撞块的下部分为一长方块被正垂面 *D* 切割,并补出该物体的左视图。图 8-41(b)分析了该形体左端被铅垂面 *A* 切割而产生斜面 *A* 与 *D* 之间的交线ⅠⅡ(倾斜线),利用积聚性标出交线的水平投影 12 和正面投影 $1'2'$,从而在左视图上作出交线的投影 $1''2''$。应注意到 *A*, *D* 面在有关视图上的投影成类似形。图 8-41(c)分析了该物体上部凸出一个梯形块,梯形块的左端面 *E* 是侧平面。在左视图上画出 *E* 面的投影,它与斜面 *D* 的交线为正垂线Ⅴ Ⅵ,可从正面投影 $5'6'$作出其侧面投影 $5''6''$。从俯视图中可看出上部梯形块前面的斜面 *C* 与 *A* 面平行,因此 *C* 与 *D* 面的交线Ⅳ,Ⅴ应平行于ⅠⅡ,故可在左视图上过 $5''$作 $5''4''/\!/1''2''$,即为交线Ⅳ,Ⅴ的侧面投影。应注意到 *D* 面的侧面投影 $1''2''3''4''5''6''7''$和 *D* 面的水平投影为类似形。图 8-41(d)利用 *C* 面在主、左视图上投影成类似形的特性,作出其侧面投影 $4''5''8''9''10''$,最后

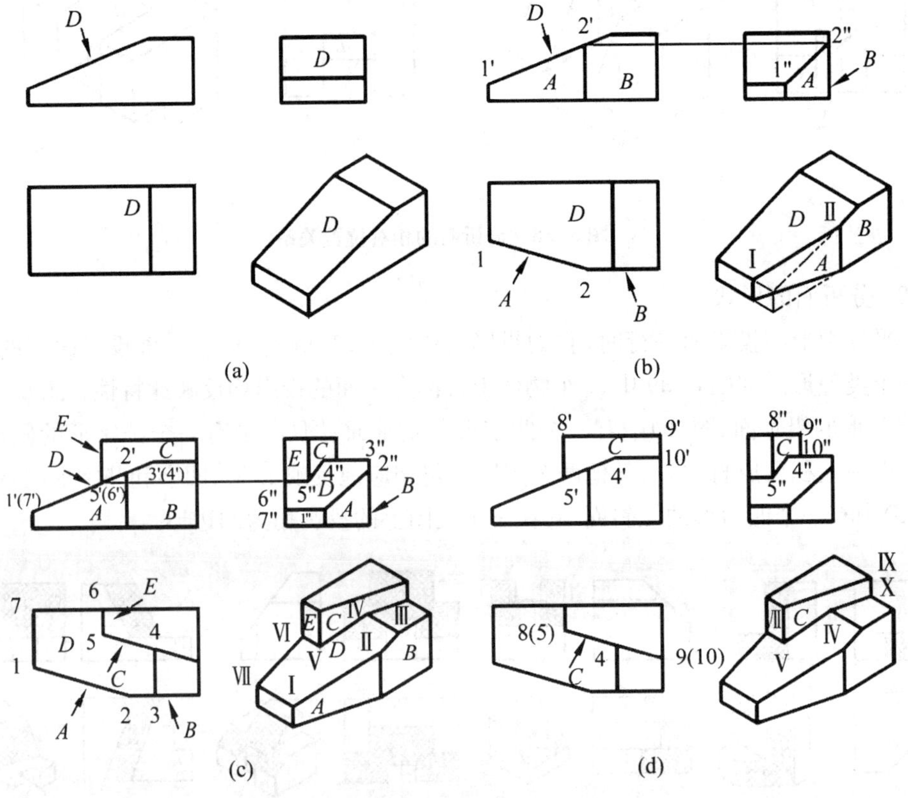

图 8-41　撞块的补图分析——分析平面交线

完成了撞块的左视图。

8.5.3 看图步骤小结

归纳以上的看图例子，可总结出看图的步骤如下：

1. 初步了解——分析视图、对照投影、分解主体

分析视图应先从能够反映组合体形状特征的主视图入手，弄清各视图之间的关系，按照三视图投影规律，几个视图联系起来看，并从中找出组合体的主体，以便在短时间内对组合体的大致轮廓有一个初步的了解。

2. 逐个分析——对照投影关系识形体、定位置、明确组合关系、分析细部形状

通过形体分析和线面分析了解各组成部分的形状后，确定其各组成部分的相对位置以及相互间的关系。

3. 综合想象——想象并对比修正组合体全貌

看图的最后要求是看懂组合体的全貌，也就是要求把构成组合体的基本形体形状，个别线、面以及细部形状，全面地综合起来，想象出组合体的形状。

在整个看图过程中，一般以形体分析法为主，结合线面分析法，边分析、边想象、边作图。仅有这些看图的知识和方法是不够的，还要不断地实践，多看，多练，有意识地培养自己的空间想象力和构形能力，才能逐步提高读图能力。

第9章 轴测投影图

正投影图通常能较完整地、确切地表达出零件各部分的形状，而且作图方便，所以它是工程上常用的图样，如图 9-1(a)所示。但是这种图样缺乏立体感，必须有一定读图能力的人才能看懂。为了帮助看图，工程上还采用轴测投影图，如图 9-1(b)所示，它能在一个投影面上同时反映物体的正面、顶面和侧面的形状，因此很富有立体感，但它不能确切地表达出零件上原来的形状和大小，如原来的长方形平面在轴测投影图上变成了平行四边形，圆变成了椭圆，而且轴测投影图作图较为复杂，因而轴测投影图在工程上一般仅用来作为辅助图样。

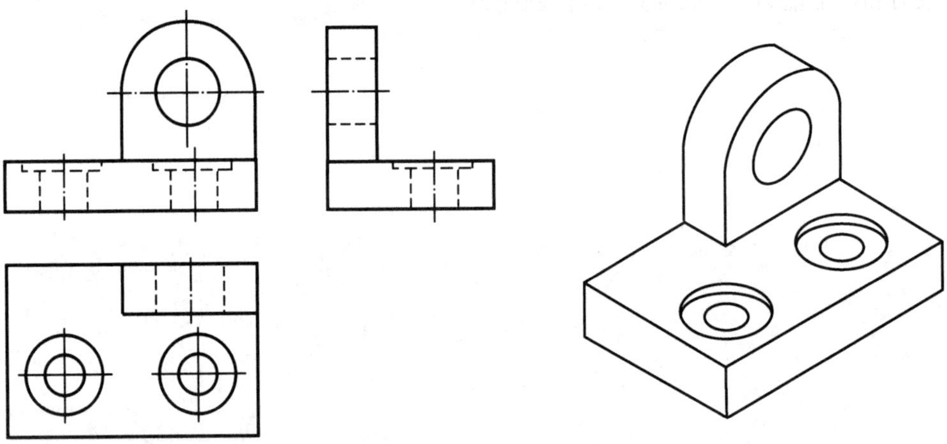

(a) (b)

图 9-1 多面正投影图与轴测图的比较

9.1 轴测投影的基本概念

9.1.1 轴测投影的形成

轴测投影图是一种具有立体感的单面投影图。如图 9-2 所示，用平行投影法将物体连同确定其空间位置的直角坐标系，按某一方向(如 S 方向)一起投射到一个平面 P 上所得到的投影称为轴测投影。用这样的方法绘制出的图，称为轴测投影图，简称轴测图；平面 P 称为轴测投影面。

在形成轴测图时，应注意避免组成直角坐标系的三根坐标轴中的任意一根垂直于所选定的轴测投影面。因为当投影方向与坐标轴平行时，轴测投影将失去立体感，变成前文所描述的三视图中的一个视图，如图 9-3 所示。

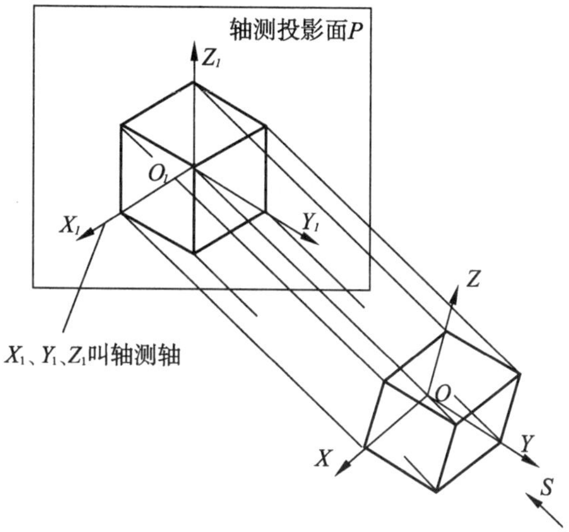

图 9-2 轴测图的形成图

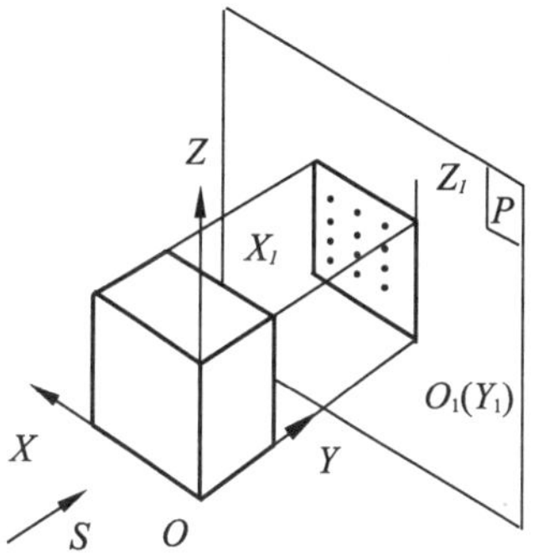

图 9-3 投影方向与坐标轴平行

9.1.2 轴间角及轴向伸缩系数

假象将图 9-2 中的物体抽掉，如图 9-4 所示，空间直角坐标轴 OX，OY，OZ 在轴测投影面 P 上的投影 O_1X_1，O_1Y_1，O_1Z_1 称为轴测投影轴，简称轴测轴；轴测轴之间的夹角 $\angle X_1O_1Y_1$，$\angle X_1O_1Z_1$，$\angle Y_1O_1Z_1$ 称为轴间角。

设在空间三坐标轴上各取相等的单位长度 u，投影到轴测投影面上，得到相应的轴测轴上的单位长度分别为 i，j，k，它们与原来坐标轴上的单位长度 u 的比值称为轴向伸缩系数。

设 $p=i/u$，$q=j/u$，$r=k/u$，则 p，q，r 分别称为 X，Y，Z 轴的轴向伸缩系数。

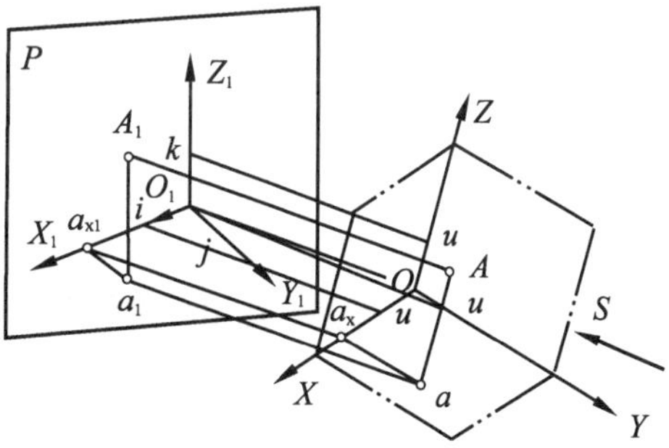

图 9-4 轴间角和轴向伸缩系数

由于轴测投影采用的是平行投影，因此两平行直线的轴测投影仍平行，且投影长度与原来的线段长度成定比。凡是平行于 OX，OY，OZ 轴的线段，其轴测投影必然相应地平行于 O_1X_1，O_1Y_1，O_1Z_1 轴，且具有和 X，Y，Z 轴相同的轴向伸缩系数。由此可见，凡是平行于原坐标轴的线段长度乘以相应的轴向伸缩系数，就等于该线段的轴测投影长度；换言之，在轴测图中只有沿轴测轴方向测量的长度才与原坐标轴方向的长度有一定的对应关系，轴测投影也是由此而得名。在图 9-4 中空间点 A 的轴测投影为 A_1，

其中 $O_1a_{X1}=p\cdot Oa_X$，$a_{X1}a_1=q\cdot a_Xa$(由于 $a_Xa/\!/OY$,所以 $a_{X1}a_1/\!/O_1Y_1$)，$a_1A_1=r\cdot aA$(由于 $aA/\!/OZ$,所以 $a_1A_1/\!/O_1Z_1$)。

应当指出:一但轴间角和轴向伸缩系数确定后,就可以沿平行相应的轴向测量物体各边的尺寸或确定点的位置。

9.1.3 轴测投影的分类

轴测图根据投影方向和轴测投影面的相对位置关系可分为两类:投影方向与轴测投影面垂直的——称正轴测投影;投影方向与轴测投影面倾斜的——称斜轴测投影。

在这两类轴测投影中按三轴的轴向伸缩系数的关系又分为三种:

(1) $p=q=r$——称正(或斜)等轴测投影,简称正(或斜)等测。

(2) $p=q\neq r$——称正(或斜)二测轴测投影,简称正(或斜)二测。

(3) $p\neq q\neq r$——称正(或斜)三测轴测投影,简称正(或斜)三测。

为了作图简便,又能保证轴测图有较强的立体感,一般常采用正等轴测图或斜二测图的画法,如图 9-5 所示。

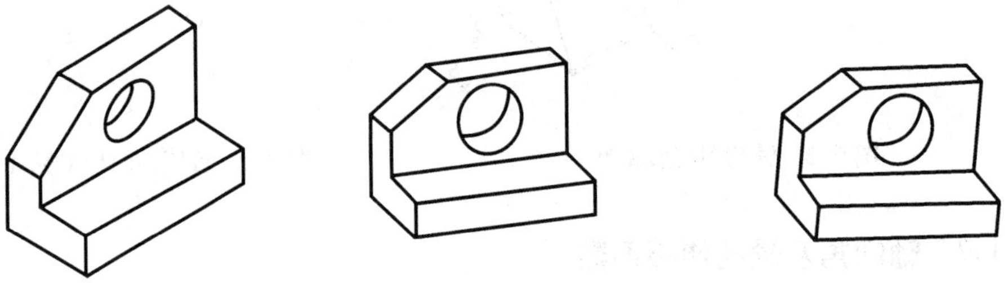

图 9-5 轴测图立体感的比较

9.2 正等轴测图

9.2.1 正等测的轴间角和轴向伸缩系数

根据理论分析(证明从略),正等测的轴间角$\angle XOY=\angle XOZ=\angle ZOY=120°$(在单独分析轴测投影的作图方法的图上,轴测轴 X_1，Y_1，Z_1以及相应各点的轴测投影 A_1，B_1等的注脚 1 一律省略);作图时,一般使 OZ 轴处于垂直位置,则 OX 轴和 OY 轴与水平线呈 30°角,可利用 30°角三角板方便地作出,如图 9-6 所示。正等测的轴向伸缩系数 $p=q=r\approx0.82$。如图 9-7(a)所示,长方块的长、宽和高分别为 a，b 和 h,按上述轴间角和轴向伸缩系数作出的正等测如图 9-7(b)所示。但在实际作图时,按上述轴向伸缩系数计算尺寸却是相当麻烦。由于绘制轴测图的主要目的是为了表达物体的直观形状,因此为了作图方便起见,常采用一组简化轴向伸缩系数,在正等测中,取 $p=q=r=1$,这样就可以将视图上的尺寸 a，b 和 h 直

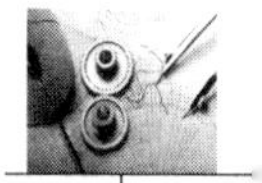

接度量到相应的 X，Y 和 Z 轴上，这样作出的长方块的正等测如图 9-7(c)所示，它与图 9-7(b)相比较，其形状不变，仅是图形按一定比例放大，图上的线段放大的倍数为 1/0.82≈1.22 倍。

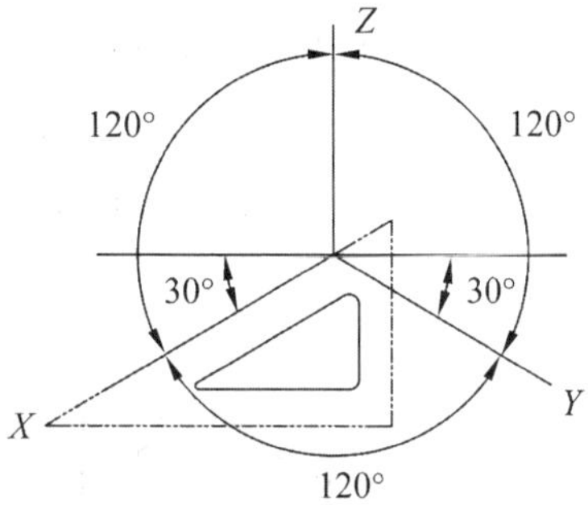

图 9-6　正等测的轴间角

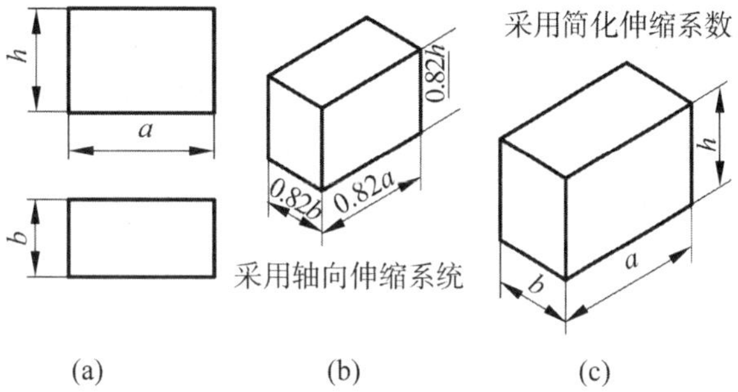

图 9-7　长方块的正等测

9.2.2　平面立体的正等测画法

画轴测图的基本方法是坐标法。但在实际作图时，还应根据物体的形状特点不同而灵活采用各种不同的作图步骤。下面举例说明平面立体轴测图的几种具体作法。

［**例 1**］　作出如图 9-8 所示的正六棱柱的正等测。

分析：由于作物体的轴测图时，习惯上是不画出其虚线的，如图 9-7 所示，因此作正六棱柱的轴测图时，为了减少不必要的作图线，先从顶面开始作图比较方便。

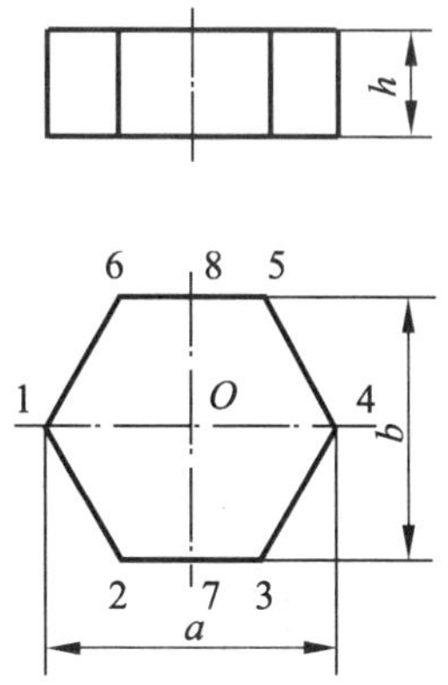

图 9-8　正六棱柱的视图

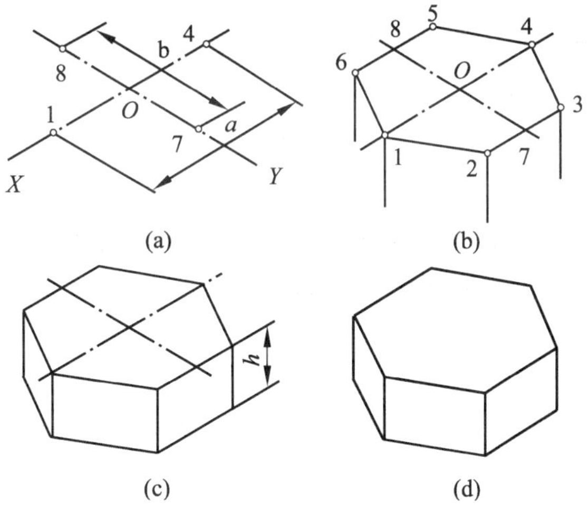

图 9-9　正六棱柱正等测的作图步骤

作图：如图 9-8 所示，取坐标轴原点 O 作为六棱柱顶面的中心，按坐标尺寸 a 和 b 求得轴测图上的点 1，4 和 7，8，如图 9-9(a)所示；过点 7，8 作 X 轴的平行线，按 x 坐标尺寸求得 2，3，5，6 点，作出六棱柱顶面的轴测投影，如图 9-9(b)所示；再向下画出各垂直棱线，量取高度 h，连接各点，作出六棱柱的底面，如图 9-9(c)所示；最后擦去多余的作图线并描深，即完成正六棱柱的正等测,如图 9-9(d)所示。

［**例 2**］ 作出如图 9-10 所示垫块的正等测。

分析:垫块是一简单的组合体,画轴测图时,也可采用形体分析法,由基本形体结合或被切割而成。

作图:如图 9-10 所示,先按垫块的长、宽、高画出其外形长方体的轴测图,并将长方体切割成 L 形,如图 9-11(a),(b)所示;再在左上方斜切掉一个角,如图 9-11(b),(c)所示;在右端再加上一个三角形的肋,如图 9-11(c)所示;最后擦去多余的作图线并描深,即完成垫块的正等测,如图 9-11(d)所示。

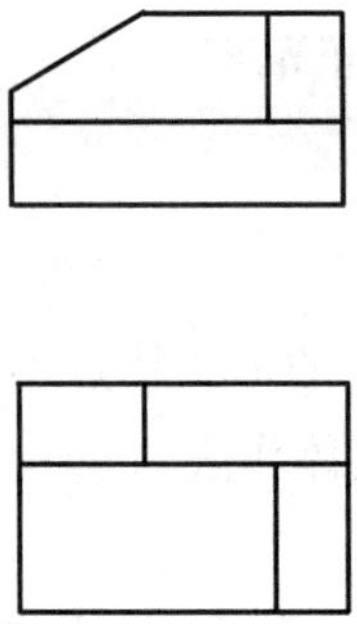

图 9-10　垫块的视图

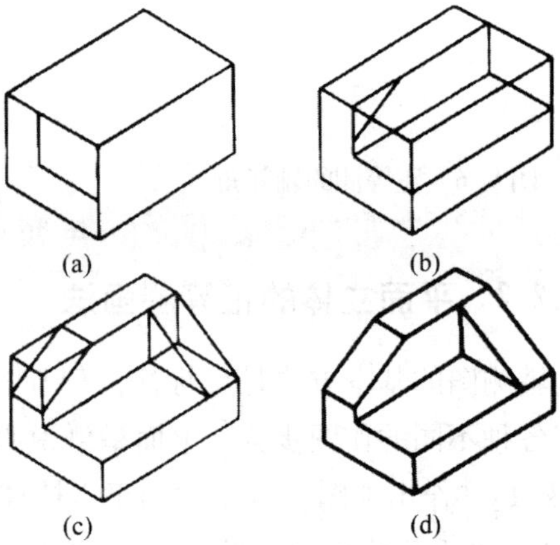

图 9-11　垫块正等测的作图步骤

9.2.3　圆的正等测

1. 性质

在一般情况下,圆的轴测投影为椭圆。根据理论分析(证明从略),坐标面(或其平行面)上圆的正轴测投影(椭圆)的长轴方向与该坐标面垂直的轴测轴垂直,短轴方向与该轴测轴平行。对于正等测,水平面上椭圆的长轴处在水平位置,正平面上椭圆的长轴方向为向右上倾斜 60°,侧平面上的长轴方向为向左上倾斜 60°,如图 9-12 所示。

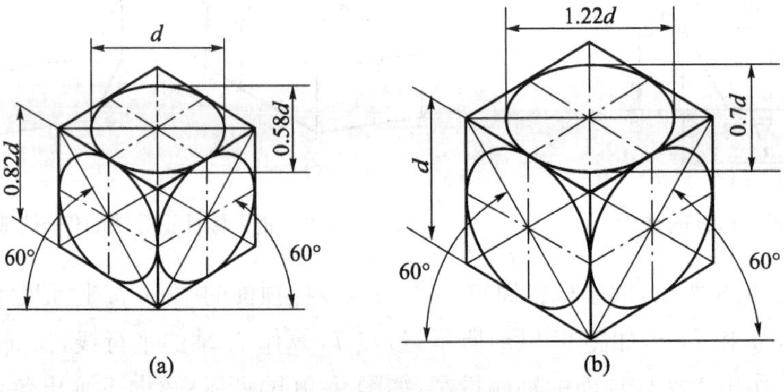

图 9-12　坐标面上的正等测

在正等测中，如采用轴向伸缩系数，则椭圆的长轴为圆的直径 d；短轴为 0.58d，如图 9-12a 所示。如按简化轴向伸缩系数作图，其长、短轴长度均放大 1.22 倍，即长轴长度等于 1.22d；短轴长度等于 $1.22\times0.58d\approx0.7d$，如图 9-12(b)所示。

2. 画法

(1) 一般画法

对于处在一般位置平面或坐标面（或其平行面）上的圆，都可以用坐标法作出圆上一系列点的轴测投影，然后光滑地连接起来即得圆的轴测投影。如图 9-13(a)为一水平面上的圆，其正等测的作图步骤如下，如图 9-13(b)所示：

① 首先画出 X，Y 轴，并在其上按直径大小定出 1，2，3，4 点。

② 过 OY 上的 A，B，…点作一系列平行 OX 轴的平行炫，然后按坐标相应地作出这些平行玄长的轴测投影，即求得椭圆上的 5，6，7，8，…点。

③ 光滑地连接各点，即为该圆的轴测投影（椭圆）。

图 9-14(a)为一压块，其前面的圆弧连接部分，也同样可利用一系列 Z 轴的平行线（如 BC），并按相应的坐标作出各点的轴测投影，光滑地连接后即完成前表面的正等测，如图 9-14(b) 所示；再过各点（如 C 点）作 Y 轴平行线，并量取宽度，得到后表面上各点（如 D 点），从而完成压块的正等测。

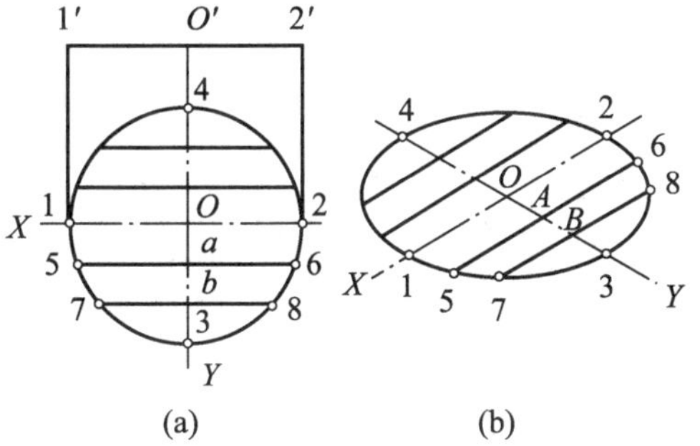

图 9-13 圆的正等测的一般画法

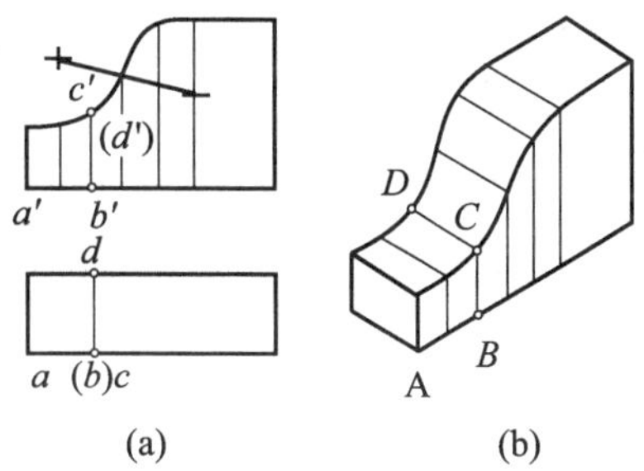

图 9-14 压块的正等测画法

(2) 近似画法

为了简化作图，轴测投影中的椭圆通常采用近似画法。如图 9-15 表示直径为 d 的圆在正等测中 XOY 面上椭圆的画法，具体作图步骤如下：

① 首先通过椭圆中心 O 作 X，Y 轴，并按直径 d 在轴上量取点 A，B，C，D，如图 9-15(a)所示。

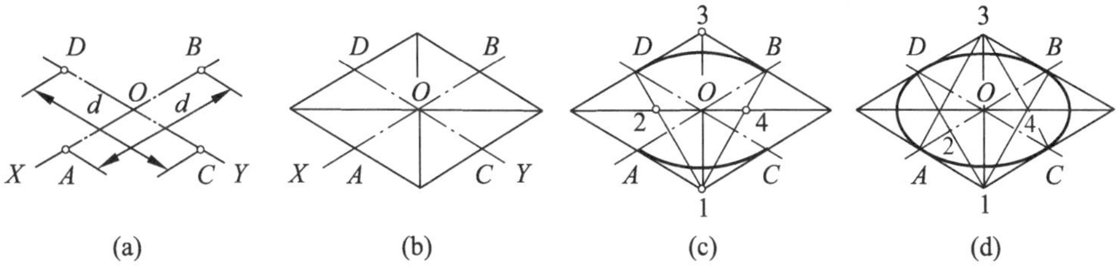

图 9-15 正等测椭圆的近似画法

② 过点 A, B 与 C, D 分别作 Y 轴与 X 轴的平行线，所形成的菱形即为已知圆的外切正方形的轴测投影，而所作的椭圆则必然内切于该菱形。该菱形的对角线即为长、短轴的位置，如图 9-15(b)所示。

③ 分别以 1, 3 点为圆心，以 $1B$ 或 $3A$ 为半径作出两个大圆弧 BD 和 AC，连接 $1D$, $1B$ 与长轴相交于 2, 4 两点即为两个小圆弧的中心，如图 9-15(c)所示。

④ 以 2, 4 两点为圆心，以 $2D$ 或 $4B$ 为半径作两个小圆弧与大圆弧相接，即完成该椭圆，如图 9-15(d)所示。显然，点 A, B, C, D 正好是大、小圆弧的切点。

XOZ 和 YOZ 面上的椭圆，仅长、短轴的方向不同，其画法与在 XOY 面上的椭圆完全相同。

9.2.4 曲面立体的正等测画法

掌握了圆的正等测的画法后，就不难画出回转曲面立体的正等测。如图 9-16(a), (b)分别表示圆柱和圆锥台的正等测画法。作图时，先分别作出其顶面和底面的椭圆，再作其公切线即成。

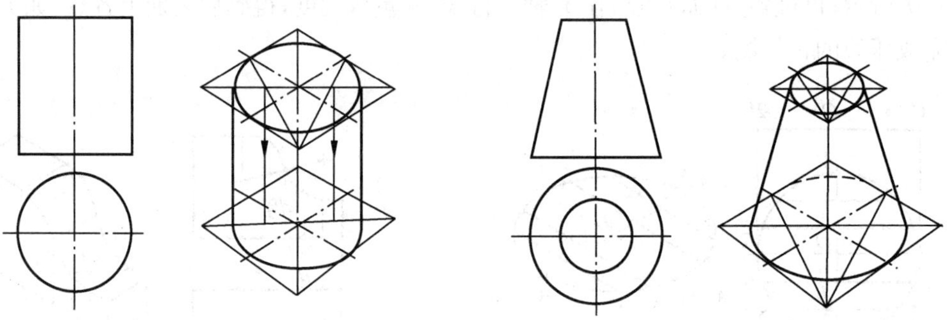

(a) (b)

图 9-16 圆柱和圆锥的正等测画法

9.2.5 圆角的正等测画法

从图 9-15 所示椭圆的近似画法中可以看出：菱形的钝角与大圆弧相对，锐角与小圆弧相对；菱形相邻两条边的中垂线的交点就是圆心。由此可以得出平板上圆角的正等轴测图的近似画法，作图过程如图 9-17 所示。

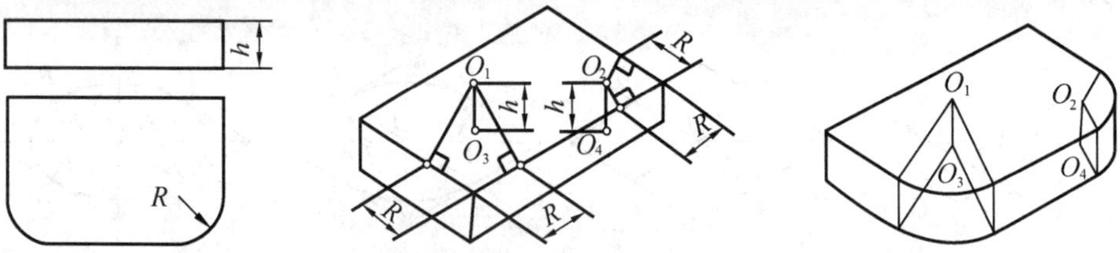

(a) (b) (c)

图 9-17 平行于坐标面的圆角的正等测图画法

(1) 由角顶在两条夹边上量取圆角半径得到切点，过切点作相应边的垂线，交点 O_1，O_2 即为上底面的两圆心。用移心法从 O_1，O_2 向下量取板厚的高度尺寸 h，即得到下底面的对应圆心 O_3，O_4。

(2) 以 O_1，O_2，O_3，O_4 为圆心，由圆心到切点的距离为半径画圆弧，作两个小圆弧的外公切线，即得两圆角的正等测图。

［**例 3**］ 作出如图 9-18(a)所示轴承座的正等测。

对其进行形体分析可知轴承座是由带有圆角和小圆孔的底板、空心圆柱以及在底板上直立的支撑板和肋板等四部分组成。其轴测图的作图步骤为：

(1) 选择合适的坐标系，并画出轴测轴；

(2) 绘制构成组合体主要结构的基本形体，即先画底板，再确定空心圆柱的位置，然后从上而下，由前向后分别画出各个基本形体的轴测投影，再画出连接处分界线及底板上的圆角等投影。如图 9-18(b)，(c)，(d)所示的画图步骤。

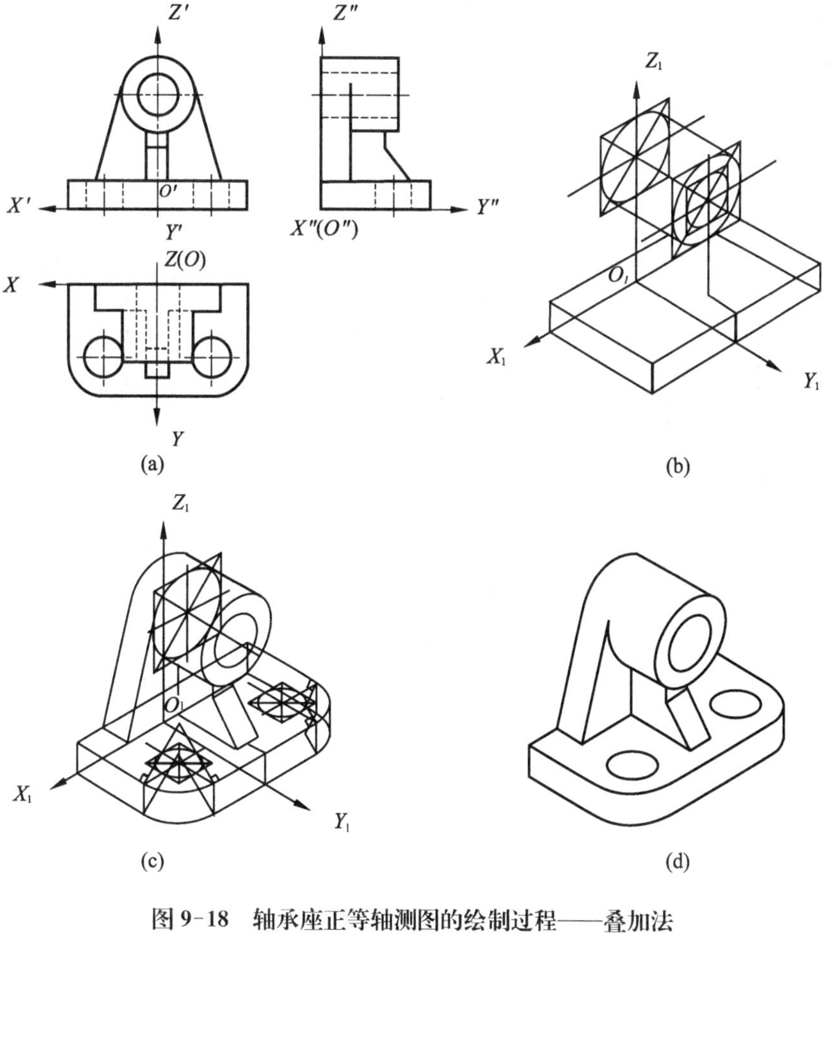

图 9-18 轴承座正等轴测图的绘制过程——叠加法

9.3 斜二轴测图

9.3.1 斜二测的轴间角和轴向伸缩系数

在斜轴测投影中通常将物体放正(可参见图 9-2),即使 XOZ 坐标平面平行于轴测投影面 P,因而 XOZ 坐标面或其平行面上的任何图形在 P 面上的投影都反映实形,称为正面斜轴测投影。最常用的一种为正面斜二测(简称斜二测),其轴间角 $\angle XOZ=90°$, $\angle XOY=\angle YOZ=135°$,轴向伸缩系数 $p=r=1$, $q=0.5$。作图时,一般使 OZ 轴处于垂直位置,则 OX 轴为水平线,OY 轴与水平线成 45°,可利用 45°三角板方便地作出,如图 9-19 所示。

作平面立体的斜二测时,只要采用上述轴间角和轴向伸缩系数,其作图步骤和正等测完全相同。图 9-7(a)所示长方块的斜二测如图 9-20。

9.3.2 圆的斜二测

在斜二测中,三个坐标面(或其平行面)上圆的轴测投影如图 9-21 所示。

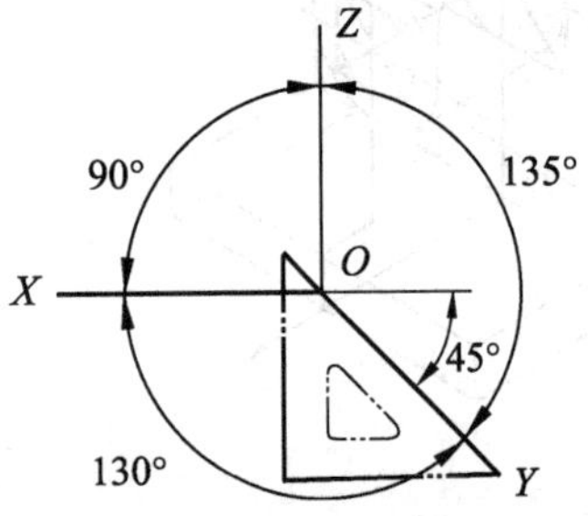

图 9-19　斜二测的轴间角

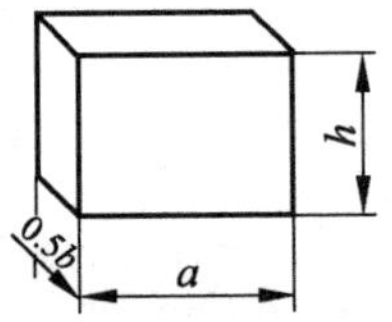

图 9-20　长方块的斜二测

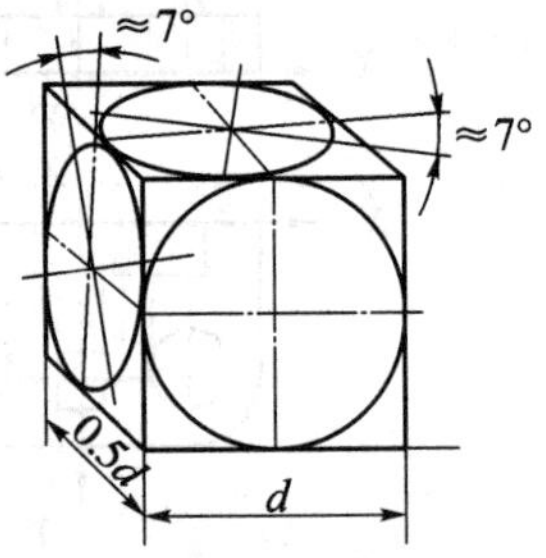

图 9-21　坐标面上圆的斜二测

由于 XOZ 面(或其平行面)的轴测投影反映实形,因此 XOZ 面上圆的轴测投影仍为圆,其直径与实际的圆相同。在 XOY 和 YOZ 面(或其平行面)上圆的斜轴测投影为椭圆,根据理论分析(证明从略),其长轴方向分别与 X 轴和 Z 轴倾斜 7°左右,如图 9-21 所示,这些椭圆可采用如图 9-13 所示方法作出,也可采用近似画法。如图 9-22 表示直径为 d 的圆在斜二测中 XOY 面上椭圆的画法,具体作图步骤如下:

(1) 首先通过椭圆中心 O 作 X、Y 轴,并按直径 d 在 X 轴上量取点 A, B,按 $0.5d$ 在 Y 轴上量取点 C, D,如图 9-22(a)所示。

(2) 过点 A, B 与 C, D 分别作 Y 与 X 轴的平行线,所形成的平行四边形即为已知圆的外切正方形的斜二测,而所作的椭圆,则必然内切于该平行四边形。过 O 点作与 X 轴成 7°的斜线即为长轴的位置,过 O 点作长轴的垂线即为短轴的位置,如图 9-22(b)所示。

(3) 取 $O_1=O_3=d$,以点 1 和 3 为圆心,以 $1C$ 或 $3D$ 为半径作两个大圆弧。连接 $3A$ 和 $1B$ 与长轴相交于 2, 4 两点,即为两个小圆弧的中心,如图 9-22(c)所示。

(4) 以 2, 4 两点为圆心,$2A$ 或 $4B$ 为半径作两个小圆弧与大圆弧相接,即完成该椭圆,如图 9-22(d)所示。

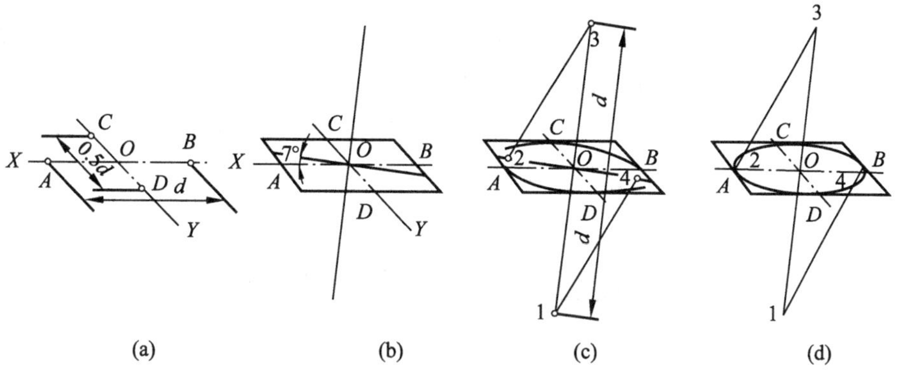

图 9-22　斜二测中 *XOY* 面上椭圆的近似画法

YOZ 面上的椭圆，仅长、短轴的方向不同，其画法与在 *XOY* 面上的椭圆完全相同。

9.3.3　曲面立体的斜二测画法

在斜二测中，由于 *XOZ* 面的轴测投影仍反映实形，圆的轴测投影仍为圆，因此当物体的正面形状较复杂，且此面具有较多的圆或圆弧连接时，采用斜二测作图就比较方便。下面以图 9-23(a)所示轴承座的斜二测图绘制过程为例来说明。

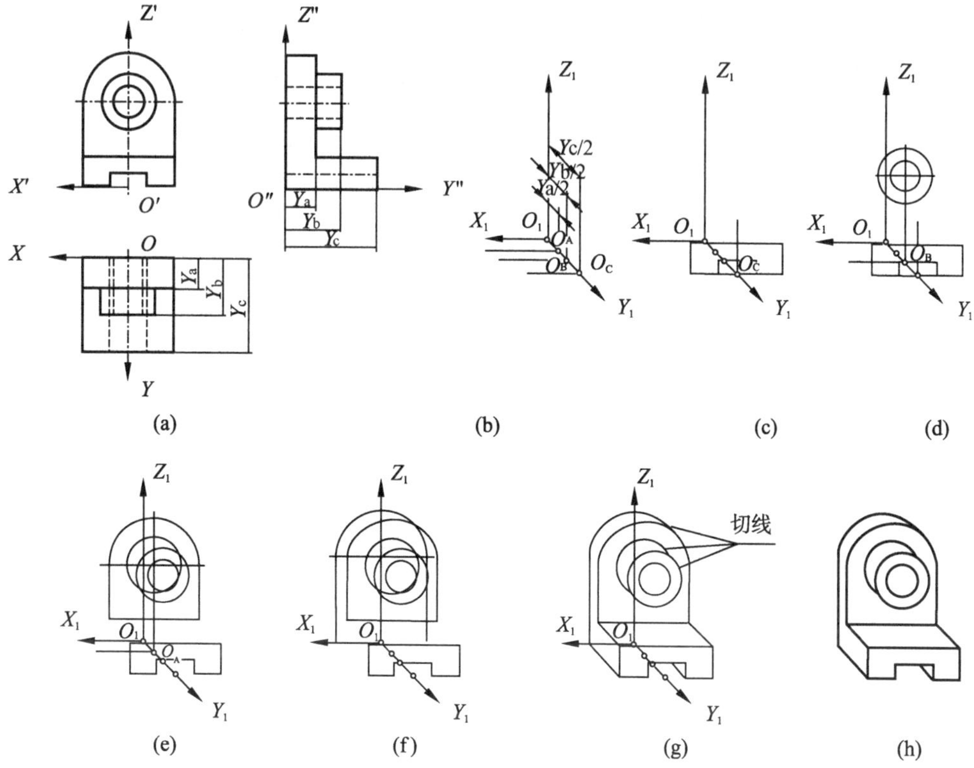

图 9-23　轴承座斜二测的作图步骤

经分析可知该组合体的正面形状比较复杂，具有多个圆和圆弧，在斜二测中都能反映实形，故采用斜二测作图比较简单。图 9-23(a)，(b)所示为轴测轴的选择与绘制过程，应注意 Y_1 的轴向伸缩系数 $q=0.5$。在图 9-23(b)至(f)中 YA，YB 和 YC 所示部位皆需从前到后绘出组合体反应实形的可见端面形状(平行于 XOZ 面)。图 9-23(g)为绘制各端面间的连接线(平行于 Y_1 轴)，如圆柱两端面圆的公切线和底板 Y_1 向棱线的轴测投影。最后擦掉绘图辅助线与不可见线，加深可见棱线的投影，如图 9-23(h)所示。

9.4 轴测图的尺寸标注和轴测剖视图

9.4.1 轴测图的尺寸注法

轴测图上常见的尺寸标注有以下几种。

1. 轴测图的线性尺寸

一般应沿轴测轴方向标注。尺寸数值为机件的基本尺寸。尺寸线必须和所标注的线段平行，尺寸界线一般应平行于某一轴测轴，尺寸数字应标注在尺寸线的上方。当在图形中出现数字字头向下时，应用引出线引出标注，并将数字按水平位置注写。正等轴测图与斜二轴测图的尺寸标注如图 9-24(a)，(b)，(c)，(d)所示。

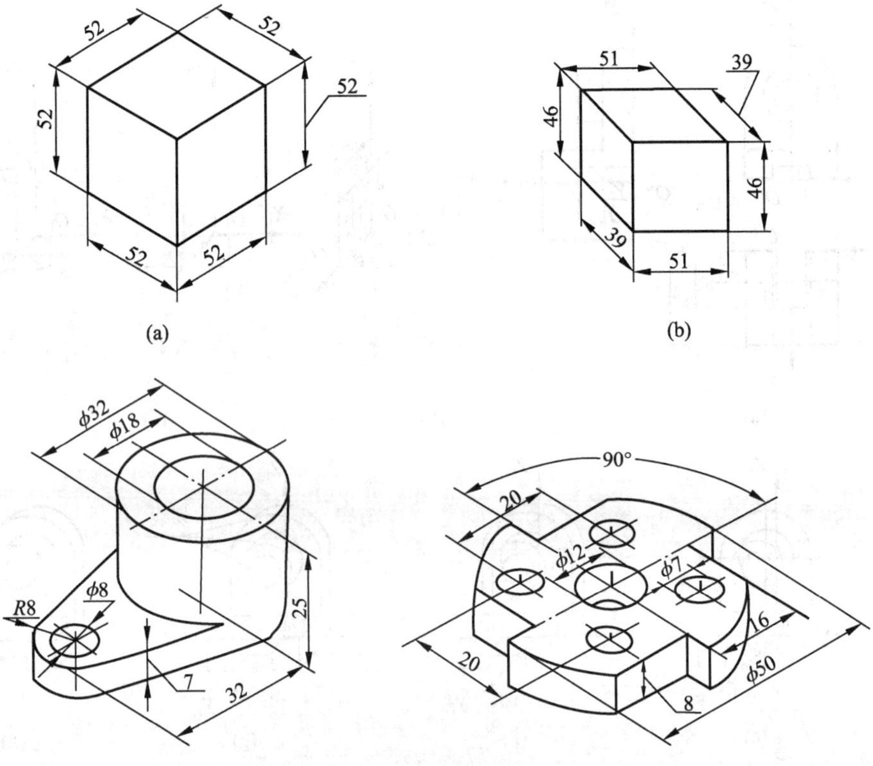

图 9-24 轴测图的尺寸标注

2. 标注角度尺寸

标注角度尺寸时，尺寸线应画成与该坐标平面相应的椭圆弧，角度数字一般写在尺寸线的中断处，字头向上。如图 9-24(d)所示。

3. 标注圆的直径

标注圆的直径时，尺寸线和尺寸界线应分别平行于圆所在平面内的轴测轴。标注圆弧半径或较小圆的直径时，尺寸线可从(或通过)圆心引出标注，但注写尺寸数字的横线必须平行于轴测轴。如图 9-24(c)，(d)所示。

9.4.2 轴测图的剖视

1. 轴测图的剖切方法

在轴测图上为了表达零件内部的结构形状，同样可假想用剖切平面将零件的一部分剖去，这种剖切后的轴测图称为轴测剖视图。一般用两个互相垂直的轴测坐标面(或其平行面)进行剖切，能够较完整的显示该零件的内、外形状，如图 9-25(a)所示。尽量避免用一个剖切平面剖切整个零件如图 9-25(b)所示和选择不正确的剖切位置如图 9-25(c)所示。轴测剖视图中的剖面线方向，应按图 9-26 所示方向画出，正等测如图 9-26(a)所示，图 9-26(b)则为斜二测。

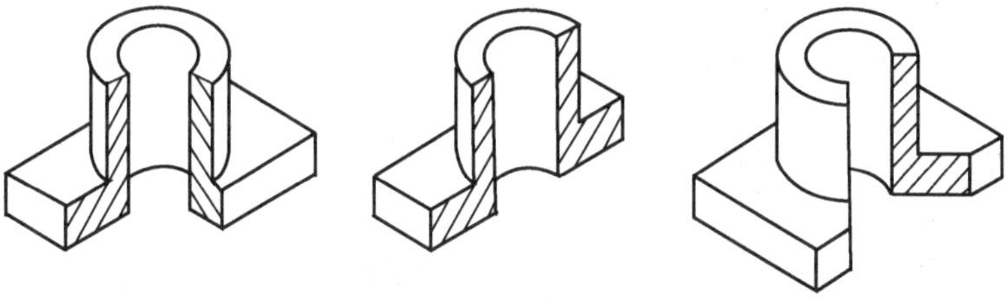

(a) (b) (c)

图 9-25 轴测图剖切的正误方法

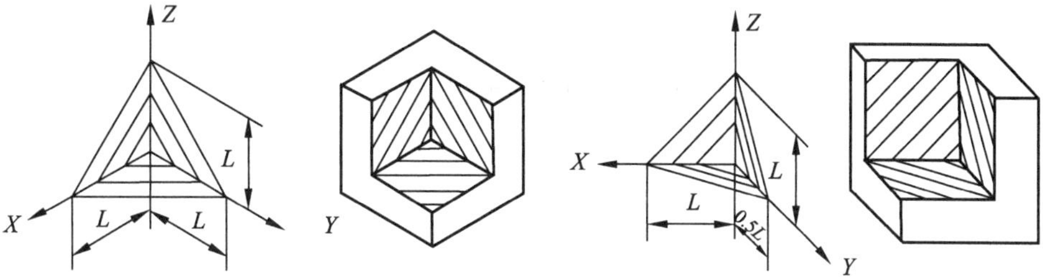

(a) (b)

图 9-26 轴测剖视图中的剖面线方向

2. 轴测剖视图的画法

轴测剖视图一般有两种画法：

(1) 先把物体完整的轴测外形图画出，然后沿轴测轴方向用剖切平面将它剖开。如图 9-27(a)所示底座，要求画出它的正等轴测剖视图。先画出它的外形轮廓，如图 9-27(b)所示，

然后沿 X，Y 轴向分别画出其剖面形状，并画上剖面线，即完成该底座的轴测剖视图，如图 9-27(c)所示。

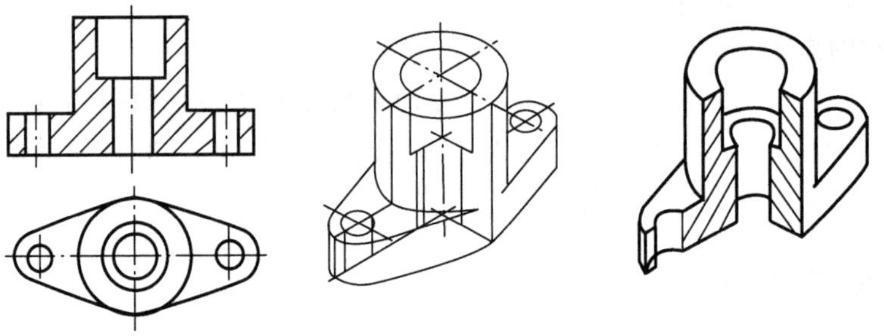

(a) (b) (c)

图 9-27 轴测剖视图的画法（一）

(2) 先画出剖面的轴测投影，然后再画出剖面外部看得见的轮廓，这样可减少很多不必要的作图线，使作图更为迅速。如图 9-28(a)所示的端盖，要求画出它的斜二轴测剖视图。由于该端盖的轴线处在正垂线位置，故采用通过该轴线的水平面及侧平面将其左上方剖切掉四分之一。先分别画出水平剖切平面及侧平剖切平面剖切所得剖面的斜二测，如图 9-28(b)所示，用点画线确定前后各表面上各个圆的圆心位置。然后再过各圆心作出各表面上未被剖切的 3/4 部分的圆弧，并画上剖面线，即完成该端盖的轴测剖视图，如图 9-28(c)所示。

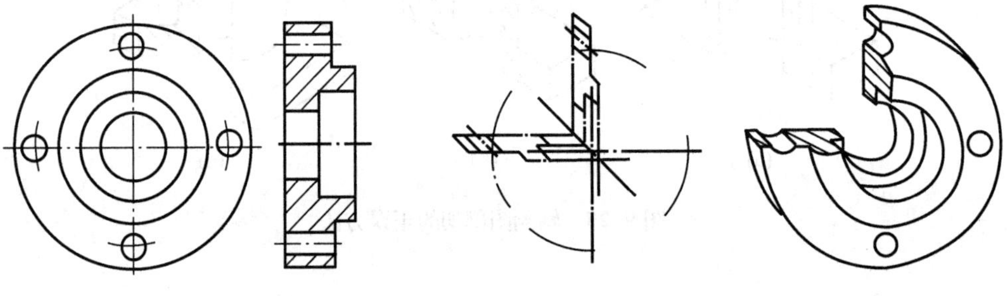

(a) (b) (c)

图 9-28 轴测剖视图的画法（二）

参 考 文 献

[1] 任宗义. 画法几何及机械制图[M]. 北京:机械工业出版社,2001.
[2] 臧宏琦,王永平,蔡旭鹏等. 机械制图[M]. 西安:西北工业大学出版社,2009.
[3] 中国纺织大学工程图学教研室. 画法几何及工程制图[M]. 4 版. 上海:上海科学技术出版社,1997.
[4] 刘黎. 画法几何基础及机械制图[M]. 北京:电子工业出版社,2006.
[5] 王兰美. 机械制图[M]. 北京:高等教育出版社,2004.
[6] 叶玉驹,焦永和,张彤. 机械制图手册[M]. 4 版. 北京:机械工业出版社,2008.
[7] 全国技术产品文件标准化技术委员会,中国标准出版社第三编辑室. 技术产品文件标准汇编:机械制图卷[M]. 2 版. 北京:中国标准出版社,2009.
[8] 刘克明. 中国工程图学史[M]. 武汉:华中科技大学出版社,2003.